周 期 表

族\周期	1	2	3	4	5	6	7	8	9	10	11	12	13	14	15	16	17	18
1	1 H 1.008																	2 He 4.003
2	3 Li 6.941	4 Be 9.012											5 B 10.81	6 C 12.01	7 N 14.01	8 O 16.00	9 F 19.00	10 Ne 20.18
3	11 Na 22.99	12 Mg 24.31											13 Al 26.98	14 Si 28.09	15 P 30.97	16 S 32.07	17 Cl 35.45	18 Ar 39.95
4	19 K 39.10	20 Ca 40.08	21 Sc 44.96	22 Ti 47.87	23 V 50.94	24 Cr 52.00	25 Mn 54.94	26 Fe 55.85	27 Co 58.93	28 Ni 58.69	29 Cu 63.55	30 Zn 65.38	31 Ga 69.72	32 Ge 72.64	33 As 74.92	34 Se 78.96	35 Br 79.90	36 Kr 83.80
5	37 Rb 85.47	38 Sr 87.62	39 Y 88.91	40 Zr 91.22	41 Nb 92.91	42 Mo 95.96	43 Tc (99)	44 Ru 101.1	45 Rh 102.9	46 Pd 106.4	47 Ag 107.9	48 Cd 112.4	49 In 114.8	50 Sn 118.7	51 Sb 121.8	52 Te 127.6	53 I 126.9	54 Xe 131.3
6	55 Cs 132.9	56 Ba 137.3	57-71 *	72 Hf 178.5	73 Ta 180.9	74 W 183.8	75 Re 186.2	76 Os 190.2	77 Ir 192.2	78 Pt 195.1	79 Au 197.0	80 Hg 200.6	81 Tl 204.4	82 Pb 207.2	83 Bi 209.0	84 Po (210)	85 At (210)	86 Rn (222)
7	87 Fr (223)	88 Ra (226)	89-103 **	104 Rf (267)	105 Db (268)	106 Sg (271)	107 Bh (272)	108 Hs (277)	109 Mt (276)	110 Ds (281)	111 Rg (280)	112 Cn (285)	113 Nh (286)	114 Fl (289)	115 Mc (289)	116 Lv (293)	117 Ts (294)	118 Og (294)

*ランタノイド

57 La 138.9	58 Ce 140.1	59 Pr 140.9	60 Nd 144.2	61 Pm (145)	62 Sm 150.4	63 Eu 152.0	64 Gd 157.3	65 Tb 158.9	66 Dy 162.5	67 Ho 164.9	68 Er 167.3	69 Tm 168.9	70 Yb 173.0	71 Lu 175.0

**アクチノイド

89 Ac (227)	90 Th 232.0	91 Pa 231.0	92 U 238.0	93 Np (237)	94 Pu (239)	95 Am (243)	96 Cm (247)	97 Bk (247)	98 Cf (252)	99 Es (252)	100 Fm (257)	101 Md (258)	102 No (259)	103 Lr (262)

(注) ここに与えた原子量は概略値である。
（ ）内の値はその元素の既知の最長半減期をもつ同位体の質量数である。

新・物質科学ライブラリ＝9

基礎 高分子科学

堤　直人・坂井　亙　共著

サイエンス社

サイエンス社のホームページのご案内
http://www.saiensu.co.jp
ご意見・ご要望は　rikei@saiensu.co.jp　まで．

まえがき

　高分子は，モノマー単位という基本骨格の分子が多数につながってでき上がる分子量の大きい巨大分子である．高分子科学はその巨大分子を対象物として，それらの合成や物性評価を中心に黎明期を経て現在に至るまで大きく進展してきている．古代から衣料品として利用されている麻，綿，毛，絹などの天然繊維素材やわれわれの体，生命体そのものが高分子の仲間であることも分かってきている．また，石炭，石油化学工業の発達と共に高分子化学工業は大きく発達し，人々の暮らしを豊かにすることに大いに貢献してきている．近年では，環境問題と共に脱石油の新たな切り口の化学工業も芽生えてきている．高分子科学は現在も学問体系を広げており，工業的にもその用途はさらに広がっている．

　本書は大学学部課程の2年あるいは3年において，はじめて「高分子科学」，「基礎高分子」，「高分子の基礎」，「高分子化学」，「高分子物性」などを学習する際の教科書を意図して構成した．さらに，材料としての高分子，高分子の性能や機能化に力点を置いた授業科目にも対応できる内容となっている．本書を教科書として使っていただくことを意図しているが，自学で学んでいくときの参考書として使用されることを念頭に式の誘導などにも配慮した．初学者が初めて読むときに飛ばしてもよい箇所には♣をつけた．

　第1〜第5章ならびに第7,8章は堤が担当し，第6章は坂井が担当した．本書の執筆にあたり数多くの教科書や関連書物を参考にさせていただいた．ここにそれらの著者と出版社に対して厚く御礼を申し上げる．また，参考にさせていただいた書物は最後に参考書としてそれらを列挙している．本書の内容は，十分に検討して万全を期したつもりだが，著者の浅学非才のために誤りや不備な点があるかと思うので，ご叱責ご教示いただければ幸いである．紙面の都合で，全ての分野を網羅できず，足らない部分が多々あるが，他の書物で補っていただければ幸いである．

まえがき

　終わりに，本書の執筆を薦めていただいた京都大学名誉教授山内淳先生ならびに原稿のやりとりなどで多大なるご尽力ご配慮いただいたサイエンス社の田島伸彦氏，鈴木綾子氏に厚く感謝いたします．

2010 年 1 月

著者を代表して

堤　直人

本書の正誤表，演習問題の詳しい解答はサイエンス社 HP 内のサポートページをご覧ください．

目　　次

第1章　高分子とは　　1

- **1.1** はじめに ……………………………………………………………… 2
- **1.2** 高分子科学の誕生と歴史 …………………………………………… 3
- **1.3** 高分子化学工業の発展 ……………………………………………… 5
- **1.4** 高分子科学の将来 …………………………………………………… 8

第2章　高分子の構造　　9

- **2.1** ポリマーの一次構造 ………………………………………………… 10
  - **2.1.1** 連鎖様式 ……………………………………………………… 10
  - **2.1.2** 立体規則性 …………………………………………………… 10
  - **2.1.3** 共重合様式 …………………………………………………… 11
  - **2.1.4** 分岐構造・ネットワーク構造 ……………………………… 11
  - **2.1.5** 平均分子量と分子量分布 …………………………………… 12
- **2.2** ポリマーの二次構造 ………………………………………………… 13
  - **2.2.1** 単結合周りの回転（回転異性体） ………………………… 13
  - **2.2.2** 短距離相互作用と長距離相互作用 ………………………… 15
  - **2.2.3** らせん構造 …………………………………………………… 15
- **2.3** 高次構造 ……………………………………………………………… 19
  - **2.3.1** 結晶構造 ……………………………………………………… 20
  - **2.3.2** 高分子の結晶形態 …………………………………………… 24
  - **2.3.3** 高分子液晶♣ ………………………………………………… 27
  - **2.3.4** 相構造♣ ……………………………………………………… 29
  - 演習問題 ………………………………………………………………… 30

第3章　高分子の溶液物性　31

- 3.1 高分子鎖の形と大きさ 32
  - 3.1.1 高分子鎖の広がり 32
  - 3.1.2 理想鎖 35
  - 3.1.3 排除体積効果，実在鎖 40
- 3.2 高分子溶液の性質 41
  - 3.2.1 溶液の熱力学 42
  - 3.2.2 格子モデル理論，フローリー–ハギンズの理論 43
  - 3.2.3 高分子の分子運動 47
  - 3.2.4 高分子の粘性と分子量 47
  - 3.2.5 分子量および分子量分布の測定♣ 50
  - 3.2.6 高分子電解質，イオン性高分子♣ 54
  - 3.2.7 絡合い中での高分子の動き♣ 55
  - 演習問題 56

第4章　高分子の物性　57

- 4.1 力学的性質 58
  - 4.1.1 応力とひずみ 58
  - 4.1.2 ゴム弾性 59
  - 4.1.3 高分子の粘弾性 61
  - 4.1.4 粘弾性の分子論 68
- 4.2 熱的性質 71
  - 4.2.1 比熱，熱伝導率，線膨張率 71
  - 4.2.2 示差走査熱量法と熱物性 72
  - 4.2.3 ガラス転移 73
  - 4.2.4 結晶化とそのダイナミクス 74
  - 4.2.5 融解と融点 77
- 4.3 電気的性質 80
  - 4.3.1 電気伝導度 80
  - 4.3.2 絶縁性，半導体性 81
  - 4.3.3 導電性 83
  - 4.3.4 イオン伝導♣ 87

目　　次　　　　　　　　v

  4.3.5　誘　電　性 88
  4.3.6　圧電性, 焦電性, 強誘電性 91
 4.4　光学的性質 92
  4.4.1　屈折率と分子分極率 92
  4.4.2　反射と吸収 93
  4.4.3　透明性と散乱 94
  4.4.4　複屈折と二色性♣ 95
 演習問題 96

第5章　高分子合成　　　　　　　　　　　　　　　97

 5.1　高分子合成の基本様式 98
 5.2　重　縮　合 100
  5.2.1　ポリアミドおよびポリイミド 100
  5.2.2　ポリエステル 101
  5.2.3　重　合　法 102
  5.2.4　重合物の分子量と分子量分布の考察 103
  5.2.5　反応速度論 106
 5.3　重　付　加 108
 5.4　付　加　縮　合 109
 5.5　ラジカル重合 110
  5.5.1　ラジカル重合 110
  5.5.2　反応速度論 112
  5.5.3　重合物の分子量と分子量分布の考察 114
  5.5.4　重　合　法 116
 5.6　ラジカル共重合♣ 117
 5.7　イオン重合 119
  5.7.1　カチオン重合 120
  5.7.2　アニオン重合 122
 5.8　配　位　重　合 123
 5.9　開　環　重　合♣ 124
 5.10　重合による構造制御♣ 126
  5.10.1　リビング重合 127

| 5.10.2 連鎖縮合重合 130
| 5.10.3 固 相 重 合 130
| 5.10.4 電 界 重 合 131
| 演 習 問 題 132

第6章　高分子反応　　133

6.1 高分子の反応 134
6.1.1 高分子反応の特徴 134
6.2 官能基の変換 134
6.2.1 高分子−低分子反応 134
6.2.2 高分子内反応 138
6.2.3 ブロックまたはグラフトポリマーの合成 139
6.2.4 固 相 反 応 141
6.3 架 橋 反 応 142
6.3.1 高分子の架橋 142
6.3.2 ゴ　ム 143
6.3.3 フェノール樹脂 144
6.3.4 エポキシ樹脂 145
6.3.5 ポリウレアやポリウレタンなど 145
6.3.6 架橋ポリスチレン 146
6.3.7 放射線架橋 147
6.3.8 光硬化反応 147
6.3.9 物理的な架橋構造 148
6.4 分 解 反 応 148
6.4.1 高分子の分解 148
6.4.2 熱　分　解 149
6.4.3 熱酸化分解 152
6.4.4 光　分　解 153
6.4.5 加溶媒分解 156
6.4.6 生　分　解 156
6.5 感光性樹脂 157
6.5.1 感光性樹脂 157
6.5.2 フォトレジスト 158

6.5.3　光硬化反応の応用 160
　6.6　触 媒 作 用 160
　　　6.6.1　高分子触媒 160
　　　6.6.2　酵　素 160
　6.7　高分子のリサイクル 162
　　　6.7.1　高分子の再利用 162
　　　演 習 問 題 164

第7章　高分子材料の高性能化 ♣　　　　　　　　　165

　7.1　高性能高分子材料 166
　　　7.1.1　汎用エンジニアリングプラスチックス 166
　　　7.1.2　スーパーエンジニアリングプラスチックス 171
　7.2　耐熱性高分子材料の分子設計 173
　　　7.2.1　分子設計の指針 173
　　　7.2.2　耐熱性高分子材料 174
　7.3　高強度・高弾性率高分子材料の分子設計 176
　　　7.3.1　分子設計の指針 176
　　　7.3.2　破断強度および引張り弾性率の理論予測 176
　　　7.3.3　理論予測値と実測値との比較 179
　　　7.3.4　高強度・高弾性率繊維高分子材料 180
　　　演 習 問 題 186

第8章　高分子材料の機能性 ♣　　　　　　　　　　187

　8.1　光機能性高分子 188
　　　8.1.1　光物理化学過程 188
　　　8.1.2　光 導 電 性 188
　　　8.1.3　有 機 Ｅ Ｌ 189
　　　8.1.4　有機固体レーザー 190
　　　8.1.5　有機非線形光学 192
　8.2　電子機能性高分子 193
　　　8.2.1　導電性高分子 193
　　　8.2.2　強誘電高分子 194
　　　8.2.3　イオン伝導性高分子 194

付　録	**195**
演習問題略解・解答例	**201**
図表典拠と参考文献	**203**
索　引	**206**

第1章

高分子とは

　英語の polymer あるいは macromolecule を和訳して高分子あるいはポリマーとよんでいる．polymer は多数の同一構造（monomer，モノマー，単量体）の繰返しからなる分子の意味であり，macromolecule は巨大な分子の意味である．従って，高分子とは共有結合でつながった分子量の大きい化合物である．一般的には分子量が1万以上のものを高分子としている．ある一定以上の分子量をもつ高分子は，そのモノマーではもち得ない様々な高分子特有の性格をもつようになる．

　高分子の範疇（はんちゅう）に入る物質は，石油，石炭由来の合成高分子をはじめ，綿，羊毛などの天然繊維素材ならびにタンパク質，核酸などの生体高分子までと幅広い．本章では，高分子の歴史を踏まえてその概要を述べる．

本章の内容

1.1　はじめに
1.2　高分子科学の誕生と歴史
1.3　高分子化学工業の発展
1.4　高分子科学の将来

1.1 はじめに

　鉱石，金属，ガラス，木材，紙，天然繊維素材などには1万～数千年の歴史がある．麻，羊毛，綿，絹が天然繊維素材の代表例である．麻の一種であるリネン（亜麻）は，一番古くから使われており，1万年前頃から既に古代エジプトやメソポタミアのチグリス・ユーフラテス川流域で栽培され，衣服などの実用に供されていた．羊の毛皮も1万年前頃から使われ，3800年前頃には羊毛から糸を紡いで利用されていた．綿は5000年前頃のインダス文明の栄えていた頃に衣料品として使われ始めた．繭から絹糸を作る方法やその糸からの織物は，3200～3700年前に中国で確立した．このような天然繊維素材は，高分子の仲間である．木材，紙などは主成分がセルロースであり，これらも天然高分子であり高分子の仲間である．このように天然高分子には数千年の歴史がある．さらに，タンパク質，多糖類，核酸なども天然高分子である．

　しかし，これらのことが明確になってきたのは20世紀に入ってからのことである．1920年代半ば以降になって，高分子（ポリマー）の構造が一般に理解され，それが学問体系として形作られてからのことである．1938年にはナイロン（Nylon）が「クモの糸よりも細く，絹よりも美しく，鉄よりも強い夢の繊維」の宣伝で上市された．化学繊維の時代が幕を開けると共に，その後の高分子化学工業の興隆へとつながっていった．

　エジソンが日本の竹を用いて白熱球を完成させた話は有名である．京都の八幡村（現在の八幡市）の繊維の長い真竹を高温で炭化させた炭素繊維フィラメントを用いて白熱球を実用化させた．現在の炭素繊維は，高強度・高弾性率繊維の最先端材料としてあらゆる分野で活躍している．炭素繊維の仲間には，カーボンナノチューブ，フラーレン，グラフェンなどがある．これらはナノマテリアルとして材料革命をもたらすであろう．さらに分子エレクトロニクスや量子信号処理など将来の情報処理技術へと大きく関わっていくであろう．

1.2 高分子科学の誕生と歴史

1861年，グラハム（T. Graham）は，「結晶性であり溶液中で容易に拡散できる物質である**晶質物質**（crystalloids）に対して，結晶化せず溶液中で高い粘度を示し拡散が非常に遅い物質を**コロイド**（colloids）とよぶ」ことを提案した．化学結合をベースにした化学的なアプローチでは，コロイドは分子サイズが異なる大きな分子と考えられた．それに対して，分子間力をベースにした物理的なアプローチでは，晶質物質とコロイドの分子サイズに相違はなく，コロイドは小さな分子が**凝集**（aggregation）して大きな**凝集体**（aggregates）を形成していると考えられた．当時，既に有機化学は確立しており，その化学的な方法論では，純粋な物質は明確な融点，沸点および分子量をもつものとされていた．従って，融点，分子量が不明瞭な物質に対しては，化学結合をベースにして大きな分子となる考え方は少数となり，物理的な力で凝集して大きなサイズの物質となる考え方が優勢となった．当時，既に知られていた天然ゴムのラバーラテックス（rubber latex）はコロイド的な性質を示すが，その構造は実際には(a)であるにもかかわらず，物理的な力とする当時の考え方から(b)であるとされた．

高分子科学の歴史をまとめると表 1.1 のようになる．

$$\left(\text{CH}_2-\underset{\underset{\text{CH}_3}{|}}{\text{C}}=\text{CH}-\text{CH}_2\right)_n$$

$$\left[\begin{array}{l}\text{CH}_2-\text{CH}=\underset{\underset{\text{CH}_3}{|}}{\text{C}}-\text{CH}_2\\ \text{CH}_2-\text{CH}=\underset{\underset{\text{CH}_3}{|}}{\text{C}}-\text{CH}_2\end{array}\right]_n$$

(a) (b)

表 1.1　高分子科学の歴史

1920 年代	ドイツの有機化学者であるシュタウディンガー（H. Staudinger）（1953年ノーベル化学賞）は「**高分子**（polymer）は，**モノマー**（monomer）とよばれる化学種が互いに共有結合で繰り返しつながった長い連鎖をもつ**巨大分子**（macromolecules）からできている」という高分子説を孤軍奮闘して唱えていた．そしてメイヤー（K. Meyer）とマーク（H. Mark）らの天然高分子のX線回折による結晶学的研究などにより，次第に高分子説の支持者が多くなり，その概念が確立していった．

表 1.1 （つづき）

年代	内容	
1920 年代	シュタウディンガーが高分子説を確立していった時期に，ハーバード大学の講師であったカローザス（W. Carothers）はデュポン（DuPont）社へ移り，高分子生成反応の研究を始めた．それが現在の高分子合成の基本となる付加重合と重縮合（縮合重合）の基礎を確立させた．	
1920 年代後半	カローザスは重縮合であるジカルボン酸と二価アルコールからのポリエステルの研究，そしてナイロンの商標でなじみのあるジカルボン酸とジアミンからのポリアミドの研究を精力的に行った．	
1930 年代	物理化学を専門とするフローリー（P.J. Flory）（1974 年ノーベル化学賞）がカローザスの下に加わる．	
1939	桜田一郎によるポリビニルアルコールからのビニロン繊維の発明などで高分子学問領域に対する日本の寄与も大きくなる．	
1940～50 年代	フローリーにより高分子の重合反応論や溶液論の理解が大きく進む．	
1953	チーグラー（K. Ziegler）（1963 年ノーベル化学賞）による有機金属触媒を用いたポリエチレンの低圧重合の成功．	合成高分子の重要な発見
1955	ナッタ（G. Natta）（1963 年ノーベル化学賞）による有機金属触媒を用いたポリプロピレンの立体規則性重合の成功．	
1956	シュヴァルク（M. Szwarc）によるリビングポリマーの発見．	
1957	単結晶ポリエチレンの折りたたみ鎖結晶の電子顕微鏡による観察を発表． ⟹ 高分子構造の形成のメカニズムなど高分子特有の構造に関する研究が大きく発展．	
1960 年代以降	宇宙開発と相まってエンジニアリングプラスチックスやスーパーエンジニアリングプラスチックスなどの耐熱性高分子材料の開発． 鋼線も凌駕する高強度・高弾性率繊維の開発．	
1960 年代後半以降	機能性高分子に関する研究も盛んになる．ポリビニルカルバゾール（PVCz）の光導電機構の解明が詳細に行われる． ⟹ 電子写真印刷の感光体への応用の研究が進む． 現在ではコピー機やレーザープリンターの感光体のほぼ 100% が有機感光体（OPC）である．	
1968	河合によるポリフッ化ビニリデンの圧電性に関する研究．	日本から世界をリードする研究
1970 年代	新合繊といわれるポリエステル極細繊維（マイクロファイバー）が開発．⟹ 化学繊維の利用がさらに幅広くなる．	
1970 年代半ば	白川英樹ら（2000 年ノーベル化学賞）による導電性ポリアセチレン重合膜の作製．	
1970 年代後半	フッ化ビニリデンとトリフルオロエチレン共重合体の強誘電性の研究．	
1971	ド・ジャン（de Geenes）（1991 年ノーベル物理学賞）の管模型（reptation model）の提案：絡み合い中の高分子鎖の運動に対する新しい理解．	

1.3 高分子化学工業の発展

工業的な発展は，表 1.2 のようになる．

表 1.2　高分子化学工業の発展

1839	C. グッドイヤー（C. Goodyear）が天然ゴムを硫黄で加硫することにより，永久伸びが残るという欠点を改良．弾性ゴムの製造技術を確立．
1851	弟の N. グッドイヤー（N. Goodyear）が大量の硫黄の加硫によりエボナイトなどの硬質の材料の製造ができることを見出す． 同時期に，シェーンバイン（C. Schönbein）は綿（セルロース）を硫酸－硝酸－水の混合物で処理することにより硝化度の異なるセルロースの硝酸エステルの合成を行う．硝化度が 12.5～14% では火薬（無煙火薬の主成分）となり，11.5% 未満では成形可能な硬質の弾性材料となる．
1869	ハイアット（J. Hyatt）は硝酸セルロースをショウノウで可塑化(かそ)したセルロイドを発明．⟹ 工業化して大きな成功を収める．
1892	クロス（C.F. Cross），ベバン（E.J. Bevan），ビードル（C. Beadle）らはアルカリセルロースの二硫化炭素への溶解反応を発見．溶液を"Viscose"と命名． ⟹ ビスコースレーヨンの製造へとつながる．
	ここまでの材料合成は，天然素材を基にした**半合成**（semi-synthetic）物である．
1900 年代	スミス（W. Smith）がアルキド樹脂を発明．
1905～10	ベークランド（L. Bakeland）がフェノールとホルムアルデヒドからの熱硬化性樹脂ベークライトを発明．
1930 年代半ば	高圧法によるポリエチレンの重合が成功，上市．
1938	デュポン社よりナイロンが上市．
1940 年代	グリコールとテレフタル酸からのポリエステルであるポリエチレンテレフタレート（**PET**）がウィンフィールド（J.R. Whinfield）により実用化．
1950 年代	耐熱性高分子材料として，ポリテトラフルオロエチレン（**PTFE**）がテフロン（Teflon）の商標で上市．チーグラー-ナッタ触媒として知られている有機金属触媒を用いて分岐の少ないポリエチレンが製造．
1960 年代	エンジニアリングプラスチックスやスーパーエンジニアリングプラスチックスに分類される芳香族ポリアミドや芳香族ポリイミドなどの耐熱性の高分子材料が相次いで開発．
1960 半ば	液晶紡糸を用いてケブラー（Kevler）の商標に代表される高強度・高弾性率繊維のアラミド繊維が開発．ゲル紡糸 超延伸法(ぼうしちょうえんしん)などにより超高分子量のポリエチレンからも高強度・高弾性率繊維が開発．鋼線に匹敵するあるいはそれ以上の高強度・高弾性率を有する高分子繊維材料が開発．

表 1.2 （つづき）

1980 代	廃プラスチックスの環境への問題と相まってリサイクルシステムの確立．ポリ乳酸に代表される生分解性プラスチックスや生分解性ポリマーの開発が開始．

　このように高分子化学工業の発展は目覚しい．わが国の総プラスチックスの生産量の統計にその様子が現れている（図 1.1，表 1.3 参照）．

　全世界のプラスチックス類の総生産量は増え続けている．2000 年の統計で 1 億 7800 万トン，2005 年の統計で約 2 億 3000 万トンである．従って，現在の生活において，プラスチックス，ポリマーあるいは高分子は身の回りに深く浸

表 1.3　図 1.1 の説明

	略号	高分子	化学構造式
汎用プラスチックス	PE	：ポリエチレン	$-(CH_2-CH_2)_n-$
	PP	：ポリプロピレン	$-(CH_2-CH(CH_3))_n-$
	PS	：ポリスチレン	$-(CH_2-CH(C_6H_5))_n-$
	PVC	：ポリ塩化ビニル	$-(CH_2-CHCl)_n-$
エンジニアリングプラスチックス	PPO	：ポリフェニレンオキシド	$-(O-C_6H_2(CH_3)_2)_n-$
	PBT	：ポリブチレンテレフタレート	$-(OC-C_6H_4-CO-O-(CH_2)_4-O)_n-$
	PET	：ポリエチレンテレフタレート	$-(OC-C_6H_4-CO-O-(CH_2)_2-O)_n-$
	POM	：ポリオキシメチレン	$-(CH_2-O)_n-$
	PC	：ポリカーボネート	$-(O-C_6H_4-C(CH_3)_2-C_6H_4-O-CO)_n-$
	PA	：ポリアミド	$-(NH-(CH_2)_6-NH-CO-(CH_2)_4-CO)_n-$　ナイロン 66
			$-(CO-(CH_2)_5-NH)_n-$　ナイロン 6

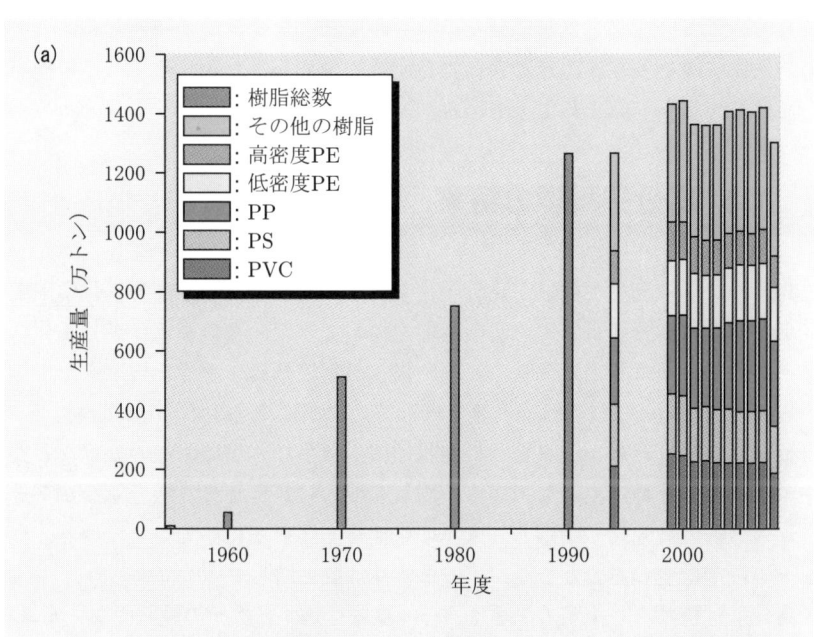

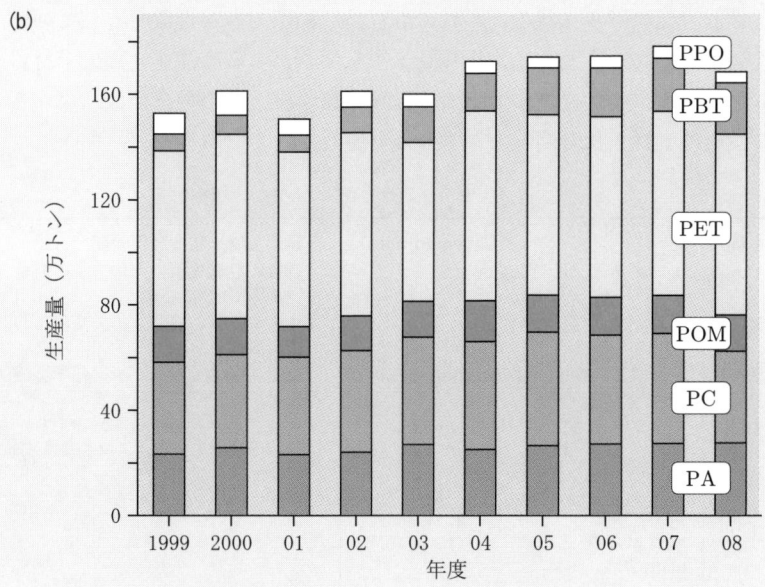

図 1.1 (a) わが国の総プラスチックスの生産量の推移
　　　 (b) 「その他の樹脂」中のエンジニアリングプラスチックスの過去 10 年間の推移

透しているといっても過言ではない．その反面，地球環境の問題と相まって使用済みプラスチックスの環境負荷に対する意識も高まり，リサイクル可能な新たな材料の開発も望まれてきている．

1.4 高分子科学の将来

　高分子科学の誕生と発展が高分子化学工業の進展を促し，高分子化学工業の進歩がさらに高分子科学の一層の発展を促してきた．このように高分子化学工業と高分子科学は互いに両輪となり，現在の物質社会へ大きな貢献をしてきている．現在，高分子材料は衣料素材としての合成繊維を始め，建材資材，土木，自動車産業，コンピュータなどの情報通信，食品ならびに医療の分野など衣食住のあらゆる分野に浸透している．周りの他の材料とうまく融合しながらそれぞれの分野の最先端で活躍し，人々の生活を一層豊かにしていっている．今後もその役割は変わることなく，その重要性は益々増していくであろう．

　高分子材料は，一次元のファイバー（繊維）状，二次元の膜状やフィルム状，そして三次元のバルク状のいずれにも容易に加工できる特徴を有している．機能性をさらに高めるために，生体高分子を手本とする高機能性高分子材料の開発も今後益々重要性を増すであろう．異分野の科学との融合を図りながら，新たな機能性素材や材料開発なども今後発展していくであろう．

表 1.4　高分子科学に関するノーベル賞

1953	シュタウディンガー（H. Staudinger）	「鎖状高分子化合物の研究」
1963	チーグラー（K. Ziegler），ナッタ（G. Natta）	「新しい触媒を用いた重合法の発見とその基礎的研究」
1974	フローリー（P. J. Flory）	「高分子化学の理論，実験両面にわたる基礎研究」
1984	メリフィールド（R. B. Merrifield）	「固相反応によるペプチド化学合成法の開発」
1991	ド・ジャン（P. G. de Gennes）	「単純な系の秩序現象を研究するために開発された手法が，より複雑な物質，特に液晶や高分子の研究にも一般化され得ることの発見」
2000	白川英樹，ヒーガー（A. J. Heeger），マクダイアミッド（A. G. MacDiarmid）	「導電性高分子の発見と開発」
2002	フェン（J. B. Fenn），田中耕一，ヴュートリッヒ（K. Wüthrich）	「生体高分子の同定および構造解析のための手法の開発」

第2章

高分子の構造

　高分子は，他の物質と比較してかなり複雑な構造をもつ．その構造は小さなスケールから階層的に，繰返し単位の化学構造，ポリマーの一次構造・二次構造および高次構造（超分子構造）に分類できる．ポリマーの一次構造は，繰返し単位がつながるときの化学結合によって決まる分子鎖の構造である．その分子鎖の空間形態を二次構造とよぶ．高分子鎖が集合してできる結晶構造，非晶構造および液晶構造などが高次構造（これらは三次構造とよばれることもある）を形成する．さらに結晶が集合してできる球晶構造やブロック共重合体のミクロ相分離構造なども高次構造の範疇に入る．本章では，これらの構造を体系的に学んでいく．

本章の内容

2.1　ポリマーの一次構造
2.2　ポリマーの二次構造
2.3　高次構造

2.1 ポリマーの一次構造

ポリマーの**一次構造**は，繰返し単位がつながるときの化学結合によって決まる分子鎖の構造のことである．重合時に構造が決定され，連鎖様式，立体規則性，共重合様式，非線状の分岐やネットワーク（三次元網目）構造などが含まれる．

2.1.1 連鎖様式

ラジカル連鎖重合での頭–尾（head-to-tail）結合で分子鎖が形成されるときの構造や一部頭–頭（head-to-head）結合あるいは尾–尾（tail-to-tail）結合が混在した（5.5.1項参照）ときの構造など連鎖様式の違いによって一次構造が異なってくる．

2.1.2 立体規則性

1置換あるいは2置換ビニルポリマー $-(CH_2-CRR')_n-$ では，α 炭素は不斉炭素（asymmetric carbon）であるので，立体構造の異なるいくつかの異性体が存在する．主鎖C原子が同一平面上にあるとき，置換基Rが

- その平面の同じ側にあるときを**アイソタクト型**（イソタクト，isotactic）
- 交互に両側にあるときを**シンジオタクト型**（syndiotactic）
- 両者が不規則に混ざり合うときを**アタクト型**（atactic）

という．これらを**立体規則性**（streoregularity）といい，このときの置換基Rの位置は重合時

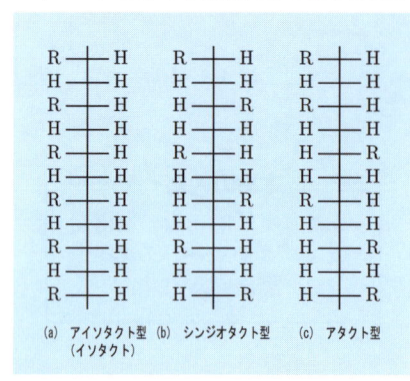

図 2.2 フィッシャー投影による立体規則性

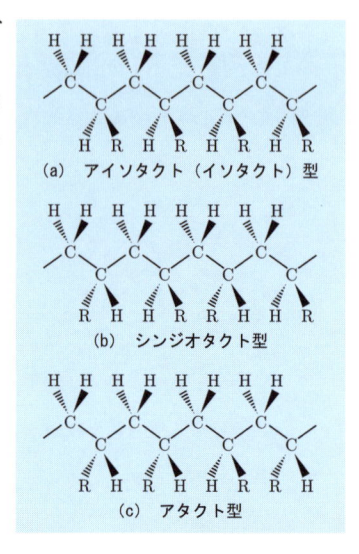

図 2.1 立体規則性の模式図

に決定される立体的な配置である．これを**コンフィグレーション（立体配置** (configuration)）という．図 **2.1** にそれらの模式図を，図 **2.2** にはそれらのフィッシャー (Fischer) 投影を示す．

2.1.3　共重合様式

共重合体(copolymer) が形成されるときもいくつかの様式があり，コモノマーのつながり方で構造が異なってくる．ランダム共重合体の構造，交互共重合体の構造，ブロック共重合体の構造ならびにグラフト共重合体の構造などがある．

ランダム共重合体 (random copolymer)　　AとBの2種類のモノマー（**単量体**）が統計的にランダムにつながってできた共重合体で，例えば

$$\cdots AAABABBABAABBBABAAB\cdots$$

の構造をもつ．

交互共重合体 (alternating copolymer)　　AとBの2種類のモノマーが交互につながってできた共重合体で

$$\cdots ABABABABAB\cdots$$

の構造をもつ．

ブロック共重合体 (block copolymer)　　AとBの2種類のモノマーがある程度のブロック鎖長でつながった共重合体で，例えば

$$\cdots AAAAAABBBBBBBBBBAAAAAA\cdots$$

の構造をもつ．

グラフト共重合体 (graft copolymer)　　Aのモノマーのホモポリマー（homopolymer）にBのモノマーが**側鎖**のように長くつながってできた共重合体で，例えば右のような構造をもつ．

2.1.4　分岐構造・ネットワーク構造

高分子は基本的には分子鎖が長く繋がっていく線状の分子構造をもつ．また，高分子合成法を巧みに利用する，あるいは組み合わせることによって非線状の分子構造を有する高分子を作り出すこともできる．**非線状高分子**には，ブランチ（**分岐**）を有する**分岐**ポリマーやネットワークポリマーをはじめ，近年注目されているデンドリマー，星型ポリマー（スターポリマー），および環状ポリマーなどが入る．

分岐ポリマー　高圧法によるポリエチレンの合成では重合時の副反応により**枝分かれ鎖**（グラフト鎖）が入ることが知られている．これは**分岐ポリマー**の一種である．最近では，長さの揃った構造のグラフト鎖を所定の密度で導入することも可能となった．精密合成によるポリマーブラシとよばれる分岐ポリマーの合成がある．

ネットワークポリマー　分子内および分子間の架橋（橋かけ）により形成される構造が，ネットワーク構造（三次元網目構造）である．環状のネットワーク構造をもつポリマーは，不溶・不融であり溶媒中では膨潤するのみで溶解せず，ゲルとしての性質をもっている．高分子ゲルとよばれるものには自重の何百倍もの水を含有できるものもある．

デンドリマー　分子鎖がコアから外側に向かって規則正しく分岐したナノメートルサイズの三次元構造体のこと．デンドリマーの大きさの指標は重合度でなく，分岐の繰り返した数（世代）である．世代の低いデンドリマーはラグビーボールのような形であるが，世代を重ねる（世代が高くなる）につれて球状の構造に近づいていく．

環状ポリマー　複数の環状分子が組み合わさった鎖状ポリマーのこと．また，線状のエチレングリコール誘導体に環状のシクロデキストリンが入りこんでネックレス状になったのが**ポリロタキサン**である．例えば，エチレングリコールの両末端がアミノ基であると 1-フッ化-2,4-ジニトロベンゼンでキャップすることによってシクロデキストリンはエチレングリコールの鎖から出ていくことができない．そのためにシクロデキストリンはある一定の距離以上離れることなく運動性と自由度を保っている．このことから分子スイッチや分子モータへの応用が考えられる．

2.1.5　平均分子量と分子量分布

　高分子は一般的に異なる連鎖長（分子量の異なる分子鎖）の集合体である．これは，高分子を製造するときの重合反応機構に起因する．

　高分子の分子量を定義するときには，以下のいくつかの方法がある．

数平均分子量 $\overline{M_n}$　　$\overline{M_n} = \sum_i X_i M_i = \dfrac{\sum_i M_i N_i}{\sum_i N_i} = \dfrac{\sum_i w_i}{\sum_i w_i/M_i}$

ここで X_i：分子量 M_i の分子鎖のモル分率で，$X_i = N_i / \sum_i N_i$ と表される．N_i：M_i の分子鎖の分子数，w_i：M_i の分子鎖の重量分率で，$w_i = N_i M_i / \sum_i N_i M_i$ と表される．

重量平均分子量 $\overline{M_w}$　　$\overline{M}_w = \dfrac{\sum_i w_i M_i}{\sum_i w_i} = \dfrac{\sum_i N_i M_i^2}{\sum_i N_i M_i}$

Z平均分子量 $\overline{M_z}$　　$\overline{M}_z = \dfrac{\sum_i w_i M_i^2}{\sum_i w_i M_i} = \dfrac{\sum_i N_i M_i^3}{\sum_i N_i M_i^2}$

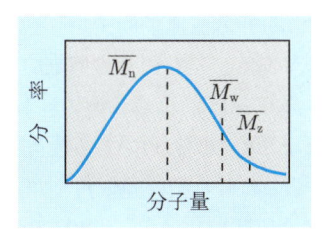

一般に，$\overline{M_n} < \overline{M_w} < \overline{M_z}$ となる．図 2.3 に分子量分布と平均分子量を示す．$\overline{M_w}$ と $\overline{M_n}$ の比 $\overline{M_w}/\overline{M_n}$ は**多分散度**とよばれ，値が 1 に近いほど分子量分布の分散度が小さい．**数平均重合度** $\overline{x_n}$ と**重量平均重合度** $\overline{x_w}$ は，それぞれ $\overline{x_n} = \overline{M_n}/M_0$，$\overline{x_w} = \overline{M_w}/M_0$ となる（M_0：モノマーの分子量）．分子量分布に関しては章末問題 3,4 を参照のこと．

図 2.3　分子量分布と平均分子量

$\overline{M_n}$ は末端基濃度の定量や溶液の浸透圧の測定，$\overline{M_w}$ は高分子溶液の光散乱，$\overline{M_z}$ は高分子溶液の超遠心法から求まる．これらはいずれも絶対分子量の定量法である．相対的な測定法には，粘度法による固有粘度から求まる**粘度平均分子量** $\overline{M_v}$，および手軽に分子量（相対的な $\overline{M_n}$，$\overline{M_w}$）と分子量分布が測定できる**ゲル浸透クロマトグラフィー**（gel permeation chromatography, **GPC**）などがある．これらは 3.2.5 項で詳述する．

2.2　ポリマーの二次構造

2.2.1　単結合周りの回転（回転異性体）

　高分子の一次構造は重合時に一義的に決定される構造である．それに対して，高分子の主鎖の C–C 結合の内部回転により決まる分子鎖の構造などがポリマーの二次構造に分類される．この結合の内部回転は自由回転ではなく，それを阻害するようなエネルギー障壁が存在する．それによって分子鎖の構造（**回転異性体** (rotational isomer) **構造**）が決まる．分子鎖の内部回転により決まる空間的配置を**コンフォメーション**（**立体配座** (conformation)）とよび，先の立体規則性のような重合時に決定される原子や原子団の配列のコンフィグレーション（立体配置）と区別している．

　エタン分子の C–C 結合周りの回転による 2 つの典型的なコンフォメーションのニューマン（Newman）投影を図 2.4 に示す．一つは，**(a)** の**重なり型**（eclipsed）であり，それぞれの炭素原子に結合している水素原子が互いに重なった状態で

ある．もう一つは，(b)の**ねじれ型**（staggered）であり，水素原子同士が互いに最も離れた状態にある．結合周りの回転のポテンシャルエネルギーは，ねじれ型の回転角のとき最小，重なり型の回転角のとき最大となる．従って，1つのねじれ型の回転角を0°にとると，1回転中に回転角 $\phi = -120°, 0°, +120°$ で3つのねじれ型が存在し，その間に3つの重なり型が存在することが分かる．

次に，高分子鎖のコンフォメーションを考えるためのモデル分子としてブタン分子を例に挙げよう．ブタン（$CH_3-CH_2-CH_2-CH_3$）の中央の CH_2-CH_2 結合周りの回転異性体を考える．1,4位にある2個のメチル基の相対的な位置が重要になる．図 2.5 に示すように，メチル基同士がトランス（T）の位置のとき回転のポテンシャルエネルギーは最小値をとる．Tの位置の回転角を0°として，反時計回りに120°回転させたときにエネルギー的に安定なゴーシュ（G）および時計回りに120°回転させたときにエネルギー的に安定なゴーシュ（$\overline{G}$）のコンフォメーションをとる．図 2.6 にブタンのT, G, $\overline{G}$ の回転異性体のニューマン投影を示す．Tのコンフォメーションから Gあるいは $\overline{G}$ のコンフォメーションへの転移には，エネルギー障壁 $\Delta E = 15\,kJ\,mol^{-1}$ を越えなければならない．また，G → $\overline{G}$ あるいは $\overline{G}$ → G への転移には $\Delta E = 20.5\,kJ\,mol^{-1}$ のエネルギーが必要である．C–C 結合の回転振動数は $3〜6 \times 10^{12}\,s^{-1}$ であるので，ボルツマン（Boltzmann）因子 $\exp(-\Delta E/RT)$

図 2.4 エタン分子の典型的なコンフォメーション

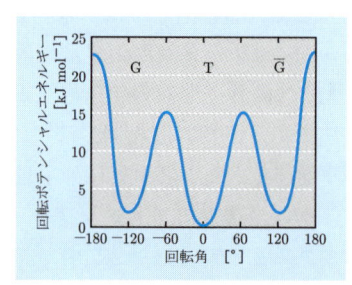

図 2.5 ブタンの CH_2-CH_2 結合周りの内部回転角と回転ポテンシャルエネルギー

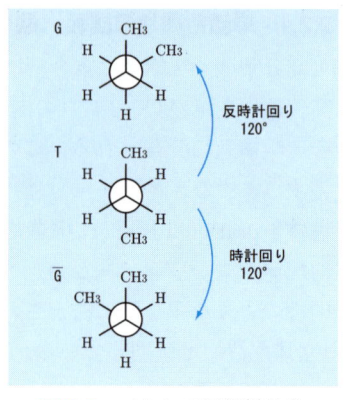

図 2.6 ブタンの回転異性体

より，1 秒間におよそ 10^{10} 回の T ⇄ G, $\overline{\text{G}}$ の転移，およびおよそ 10^9 回の G ⇄ $\overline{\text{G}}$ の転移が起こっている．それらを回転振動と比較すると，400 回に 1 回の割合で T ⇄ G, $\overline{\text{G}}$ の転移，および 4000 回に 1 回の割合で G ⇄ $\overline{\text{G}}$ の転移が起こっていることが分かる．

2.2.2 短距離相互作用と長距離相互作用

T, G, $\overline{\text{G}}$ の回転異性体がエネルギー的に安定であることを前項で述べた．ペンタン分子の内部回転を考えると，$3^4 = 81$ 通りの回転異性体が可能である．しかしペンタン分子の場合，分子鎖の全ての内部回転が許容されない．2 番目と 3 番目の C–C 結合が G，3 番目と 4 番目の C–C 結合が $\overline{\text{G}}$ となる場合，両端のメチル基の水素原子同士の反発力のために互いに接近できない．従って，隣同士が G, $\overline{\text{G}}$，および $\overline{\text{G}}$, G の組合せとなる 18 通りは実現不可能である．分子の対称性を考えるとさらに回転異性体の数は減る．このような分子の立体的配置の相互作用を**短距離相互作用**（short range interaction），または **4 ボンド相互作用**あるいは**ペンタン効果**とよぶ．

さらに分子鎖長が長くなると，内部回転により空間的に広がった分子鎖同士が互いに戻ってきて重なり合うようになる．これを**遠距離相互作用**（long-range interaction）または**排除体積効果**（excluded volume effect）とよぶ．分子鎖が長くなるほどこれらの効果が現れ易くなる．

[注釈] 排除体積効果は 3.1.3 項に詳述．

2.2.3 らせん構造

高分子鎖のモデルとなるブタン分子で T, G および $\overline{\text{G}}$ のコンフォメーションでエネルギー極小値をとる．従って，高分子の主鎖のコンフォメーションにおいても，T, G および $\overline{\text{G}}$ で内部回転ポテンシャルエネルギーは極小値をとり，高分子連鎖のコンフォメーションもその組合せで決まる．では，その組合せ，すなわち分子鎖が実際にどのようなコンフォメーションでつながっていくかを考えてみる．多様な化学構造をもつモノマーの連鎖からなる高分子鎖では，内部回転ポテンシャルエネルギーだけでなく高分子鎖を構成する原子間の相互作用（**分子内相互作用** (intramolecular interaction)）のポテンシャルエネルギーなどもコンフォメーション形成に影響を与える．ここで，それらのポテンシャルエネルギーをまとめてみる．

C–C 結合では，T, G, $\overline{\text{G}}$ がエネルギー的に安定なコンフォメーションであ

り，内部回転ポテンシャル U_rot の近似式として
$$U_\mathrm{rot} = \frac{U_0}{2}(1 - \cos 3\varphi)$$
を考えることができる．ここで U_0：コンフォメーション間の活性化エネルギー（ポテンシャル障壁），φ：T での角度を $0°$ としたときの内部回転角である．

- 原子間のファン・デル・ワールス（van der Waals）引力および原子間の電子の重なりによる斥力がコンフォメーションに影響を与えるときには，原子間の相互作用のポテンシャルとして，**バッキンガム**（Bukingham）**ポテンシャルエネルギー**や**レナード-ジョーンズ**（Lennard-Jones）**ポテンシャルエネルギー**などを適用すればよい．この場合，いずれのポテンシャルエネルギーでも引力は R^{-6} に比例するので，最近接の原子との相互作用を考慮することになる．

(注釈) バッキンガムポテンシャルエネルギー： $U = a\exp\left(-\dfrac{R}{\rho}\right) - \dfrac{b}{R^6}$

レナードジョーンズポテンシャルエネルギー： $U = 4\varepsilon\left[\left(\dfrac{\sigma}{R}\right)^{12} - \left(\dfrac{\sigma}{R}\right)^{6}\right]$

- 極性基を含むとき：**双極子間の相互作用**のポテンシャルエネルギーを考慮する．このエネルギーは，**双極子モーメント**（dipole moment）の方向や双極子間のベクトルの方向と双極子モーメントの方向などに依存して，R^{-3} に比例する．よって，先の原子間の相互作用よりも広い範囲の双極子の相互作用を考慮することになる．
- イオン化した原子を含むとき：イオン間の**静電相互作用**のポテンシャルエネルギーを考慮する．このエネルギーは R^{-1} に比例する．さらに広範囲の原子間の相互作用を考慮することになる．

また，分子鎖内水素結合もコンフォメーション形成に影響を及ぼす．

(注釈) 双極子間の相互作用： $U_\mathrm{dipole} = \dfrac{1}{4\pi\varepsilon}\left[\dfrac{(\boldsymbol{\mu}_1\cdot\boldsymbol{\mu}_2)}{R^3} - \dfrac{3(\boldsymbol{\mu}_1\cdot\boldsymbol{R})(\boldsymbol{\mu}_2\cdot\boldsymbol{R})}{R^5}\right]$

双極子モーメント $\boldsymbol{\mu}_1, \boldsymbol{\mu}_2$ が距離 R だけ離れている．

イオン間の静電相互作用： $U_\mathrm{stat} = \dfrac{q_1 q_2}{4\pi\varepsilon R}$

U_{rot} のみでコンフォメーションが決まる場合，主鎖の全ての結合が T のとき平面ジグザグ構造をとる．主鎖の炭素周りに結合している基が全て水素であるポリエチレンや側鎖があまり大きくない OH 基のポリビニルアルコールで平面ジグザグ構造を見ることができる．モノマー単位中に 2 つの C–C 結合があるので，$(T)_2$ 型と表記する．この場合，1 個のモノマーで **1 回らせん**（ヘリックス，helix）とみなせるので，**1/1 (1_1) らせん**とよぶこともある．ポリエチレンでは，繊維周期 (fiber period) は 2.53 Å（0.253 nm）である．

アイソタクト（イソタクト）型の立体規則性の高分子鎖で側鎖が大きくなると，原子間力相互作用が働いて，主鎖は平面ジグザグ (planar zigzag) 構造ではなく，G が 1 回ごとに入る TG 構造をとるようになる．その例を立体規則性のアイソタクト型ポリプロピレンに見ることができる（図 2.7 (a)）．このときメチル側鎖が 3 個ごとに 1 回転するらせん構造をとるので，**3/1 (3_1) らせん構造**とよぶ．アイソタクト型ポリプロピレンやポリスチレンでは，3/1 らせん構造を基にして規則的な結晶構造を形成している．

側鎖がさらに大きくなると，らせん間隔は大きくなる．**7/2 (7_2) らせん**と **4/1 (4_1) らせん**がある．これらのらせん構造を図 2.8 と表 2.1 に示す．

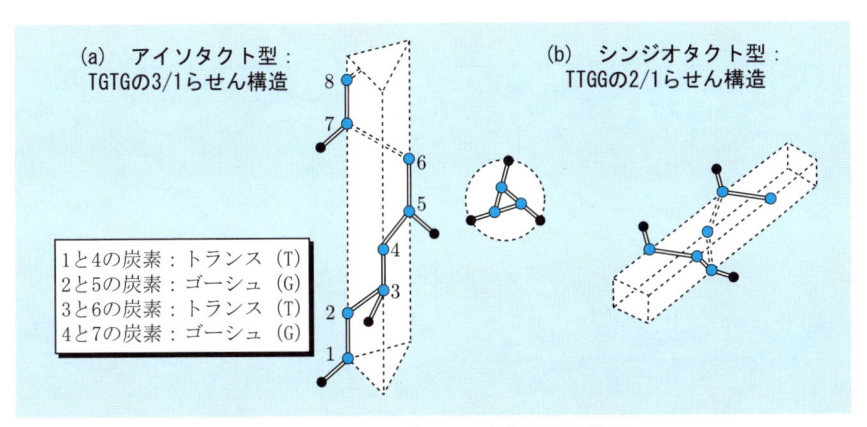

図 2.7　ポリプロピレンの立体規則性構造

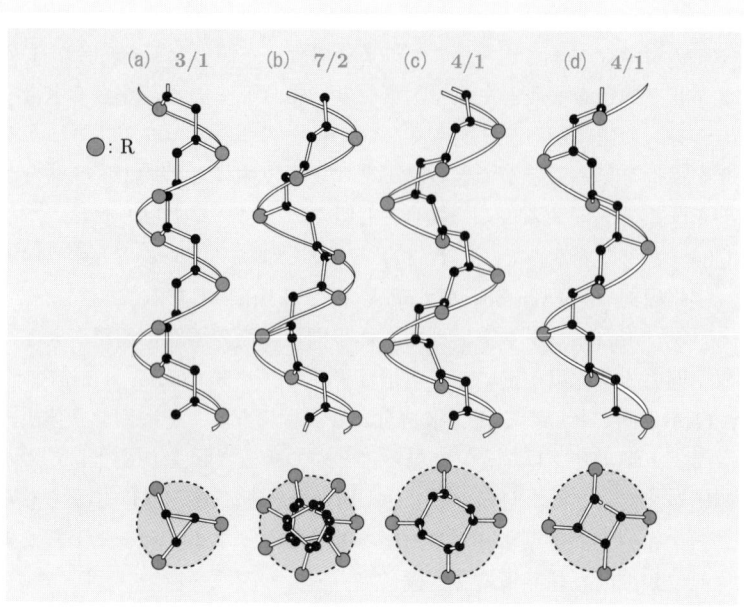

図 2.8 アイソタクト型ポリオレフィン類と同ビニル重合物の結晶構造に見られる分子鎖の種々のらせん構造 [1]

表 2.1 図 2.8 のらせん構造に対応する側鎖と高分子の名称および繊維周期 [1,2]

らせん	側鎖（置換基名）	高分子の名称	繊維周期 [Å]
(a) 3/1	$-CH_3$ （メチル基）	ポリプロピレン	6.50
	$-C_2H_5$ （エチル基）	ポリブテン-1	6.50
	⬡ （フェニル基）	ポリスチレン	6.65
	$-OCH_3$ （メトキシ基）	ポリビニルメチルエーテル	6.50
(b) 7/2	$-CH_2CH(CH_3)_2$ （イソブチル基）	ポリ-4-メチルペンテン-1	13.8
	$-CH_2CH(CH_3)C_2H_5$ （2-メチル-ブチル基）	ポリ-4-メチルヘキセン-1	14.0
(c) 4/1	$-CH(CH_3)_2$ （イソプロピル基）	ポリ-3-メチルブテン-1	6.84
(d) 4/1	CH₃-⬡ （1-メチルフェニル基）	ポリ-o-メチルスチレン	
	CH₃-⬡-F （1-メチル-4-フルオロフェニル基）	ポリ-o-メチル-p-フルオロスチレン	
	⬡⬡ （ナフチル基）	ポリ-α-ビニルナフタレン	

図 2.7(b) に示されるように，シンジオタクト型の立体規則性構造では，TTGG の構造をとり，側鎖が2個ごとに1回転するらせん構造をとる．これを 2/1 (2_1) らせん構造とよぶ．

双極子間の相互作用のポテンシャルエネルギーを考慮する例としてポリオキシメチレン ($\text{-CH}_2\text{O-}_n$) が挙げられる．分子骨格的には，ポリエチレンと似ているが，分子鎖内の双極子モーメントを打ち消し合うようなコンフォメーションをとる．よって，Tの連続ではなく $(G)_4$ と表記される G の連続した構造が安定となる．実際の結晶では分子間相互作用がさらに加わって図 2.9 に示すように 9/5 (9_5) らせん構造となる．

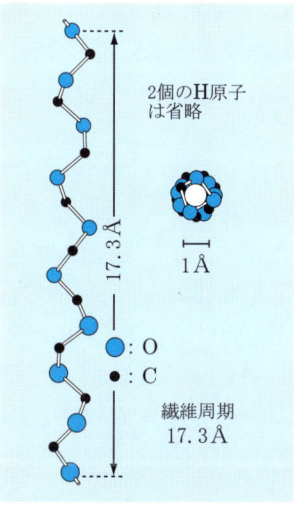

図 2.9 ポリオキシメチレンの結晶構造中の分子鎖の 9/5 らせん構造[3]

分子鎖内**水素結合** (hydrogen bonding) がコンフォメーションに関わっている例として，ポリアミノ酸の $-\text{N}-\text{H}\cdots\text{O}$ が挙げられる（…：水素結合）．ポリ (α-アミノ酸) では，36/10 (36_{10}) らせん構造をとっている．DNA ではさらに複雑で 2 本の右巻きらせんが水素結合でつながった **2 重らせん**（double helix）**構造**をとっている．

2.3 高次構造

2.2 節で述べた高分子の構造は，主に**分子内相互作用** (intermolecular interaction) に基づく構造である．そこでできあがった構造が分子間相互作用を受けて集合体構造を形成していく．固体では，分子鎖が凝集して様々な**結晶構造** (crystalline structure) を作り出す．単結晶や結晶が集合して球晶構造が作り出される．ある種の高分子では固体と融体との間に存在する中間相の**液晶構造**が形成される．高分子の融体では構造をもたない**無定形**（**アモルファス** (amorphous)）**状態**をとり，その状態を保つように固化すれば，結晶相を有しない無定形状態の非晶構造 (non-crystalline structure) となる．2 種以上のポリマーを混ぜ合わせた**ポリマーブレンド**（**ポリマーアロイ**）での相構造やブロック共重合体のミクロ相分離構造なども高次構造に入れることができる．

2.3.1 結晶構造

結晶格子(crystalline lattice)は，結晶の並進対称性をもつ 3 次元空間上の格子である．結晶格子の実格子ベクトル r は，同一平面上にない基本並進ベクトルを a, b, c とすると，$r = n_1 a + n_2 b + n_3 c$ (n_1, n_2, n_3：任意の整数) で表される．n_1, n_2, n_3 が 0 か 1 となる 8 種の組合せで決まる点を結ぶと平行六面体ができ，これを結晶格子の**単位格子（単位胞）**(unit cell) とよぶ．基本並進ベクトルの長さ a, b, c およびそれらの間の角度 $\alpha = \angle(b,c)$, $\beta = \angle(a,c)$, $\gamma = \angle(a,b)$ が**格子定数** (lattice constant) であり a, b, c は結晶格子の**基本周期**である．結晶は格子定数により 7 種の結晶系とこれらの結晶系に対応する**ブラベ格子** (Bravais lattice) 14 種に分類される．表 2.2 に結晶系と格子定数とブラベ格子をまとめる．

原子や分子が結晶構造を形成するとき，結晶の単位体積当りの自由エネルギーが最小となるように原子や分子が充填されていく．しかし，高分子は長い分子鎖でつながれており，各々の原子が自由エネルギーを最小にするような充填はできない．では，高分子の結晶はどのようにして形成されていくのであろうか．ここで，1 つの重要な原理が分かっている．高分子鎖はそれが孤立して 1 本の分子鎖で存在するときも，集合体となって固体結晶中で存在するときも，そのコンフォメーションは同一である．従って，規則性の構造の結晶を形作るときには，エネルギー的に安定で規則的な周期構造であるらせん構造が凝集し集合体を形成して，結晶を成長させていく．結晶構造が成長するときに重要になる

表 2.2 結晶系と格子定数とブラベ格子

結晶系	格子定数	ブラベ格子
立方晶系（cubic） 等軸晶系（isomeric）	$a = b = c$, $\alpha = \beta = \gamma = 90°$	単純立方格子 体心立方格子 面心立方格子
正方晶系（tetragonal）	$a = b \neq c$, $\alpha = \beta = \gamma = 90°$	単純正方格子 体心正方格子
斜方晶系（orthorhombic） 直方晶系	$a \neq b \neq c$, $\alpha = \beta = \gamma = 90°$	単純斜方格子 体心斜方格子 底心斜方格子 面心斜方格子
単斜晶系（monoclinic）	$a \neq b \neq c$, $\alpha = \gamma = 90°$, $\beta \neq 90°$	単純単斜格子 底心単斜格子
三斜晶系（triclinic）	$a \neq b \neq c$, $\alpha \neq \beta \neq \gamma \neq 90°$	単純三斜格子
六方晶系（hexagonal）	$a = b \neq c$, $\alpha = \beta = 90°$, $\gamma = 120°$	単純六方格子
三方晶系（trigonal） 菱面体晶（rhombohedral）	$a = b = c$, $\alpha = \beta = \gamma \neq 90°$	三方（菱面体）格子

のが，分子鎖間の相互作用である．その大きさの順に分子鎖間ファン・デル・ワールス力，分子鎖間の**双極子相互作用** (dipole interaction)，分子鎖間水素結合およびイオン間の静電相互作用などがある．

分子鎖間ファン・デル・ワールス力が働く場合，1つの分子鎖はファン・デル・ワールス距離までもう1つの分子鎖に接近できる．分子鎖のファン・デル・ワールス距離はファン・デル・ワールス引力と原子間の電子の重なりによる斥力とが釣り合う距離である．

ポリエチレンは，平面ジグザグ構造の分子鎖が，分子鎖間ファン・デル・ワールス力で凝集して図 2.10 に示す

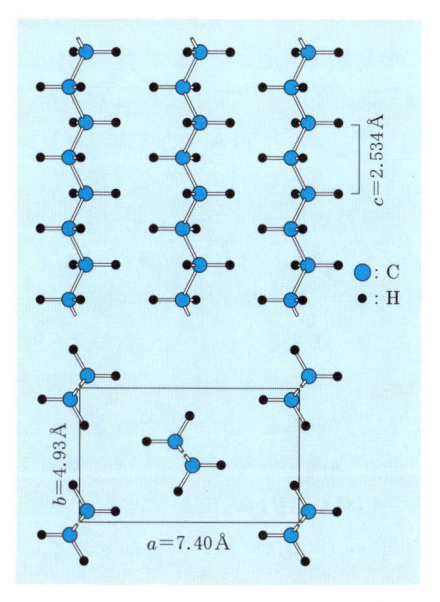

図 2.10 ポリエチレンの結晶構造[4]

ような結晶構造を形成する．結晶の単位格子は斜方晶系に属し，格子定数は $a = 7.40$ Å, $b = 4.93$ Å, $c = 2.53$ Å である．ここで，c 軸が**繊維軸** (fiber axis) すなわち分子鎖が伸びている方向である．従って，分子鎖は bc 面上にあり，この面に平行な面が格子定数 a を周期として繰り返している．この面を (**100**) **面**といい，**面間隔** (spacing) $d_{100} = a$ となる．この周期の半分の面を考えると，そこにも分子鎖が乗っており，この面を (**200**) **面**といい，面間隔 $d_{200} = a/2$ となる．a 軸と b 軸を同時に横切り，かつ c 軸に平行な面は (110) 面である．周期がその半分の面の繰返しは (220) 面となる．一般に，a 軸を h 等分，b 軸を k 等分，c 軸を l 等分する 3 点を含んだ面を (**hkl**) **面**という．面間隔 d_{hkl} は X 線回折より求められ

$$d_{hkl} = \frac{n\lambda}{2\sin\theta} \quad \text{(ブラッグの式 (Bragg angle))}$$

となる．ここで n：反射の次数（整数），λ：X 線の波長，θ：ブラッグ角である．実験的には，試料に入射した X 線は散乱角 2θ で回折ピークを与える．

図 2.10 の分子骨格のみの結晶構造を原子のファン・デル・ワールス半径を含めた状態で描くと図 2.11 となり，分子が充填している様子が明確になる．

図 2.12 にアイソタクト型ポリプロピレンの α 型結晶の構造を示す．結晶の単位格子は単斜晶系に属し，格子定数は $a = 6.65$ Å, $b = 20.96$ Å, $c = 6.50$ Å である．a 軸と c 軸とのなす角は $\beta = 99°20'$ である．図では上下に 2 つの単位胞を示してある．分子鎖は図 2.7(a) に示したように TG の繰返しの 3/1 (3_1) らせん構造を有しており，分子鎖間が互いに離れるように左巻きらせんと右巻きらせんが交互に入って結晶を形作る．その他の結晶形態として六方晶系に属する β 型結晶，三方晶系に属する γ 型結晶がある．

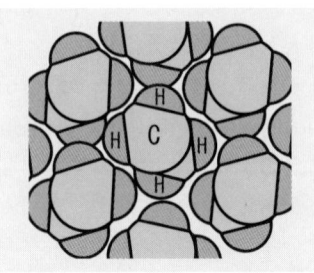

図 2.11 ポリエチレンの結晶構造中で分子が充填している様子

分子鎖間の双極子相互作用が働く場合の結晶構造としてポリフッ化ビニリデン（**PVDF**）の例が挙げられる．PVDF は図 2.13 に示すような**結晶多形**（polymorphism）を有する高分子としても知られている．エネルギー的に一番安定な結晶構造の格子定数は $a = 4.96$ Å, $b = 9.64$ Å の α 型（**II 型**）結晶であり，分子鎖は TGT$\overline{\text{G}}$ の繰返し構造を有する．PVDF は分子鎖が T の繰返しのみの平面ジグザグ構造を有する格子定数は $a = 8.58$ Å, $b = 4.91$ Å の β 型（**I 型**）結晶，分子鎖が TTTGTTT$\overline{\text{G}}$ の繰返し構造を有する γ 型（**III 型**）結晶お

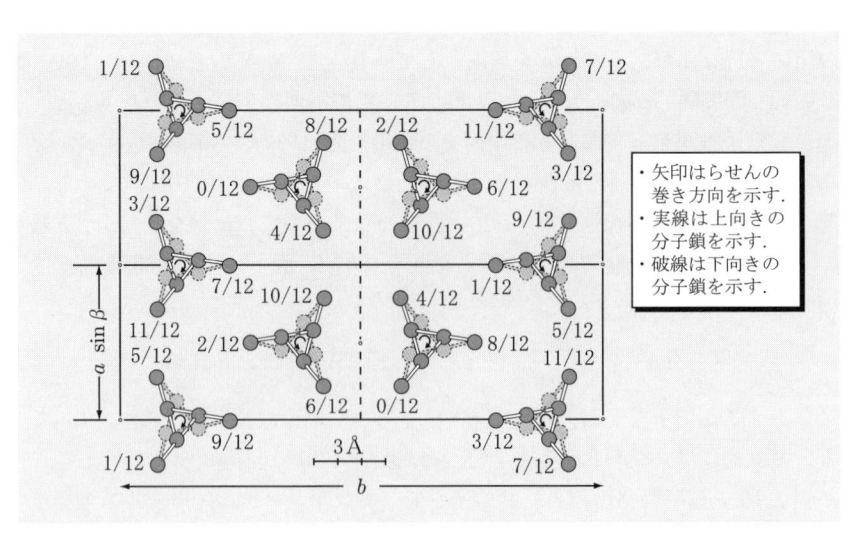

図 2.12　アイソタクト型ポリプロピレンの α 型結晶 [5]

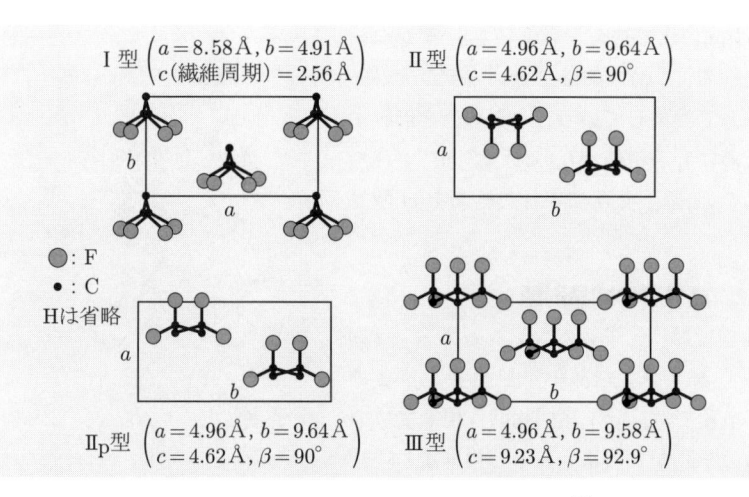

図 2.13 ポリフッ化ビニリデンの結晶多形[6]

およびⅡp型結晶などのその他の結晶形態も有しており，電界印加，延伸，熱処理などにより結晶形態が相互に転移する．Ⅰ型，Ⅱp型およびⅢ型では単位胞当たりの双極子のベクトルが0でなく結晶全体で**自発分極** (spontaneous polarization)をもつ．そのために，圧電性，焦電性を示すと共に外部交流電界で自発分極が反転する強誘電性を示す．

分子鎖間の水素結合が結晶構造形成に関わっている例として，ポリアミド，ポリビニルアルコールならびにポリアミノ酸，セルロースなどの天然高分子などが挙げられる．これらのポリマーでは，分子鎖間を水素結合で結んだシート（層状）構造が形成され，このシートの重なりによって結晶構造ができ上がっていく．

ナイロンの結晶構造では，全トランスのコンフォメーションの分子鎖が最も伸びた構造のα型，縮んだ構造のγ型がある．ナイロン6は分子鎖に方向性があり，全トランスのコンフォメーションの分子鎖が最も伸びた構造をα型（分子鎖は互いに逆平行となるように配置する）および繊維周期がやや短縮したγ型（分子は互いに平行となるように配置する）が存在する．ナイロン6のα型結晶やメチレン鎖数が奇数である奇数ナイロン，例えばナイロン77のγ型結晶では，全てのアミド基が水素結合を形成している．

図2.14にナイロン66の結晶構造を示す．結晶の単位格子は三斜晶系に属し，格子定数は$a = 4.9$Å，$b = 5.4$Å，$c = 17.2$Å，b軸とc軸のなす角$\alpha = 48.5°$，c軸とa軸のなす角$\beta = 77°$，a軸とb軸のなす角$\gamma = 63.5°$である．結晶軸の

a軸方向に水素結合を形成してac面がシートを作る．b軸方向はファン・デル・ワールス力で凝集している．水素結合を形成するために分子鎖軸が互いに一方向にずれた結晶をα型，交互にずれた結晶をβ型とよぶ．

2.3.2 高分子の結晶形態

前項では，分子鎖のコンフォメーションからでき上がる結晶の単位格子をまとめた．本項では，分子鎖間相互作用を受けながら分子鎖がどのようにして規則正しい結晶形態を作り上げるかをまとめる．でき上がる高分子の結晶形態は結晶化の条件に大きく影響を受け，折りたたみ鎖結晶，伸びきり鎖結晶，シシカバブ結晶，球晶，房状ミセル構造などがある．図2.15に，高分子の凝集構造に見られる非晶構造，折りたたみ鎖結晶，伸びきり鎖結晶，および房状ミセル構造のモデル図を示す．

折りたたみ鎖結晶　1957年，希薄溶液から作製されたポリエチレンの結晶は電子顕微鏡で容易に観察できるほど大きいものであった．これが高分子の単結晶であり，それ以降数々の可溶性の結晶性高分子，ナイロン6，ポリオキシメチレン，ポリプロピレン，ポリフッ化ビニリデン，アイソタクト型ポリ-4-メチルペンテン-1，ポリオキシエチレンなどで**単結晶** (single crystal) が報告されている．一番多く研究されたのがポリエチレンであり，その一連の研究から高分子結晶を考えるときに重要となる高分子鎖の**折りたたみ鎖** (folded chain) 構造が分かってきた．ポリエチレン単結晶の電子顕微鏡像を図2.16に示す．単結晶は，1辺が数ミクロン，厚さは約100Å（10 nm）の薄板状の菱形の構造をとっており，これを**単結晶ラメラ**（lamella, ラテン語で板の意）とよぶ．

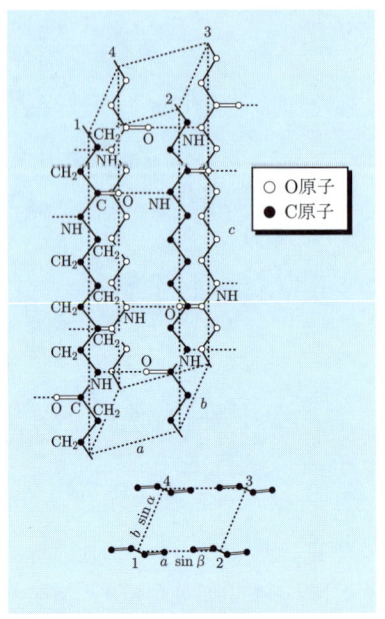

図2.14　ナイロン66の結晶構造（三斜晶系）[7]

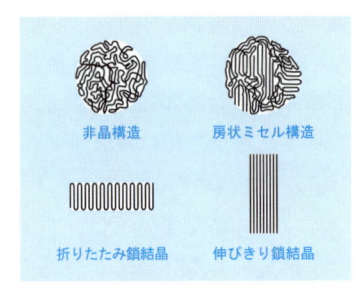

図2.15　結晶中のポリマー鎖の凝集構造のモデル

2.3 高次構造

この単結晶ラメラの厚みは，100〜200Å 程度であり，分子量が 7 万程度のポリエチレンの分子鎖長（全トランス構造で 6400Å）と比較して非常に短いが分かる．単結晶の電子線回折像からケラー（A. Keller）は分子鎖が規則正しく折りたたまれていることを指摘した．図 2.17 にポリエチレンの単位胞と共に単結晶のモデルを示す．菱形の長軸と短軸の方向がそれぞれ結晶の単位胞の a 軸と b 軸に対応しており，c 軸が厚み方向となる．分子鎖は 4 方向にそれぞれが (110)，($\bar{1}$10)，(1$\bar{1}$0)，($\bar{1}\bar{1}$0) 面を成長面として独立の折りたたみ面を成長させていく．

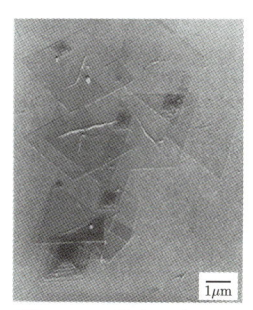

図 2.16 ポリエチレン単結晶の電子顕微鏡像[8]

菱形の構造をとる他の単結晶としてはナイロン 6 がある．ポリオキシメチレン，ポリプロピレン，ポリフッ化ビニリデンは六角形，ポリ-4-メチルペンテン-1，ポリオキシエチレンは正方形の単結晶を与える．

伸びきり鎖結晶 折りたたみ鎖結晶は常圧下での結晶化によって作られるが，高圧下や超延伸などのずり流動下での結晶化では分子鎖が伸びきった**伸びきり鎖**（extended chain）**結晶**が得られる．ポリパラフェニレンテレフタルアミド（**PPTA**）の硫酸溶液の**リオトロピック液晶**（lyotropic liquid crystals）状態から紡糸した PPTA 繊維（デュポン社のケブラー（Kevler®）繊維）は高度に伸張した伸びきり鎖を有する高強度・高弾性率繊維である．超高分子量のポリエチレンをゲル紡糸超延伸して得られる伸びきり鎖結晶をもつポリエチレンは，高強度・高弾性率の繊維および線材となる（7.1 節参照）．

くしの核部分（シシ，shish）が伸びきり鎖結晶，肉の部分（カバブ，(kebab)）が折りたたみ鎖結晶から構成される**シシカバブ結晶** (shisi-kebab crystal)

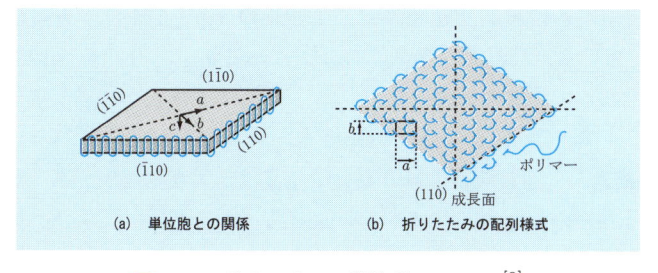

(a) 単位胞との関係　　(b) 折りたたみの配列様式

図 2.17 ポリエチレン単結晶のモデル[9]

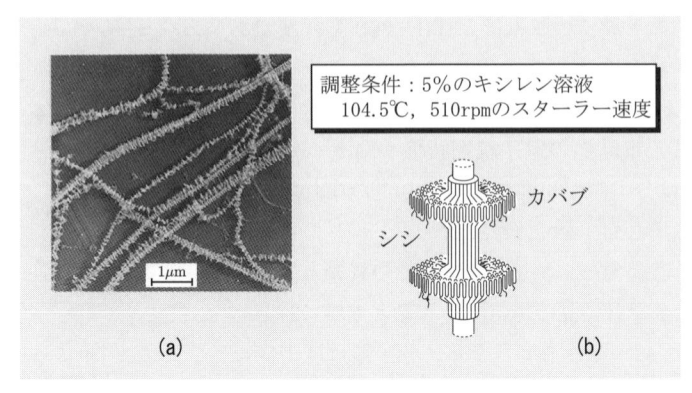

図 2.18 (a) 撹拌結晶化で成長したポリエチレンのシシカバブ構造の電子顕微鏡像 [10]
(b) シシカバブ構造のモデル図

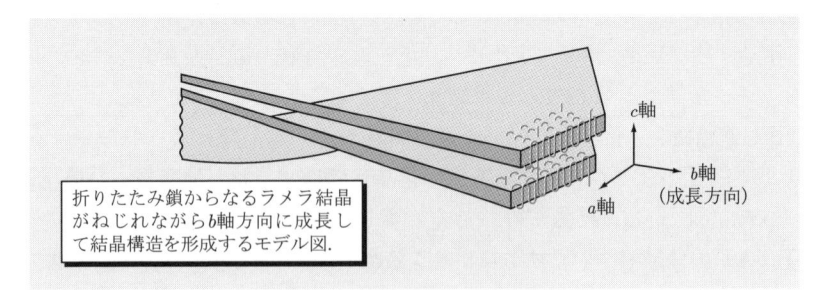

図 2.19 球晶の微細構造

(図 2.18) も提案されている．

球晶構造　単結晶ラメラは希薄溶液からの結晶化によって成長する．それに対して，溶融状態からの結晶化では**多結晶** (polycrystalline) となり，図 2.19 に示す**球晶** (spherulites) とよばれる球状構造が成長する．球晶内部では，単結晶ラメラの**板状晶**が一定周期でよじれながら放射状に成長していく．ラメラ厚の方向にある結晶の c 軸および a 軸は共に半径軸の周りを回転し，b 軸は半径方向を常に向いている．球晶を**クロスニコル** (crossed nicols) 下の偏光顕微鏡で観察すると 90° ごとに明暗の構造が見られる．これは，ちょうど黒十字架のように見えるので，**黒十字**（maltese cross）ともいう．

房状ミセル構造　通常観察される高分子結晶は，大きさが数十 Å～数百 Å（数 nm～数十 nm）の範囲の非常に小さい**微結晶** (crystallite) である．結晶性高分子はこの微結晶と非晶との混合状態の構造を有している．このような構造に対して，図 2.15 に示すような**房状ミセル構造** (fringed micelle structure) が提案

されている．この構造は，単結晶に見られた折りたたみ鎖結晶構造が提案される以前から結晶性高分子固体の構造モデルとして提唱されていたものである．高分子鎖の一部は凝集して規則的な構造の微結晶を作り，残りの分子鎖は無定形で非晶領域を形成する．

歴史的には 1930 年〜1950 年代までは，房状ミセル構造が議論の中心であった．1957 年に単結晶マットの生成と成長が報告されて以来，ラメラ構造の基となる折りたたみ鎖結晶がその議論に加わり次第に主流となった．さらに，1970 年代の高強度・高弾性率繊維の出現と共に伸びきり鎖結晶が身近なものとなり，現在に至っている．ここで重要なことは，これらの結晶構造が一つの高分子（例えばポリエチレン）において見出されているということである．温度や外力（圧力や延伸など）の調製条件により高分子はこのように多彩な構造をとり得るということである．一般的にランダムコイル (random coil) の不規則な構造である無定形の溶融状態や溶液状態からさまざまな外的要因を受けながらこれらの構造が成長していく．

2.3.3　高分子液晶 ♣

融体（溶融状態）の液相と固体の結晶相との間に存在する第 4 の相を**液晶相**（えきしょうそう）(liquid crystalline phase) あるいは**中間相** (mesophase) とよぶ．液晶相では分子の方向性は保たれているが長距離の秩序性は失われており，結晶のような規則的な分子配列は保ちながら分子間相互作用は失われた液相のような流動的な状態である．**図 2.20** に結晶と比較した液晶構造の模式図を示す．液晶相は図に示すような集合状態によって**スメクチック相** (smectic phase)，**ネマチック相** (nematic phase)，**コレステリック相** (cholesteric phase) に分類される．

(a) 結晶相　(b) スメクチック相　(c) ネマチック相

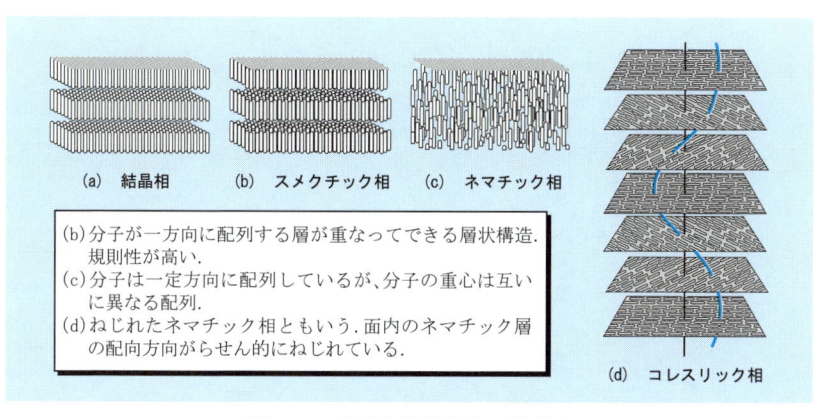

(b) 分子が一方向に配列する層が重なってできる層状構造．規則性が高い．
(c) 分子は一定方向に配列しているが，分子の重心は互いに異なる配列．
(d) ねじれたネマチック相ともいう．面内のネマチック層の配向方向がらせん的にねじれている．

(d) コレスリック相

図 2.20　結晶と液晶構造の模式図

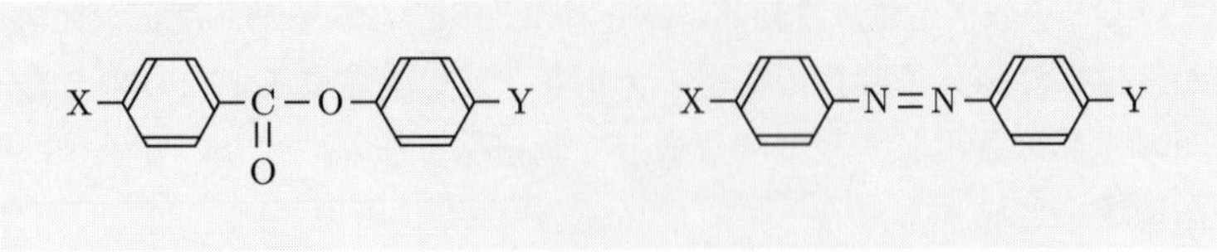

図 2.21　液晶形成能を有する代表的なメソゲン

　これら3つの液晶状態に関して共通する点は，分子の長軸が平行に配列することである．物質が液晶相をもつためには，分子は棒状あるいは平面状の分子構造をもち，かつ分極しやすい官能基あるいは永久双極子モーメントを有することが必要である．図 2.21 のような剛直な構造を有する分子が液晶形成能をもち，これらの基を**メソゲン**（mesogen）とよぶ．円盤状分子による液晶は**ディスコチック液晶**（discotic liquid crystal）とよばれている．

　高分子では，主鎖ないしは側鎖にメソゲンを有するポリマーは，結晶相から液晶相へ転移し，その後さらに高温で液相へ転移する温度転移型の**サーモトロピック液晶**（thermotropic liquid crystals）となる．図 2.22 にネマチック液晶を形成するサーモトロピック高分子液晶の例を示す．全芳香族ポリエステル（ポリアリレート）では，サーモトロピック液晶状態での成形加工により強度の大きい自己補強型材料が製造されている．

　もう1つのタイプの高分子液晶は，溶液濃度の変化により液晶状態を示す濃度転移型のリオトロピック液晶である．剛直な芳香族ポリアミドのポリパラフェニレンテレフタルアミド（**PPTA**）や α-ヘリックスのポリ（γ-ベンジル-L-グルタメート），ヒドロキシプロピルセルロースの溶液がある濃度でリオトロピック液晶となる．PPTA では，この液晶状態を利用して，高強度・高弾性率 PPTA 繊維が製造されている（高分子液晶を用いた高性能化は 7.3.4 項を参照のこと．）．

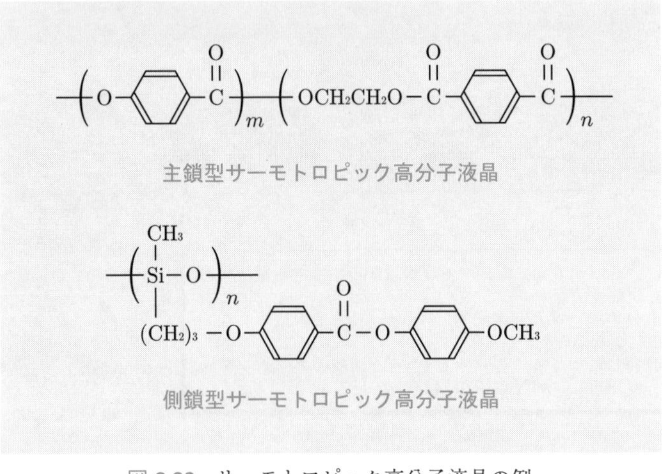

主鎖型サーモトロピック高分子液晶

側鎖型サーモトロピック高分子液晶

図 2.22　サーモトロピック高分子液晶の例

2.3.4 相 構 造

2種以上の高分子を混合したとき，次のように分類する．
相溶系（miscible）：ガラス転移点以上で混合組成にかかわらず一相しか示さない．
非相溶系（immisible）：どのような温度，組成にしても混ざり合わない．
半相溶系（semi-miscible）：温度と組成次第で一相から二相に変化する．

成分間パラメータの χ パラメータを指標として，ポリマー間の相溶性を見ることができる．一般的に χ パラメータ < 0 で相溶系，χ パラメータ > 0 で非相溶系と判断できる．

たいていの高分子同士は非相溶であり相分離構造をとるが，一部のポリマー同士では相溶あるいは半相溶する．汎用プラスチックスのポリスチレン（**PS**）とエンジニアリングプラスチックスのポリフェニレンオキシド（**PPO**）とのポリマーブレンドは相溶系として知られている．PSとポリビニルメチルエーテル（**PVME**）とのポリマーブレンドは**下界臨界共溶温度**（lower critical solution temperature, **LCST**）型の半相溶系である．

互いに非相溶のポリマー同士が共有結合でつながっている**ブロック共重合体**では，それぞれの**セグメント**（segment）はある一定に距離以上に離れることなく同種のセグメント同士が集まり（異なったセグメント同士は**ミクロ相分離**状態である），特徴的な高次構造を形成する．A–Bジブロック共重合体（di-block copolymer）のA成分を増加させていったときのミクロ相分離構造の変化を図 2.23 に示す．A成分のセグメント長（A成分の体積分率）が少ないと，A成分が球状の構造をとる．A成分が増加すると，A成分の円筒状（シリンダー状）構造へと変わり，さらにA成分が増加してAとB成分の体積分率が等しいとAB交互層（ラメラ）構造となる．A成分の一層の増加と共に，B成分の円筒状構造，球状構造へと変化する．その他，ジャイロイド，ダブルジャイロイドといった複雑な構造もとる．

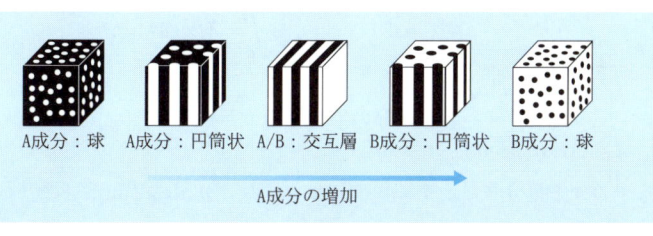

図 2.23 ブロック共重合体の成分変化によるミクロ相分離の違い

演習問題
第2章

1 斜方晶のポリエチレン結晶の密度を求めよ．結晶の単位胞内には2個のモノマー単位が入っている．本文中の格子定数を用いよ．

2 下表に示す4つの分子量からなる仮想的な高分子を考える．このときの $\overline{M_n}$，$\overline{M_w}$，$\overline{M_z}$ および多分散度を次の2つの場合について求めよ．
  (a) 相対分率がモル分率の場合
  (b) 相対分率が重量分率の場合

分子量	100,000	200,000	400,000	1,000,000
相対分率	0.1	0.5	0.3	0.1

3 ある高分子の数平均分子量が $\overline{M_n}$，重量平均分子量が $\overline{M_w}$，Z平均分子量が $\overline{M_z}$ である．数分布関数 $n(M)$ が

$$n(M) = \frac{1}{M_n} \exp\left(-\frac{M}{M_n}\right)$$

で与えられる．
  (1) $\overline{M_w} = 2\overline{M_n}$ となることを示せ．
  (2) $\overline{M_z} = 3\overline{M_n}$ となることを示せ．

（ヒント：$\overline{M_n} = \int_0^\infty M n(M) dM$，$\overline{M_w} = \dfrac{\int_0^\infty M^2 n(M) dM}{\int_0^\infty M n(M) dM}$，

$\overline{M_z} = \dfrac{\int_0^\infty M^3 n(M) dM}{\int_0^\infty M^2 n(M) dM}$ を積分の形で考えよ．）

4 高分子の分子量分布は，よくシュルツ–ジム（Shultz-Zimm）の分布関数

$$f(M) = \frac{\beta^{\alpha+1}}{\Gamma(\alpha+1)} M^\alpha \exp(-\beta M)$$

で表される．ここで，α, β は正の定数，M は分子量である．
  (1) 高分子の数分布関数 $n(M)$ が $f(M)$ に従う（$n(M) = f(M)$）とき，その高分子の数平均分子量 $\overline{M_n}$，重量平均分子量 $\overline{M_w}$，Z平均分子量 $\overline{M_z}$ を求めよ．ここで，α は1以上の整数とする．
  (2) 高分子の重量分布関数 $w(M)$ が $f(M)$ に従う（$w(M) = f(M)$）とき，その高分子の $\overline{M_n}$，$\overline{M_w}$，$\overline{M_z}$ を求めよ．ここで，α は1以上の整数とする．

第3章

高分子の溶液物性

　第2章で高分子はモノマー単位の分子鎖でつながった長い分子であることを理解した．さらに，つながり方に応じて様々な形態をとる得ることも分かった．そしてそのつながり方にある規則性があり，それらが繰り返されることによって長距離秩序性のある結晶構造が構築されていくことも学んだ．

　では，高分子鎖の性質や特徴，ならびに高分子鎖1本がとり得る形態やその性質を調べるにはどうしたらよいであろうか．一つの方法は，分子鎖同士が互いに接しないほど十分に希薄な溶液中での高分子鎖の挙動を調べる．

　本章ではこの高分子鎖の挙動を学ぶ．

本章の内容
3.1　高分子鎖の形と大きさ
3.2　高分子溶液の性質

3.1 高分子鎖の形と大きさ

　良溶媒中では高分子はよく溶け，溶媒との親和性も高い．逆に非溶媒中では全く溶解しない．

　溶媒に溶解した高分子鎖同士が互いに影響し合わない程度の希薄な溶液中で高分子鎖の大きさ，形，分子量，分子量分布などを測定する．これによって高分子鎖の特性が評価できる．高分子鎖の**平均二乗両末端間距離**や**平均二乗回転半径**から溶媒中でのその空間的な広がりが評価できる．

3.1.1 高分子鎖の広がり

　屈 曲 性高分子の分子鎖は溶液中ではランダムコイル（糸まり状）状態で不規則な構造をとっている．さらにミクロブラウン運動により時々刻々と形を変えている．

　屈曲性高分子鎖がランダムコイル状態をとり得るのなぜだろうか．それは分子鎖が分子内回転の自由度をもっているためである．例として，ポリエチレン分子鎖を考える．主鎖の C–C 結合周りの回転により，分子鎖は様々な構造をとり得る．2.2 節の高分子構造のコンフォメーション変化のところで述べたように，トランスのコンフォメーションがエネルギー的に最も安定であり，ゴーシュのコンフォメーションで次に安定な構造をとる．ポリエチレンのトランスとゴーシュのエネルギー差は熱運動のエネルギーの数倍から十倍程度である．だが，分子内の回転運動のために時々刻々コンフォメーション変化をある確率で行っている．その結果，高分子鎖全体ではランダムコイル鎖となる．

　次に高分子鎖の空間的な大きさや広がりはどのように記述すればよいかが問題となる．

- 上述したように高分子鎖はランダムコイル状態である．従って高分子鎖が完全に伸びきったときの長さ，**全鎖長**（鎖の端から端までの距離（contour length））では，その広がりを表すことはできない．
- さらに，溶液中では時々刻々と分子内で回転運動するためその形を変えている．従って統計的にしか大きさや広がりを表すことができない．

　そこで，高分子鎖の広がりを表すのに高分子鎖の**平均二乗両末端間距離**（mean-square end-to-end distance）や**平均二乗回転半径**（mean-square radius of gyration）が用いられる．

3.1 高分子鎖の形と大きさ

平均二乗両末端間距離　図 3.1 に高分子鎖のモデルを示す．ここで主鎖の各々の C–C 結合をボンドベクトル $\bm{b}_1, \cdots, \bm{b}_n$（各々のボンドの長さは $b_1, \cdots, b_n$ である）とする．主鎖の両末端間ベクトル $\bm{R}$ は $\bm{R} = \bm{b}_1 + \bm{b}_2 + \cdots + \bm{b}_n = \sum_{i=1}^{n} \bm{b}_i$ と表される．高分子鎖の広がりは $\bm{R}$ の二乗の**時間平均値**（または**集団平均値**という）$\langle R^2 \rangle$ で評価する．ここで，R は両末端間距離であり，$\langle R^2 \rangle$ は

$$\langle R^2 \rangle = \langle \bm{R} \cdot \bm{R} \rangle = \underbrace{\sum_{i=1}^{n} \langle b_i^2 \rangle}_{\substack{\text{ボンドベクトルの長さの二乗平均の和．}\\ \text{高分子鎖長に関係する値}}} + \overbrace{2 \sum_{i=1}^{n-1} \sum_{j=i+1}^{n} \langle \bm{b}_i \cdot \bm{b}_j \rangle}^{\text{ボンドベクトル間の角度の相関}} \tag{3.1}$$

となる．$\langle \bm{b}_i \cdot \bm{b}_j \rangle$ が計算できれば，式 (3.1) より $\langle R^2 \rangle$ を求めることができる．

平均二乗回転半径　図 3.1 の高分子鎖のモデルにおいて，分子鎖全体の重心から i 番目の原子へのベクトル $\bm{S}_i$ の大きさ S_i を用いて**回転半径**（radius of gyration）S の二乗は

$$S^2 = \sum_{i=0}^{n} m_i S_i^2 \Big/ \sum_{i=0}^{n} m_i \tag{3.2}$$

と表される．ここで，i 番目の原子の質量を m_i とする．原点 O から i 番目の原子へのベクトルを $\bm{R}_i$，重心へのベクトルを $\bm{R}_\mathrm{g}$ とすると

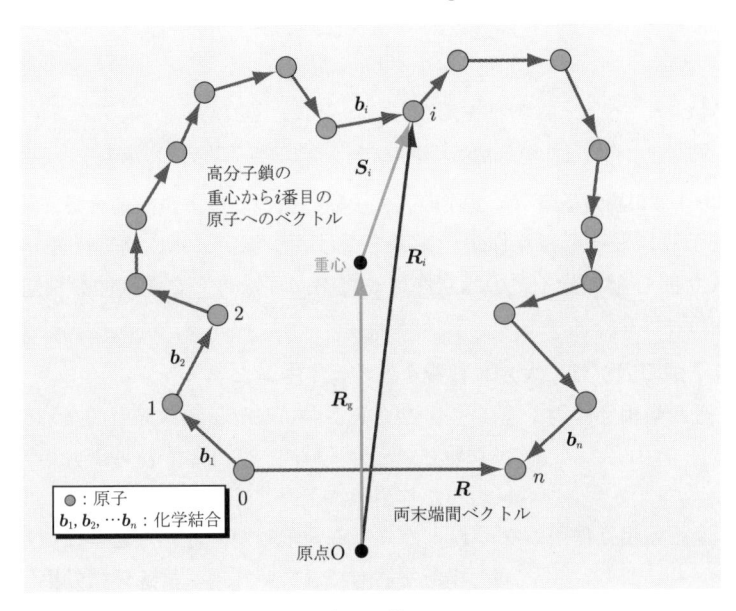

図 3.1　高分子鎖のモデル

$$S_i = R_i - R_g \quad \text{より} \quad R_g = \sum_{i=0}^{n} m_i R_i \Big/ \sum_{i=0}^{n} m_i \qquad (3.3)$$

となる．各質点の質量が等しいとき，式 (3.2) より

$$S^2 = \frac{1}{n+1} \sum_{i=0}^{n} S_i^2 \qquad (3.4)$$

式 (3.3) より $R_g = \dfrac{1}{n+1} \sum_{i=0}^{n} R_i$ となる．従って平均二乗回転半径 $\langle S^2 \rangle$ は

$$\langle S^2 \rangle = \frac{1}{n+1} \sum_{i=0}^{n} \langle S_i^2 \rangle \qquad (3.5)$$

と定義できる．S^2 の平均値 $\langle S^2 \rangle$ は光散乱法で直接決定できる量である．i 番目の原子から j 番目の原子へのベクトル R_{ij} は $R_{ij} = S_j - S_i$ であるので

$$R_{ij}^2 = S_i^2 + S_j^2 - 2 S_i \cdot S_j$$

となる．S_i は重心からのベクトルであるので，S_i と S_j との内積 $S_i \cdot S_j$ の和は 0 となる．従って

$$\sum_{i=0}^{n} S_i^2 = \frac{1}{2(n+1)} \sum_{i=0}^{n} \sum_{j=0}^{n} R_{ij}^2 \qquad (3.6)$$

が得られる．式 (3.6) に式 (3.4) を代入し，式 (3.5) のように両辺の平均をとると，$\langle S^2 \rangle$ は

$$\langle S^2 \rangle = \frac{1}{(n+1)^2} \sum_{i=0}^{n-1} \sum_{j=i+1}^{n} \langle R_{ij}^2 \rangle \qquad (3.7)$$

と表される．

[注釈] **測定法** 光散乱法から $\langle S^2 \rangle$ および第二ビリアル係数 A_2 が求まる．

溶液中の 1 本の高分子鎖 上述の高分子鎖の広がりは主鎖の結合長，結合角および分子鎖に沿った相互作用の影響を受ける．現実には，高分子鎖はその周りを取り囲む溶媒分子との相互作用や溶媒分子を介した間接的な相互作用を受けることになる．

＜高分子鎖の広がりに大きな影響を与える作用＞

- 近距離相互作用：結合長，結合角と共に高分子鎖の局所的な形態・曲がり易さ・高分子鎖の固さなどを決める分子鎖骨格に沿った作用
- 遠距離相互作用：2 つ以上の異なる分子鎖が接近したときに，互いに同一場所を占有できない作用（排除体積効果）

分子鎖間に働く斥力と引力が打ち消し合う溶媒条件下で，見かけ上遠距離相互作用がない（排除体積効果なし）に等しい状態を作り出すことができる．このときの温度を Θ 温度，溶媒を Θ 溶媒とよぶ．遠距離相互作用を考えなくてよい Θ 状態での高分子鎖を**理想鎖**とよぶ．次項で理想鎖に対する高分子鎖のモデルでの広がりを説明する．その次に排除体積がある場合の高分子鎖の広がりを説明する．

3.1.2 理 想 鎖

自由連結鎖　屈曲性高分子の分子鎖に対して各ボンドの長さが等しく（$b_1 = b_2 = \cdots = b_n = b$），その方向が完全にランダムな**自由連結鎖**（freely-jointed chain）を考える．このような鎖を**ランダムフライト鎖**（random-flight chain）あるいは**ランダムコイル鎖**（random-coil chain）とよぶ．

例題 1　自由連結鎖の平均二乗両末端間距離 $\langle R^2 \rangle$ および平均二乗回転半径 $\langle S^2 \rangle$ を求めよ．

解　$\langle \boldsymbol{b}_i \cdot \boldsymbol{b}_j \rangle = 0$ である．従って式 (3.1) の第二項は 0 となり，$\langle R^2 \rangle$ は

$$\langle R^2 \rangle = \sum_{i=1}^{n} \langle b_i^2 \rangle = nb^2$$

と表される．この結果を i 番目の原子と j 番目の原子との間の平均二乗距離 $\langle R_{ij}^2 \rangle$ に適用すると

$$\langle R_{ij}^2 \rangle = |i - j| b^2$$

となる．これを式 (3.7) に代入して整理すると $\langle S^2 \rangle$ は

$$\langle S^2 \rangle = \frac{nb^2}{6} + \frac{b^2}{6} - \frac{b^2}{6(n+1)}$$

と表される．分子量が大きいときは

$$\langle S^2 \rangle = \frac{nb^2}{6} = \frac{\langle R^2 \rangle}{6}$$

の関係が成り立つ．n が大きい（$n \gg 1$），すなわち分子量が大きい自由連結鎖の $P(R)$ は**ガウス分布**（Gaussian distribution）になる．このような自由連結鎖を**ガウス鎖**（Gaussian chain）とよぶ．ここで屈曲性高分子鎖の広がりに関する重要な結論が得られる．つまり，分子量 $M(\propto n)$ が大きく，排除体積のない Θ 状態にある屈曲性高分子では

$$\langle S^2 \rangle = \frac{nb^2}{6} = \frac{\langle R^2 \rangle}{6} \propto M$$

が成り立つ．　□

自由回転鎖　図 3.2 に示す分子鎖がある一定の内部結合角でつながれて自由回転する高分子鎖は**自由回転鎖**とよばれる．

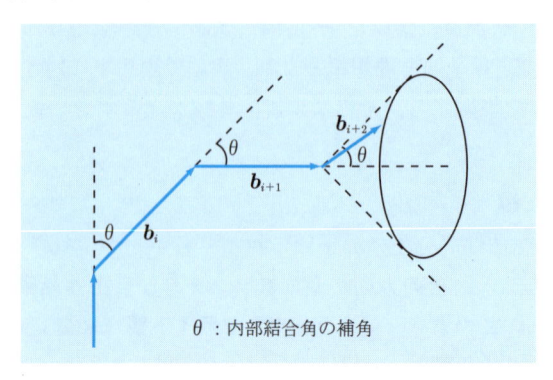

図 3.2　一定結合角の自由回転鎖モデル

> **例題 2**　自由回転鎖の平均二乗両末端間距離 $\langle R^2 \rangle$ および平均二乗回転半径 $\langle S^2 \rangle$ を求めよ．

解　自由回転鎖では

$$\langle \boldsymbol{b}_i \cdot \boldsymbol{b}_{i+2} \rangle = \langle \boldsymbol{b}_i \cdot \boldsymbol{b}_{i+1} \rangle \cos\theta = b^2 \cos^2\theta \tag{3.8}$$

となり，式 (3.1) の第二項は

$$\sum_{i<j}\sum \langle \boldsymbol{b}_i \cdot \boldsymbol{b}_j \rangle = \sum_{i=1}^{n-1}\sum_{j=i+1}^{n} \langle \boldsymbol{b}_i \cdot \boldsymbol{b}_j \rangle = b^2 \sum_{k=1}^{n-1}(n-k)\cos^k\theta$$

と表される．ここで θ：内部結合角の補角である．従って，$\langle R^2 \rangle$ は

$$\langle R^2 \rangle = nb^2 \frac{1+\cos\theta}{1-\cos\theta} - 2b^2 \cos\theta \frac{1-\cos^n\theta}{(1-\cos\theta)^2} \tag{3.9}$$

と表される．$\langle R_{ij} \rangle$ は式 (3.9) の右辺の n を $|i-j|$ で置き換えた式で与えられる．それを式 (3.7) に代入して，整理すると $\langle S^2 \rangle$ は

$$\begin{aligned}\langle S^2 \rangle = &\frac{nb^2}{6}\frac{1+\cos\theta}{1-\cos\theta} + \frac{b^2}{6}\frac{1-6\cos\theta-\cos^2\theta}{(1-\cos\theta)^2} \\ &+ \frac{b^2}{6(n+1)}\frac{-1+7\cos\theta+7\cos^2\theta-\cos^3\theta}{(1-\cos\theta)^3} - \frac{2b^2\cos^2\theta}{(n+1)^2}\frac{1-\cos^{n+1}\theta}{(1-\cos\theta)^4}\end{aligned} \tag{3.10}$$

と表される．n の数が十分に大きいとき，$\langle R^2 \rangle$ と $\langle S^2 \rangle$ は

$$\langle R^2 \rangle = nb^2 \frac{1+\cos\theta}{1-\cos\theta}, \quad \langle S^2 \rangle = \frac{nb^2}{6}\frac{1+\cos\theta}{1-\cos\theta} = \frac{\langle R^2 \rangle}{6}$$

と近似できる．内部結合角 $(180° - \theta)$ が $109.5°$（C−C 結合の正四面体角）のとき $\cos\theta = 1/3$ となり，$\langle R^2 \rangle = 2nb^2$．すなわち $\langle R^2 \rangle$ は自由連結鎖の $\sqrt{2}$ 倍となる．　□

束縛回転鎖（独立回転鎖） 内部結合角に加えて内部回転角 (ϕ) を考慮した束縛回転鎖を考える．

例題 3 束縛回転鎖の平均二乗両末端間距離 $\langle R^2 \rangle$ を求めよ．

解 内部回転のポテンシャル $U_{\rm rot}(\phi)$ には図 2.5 の回転ポテンシャルを考えると，$\langle R^2 \rangle$ は

$$\langle R^2 \rangle = nb^2 \frac{1+\cos\theta}{1-\cos\theta}\frac{1+\langle\cos\phi\rangle}{1-\langle\cos\phi\rangle}$$

ここで $\langle\cos\phi\rangle$ は内部回転角 ϕ の平均値であり

$$\langle\cos\phi\rangle = \frac{\int_{-\pi}^{\pi}\cos\phi\exp\left(-\frac{U_{\rm rot}(\phi)}{kT}\right)d\phi}{\int_{-\pi}^{\pi}\exp\left(-\frac{U_{\rm rot}(\phi)}{kT}\right)d\phi}$$

と表される．いま，トランスコンフォメーションのとき $U_{\rm rot}(\phi)=0$，およびゴーシュコンフォメーションのとき $U_{\rm rot}(\phi)=E_{\rm g}$ とすると

$$\langle\cos\phi\rangle = \frac{1-\sigma}{1+2\sigma} \quad \left(\sigma=\exp\left(-\frac{E_{\rm g}}{kT}\right)\right)$$

となる．従って，$\langle R^2 \rangle$ は次のようになる．

$$\langle R^2 \rangle = nb^2 \frac{1+\cos\theta}{1-\cos\theta}\frac{2+\sigma}{3\sigma} \qquad \square$$

回転異性体モデル 束縛回転鎖では，トランスおよびゴーシュコンフォメーションが安定で，トランスが最安定の条件で考えた．ペンタン分子のコンフォメーションを考えると，両端のメチル基の水素原子同士の斥力のためにゴーシュコンフォメーションをとることができないことが分かる．これを**ペンタン効果**という．このペンタン効果を考慮して，実在の高分子鎖に近づけたモデルに**回転異性体モデル**（rotational isomeric state model, **RIS モデル**）がある．このモデルでは，できる限り多くの近距離相互作用を考えて，熱的な平衡状態にある高分子鎖の統計集団を計算する．

自由連結鎖や分子鎖に沿った 2 ないし 3 つの結合の近距離相互作用を考慮したモデル（自由回転鎖，束縛回転鎖）では，分子量の大きい $n\to\infty$ で，いずれも $\langle R^2 \rangle = \beta nb^2$ の形にまとめられる．

- 自由連結鎖では $\beta = 1$
- 自由回転鎖では $\beta = (1+\cos\theta)/(1-\cos\theta)$
- 束縛回転鎖では $\beta = (1+\cos\theta)(1+\langle\cos\phi\rangle)/(1-\cos\theta)(1-\langle\cos\phi\rangle)$

となる．いずれのモデルでも，平均二乗両末端間距離 $\langle R^2 \rangle$ はボンド数 n に比例する．ここで新しいボンド長 $b' = \sqrt{\beta} b$ を用いて書き換えると $\langle R^2 \rangle = nb'^2$ となり，ボンド長 b' の自由連結鎖のように扱える．このボンド長を**有効結合長**とよぶ．

近距離相互作用の及ぶ範囲より十分に長いベクトル $\boldsymbol{B}_i$（n_c 個の複数の連続する結合ベクトルの和）を新たに導入する．$\boldsymbol{B}_i$ 間の角度は結合角や回転の束縛を受けなくなるので，$\langle \boldsymbol{B}_i \cdot \boldsymbol{B}_j \rangle = 0$ を考えることができる．すなわち，$\langle \boldsymbol{B}_i \cdot \boldsymbol{B}_j \rangle = 0$ となるようなベクトル $\boldsymbol{B}$ を選ぶ．このことにより実在鎖をランダム鎖である自由連結鎖として取り扱うことができる．このとき n_c 個の結合をまとめた単位を**セグメント**とよぶ．従って，高分子鎖は $N = n/n_\text{c}$ 個のセグメントからなる．$\langle \boldsymbol{R}^2 \rangle$ は

$$\langle \boldsymbol{R}^2 \rangle = NB^2 = n\left(B^2/n_\text{c}\right)$$

となる．このときも $\langle \boldsymbol{R}^2 \rangle$ は n に比例する．

実在鎖に対して，$\langle \boldsymbol{R}^2 \rangle$ は

$$\langle \boldsymbol{R}^2 \rangle = nb^2 C_n$$

と表すことができる．ここで C_n は**特性比**（characteristic ratio）とよばれ，$n \to \infty$ において一定値に近づく．

半屈曲性高分子　　排除体積効果のない半屈曲性高分子のモデルとして**みみず鎖**（**KP 鎖**）モデルが提案されている．このモデルでは分子鎖は自由回転鎖ではあるが，内部結合角が $180°$ に近い剛直な高分子を考える．剛直な分子鎖の目安として，C–C 結合をボンドベクトル $\boldsymbol{b}_1, \cdots, \boldsymbol{b}_n$（各々のボンドの長さは $b_1, \cdots, b_n$ である）のうちの 1 番目のボンドベクトル $\boldsymbol{b}_1$ の単位ベクトル $\boldsymbol{u} = \boldsymbol{b}_1/b_1$ 方向への両末端間ベクトル $\boldsymbol{R}$ の射影長を考える．このときの射影長の平均が**持続長**（persistence length）P_L であり

$$\begin{aligned} P_\text{L} &= \lim_{n \to \infty} \langle \boldsymbol{u} \cdot \boldsymbol{R} \rangle = \lim_{n \to \infty} \left\langle \frac{\boldsymbol{b}_1}{b_1} \cdot \boldsymbol{R} \right\rangle \\ &= \frac{1}{b_1} \lim_{n \to \infty} \left\langle \boldsymbol{b}_1 \cdot \left(\sum_{i=1}^{n} \boldsymbol{b}_i \right) \right\rangle \end{aligned}$$

と定義される．

注釈　みみず鎖は提案者 O. Kratky, G. Porod の頭文字をとって KP 鎖と呼ぶ．

3.1 高分子鎖の形と大きさ

例題 4 KP鎖の平均二乗両末端間距離 $\langle R^2 \rangle$ および平均二乗回転半径 $\langle S^2 \rangle$ を求めよ．

解 自由回転鎖の場合，式 (3.8) より $\langle \boldsymbol{b}_1 \cdot \boldsymbol{b}_i \rangle = b^2 \cos^{i-1} \theta$ であるので

$$P_{\rm L} = b \lim_{n \to \infty} \frac{1 - \cos^n \theta}{1 - \cos \theta} = \frac{b}{1 - \cos \theta} \tag{3.11}$$

となる．従って

$$\cos \theta = 1 - \frac{l}{nP_{\rm L}} \quad (l = nb) \tag{3.12}$$

となる．式 (3.12) より

$$\lim_{n \to \infty} \cos^n \theta = \lim_{n \to \infty} \left(1 - \frac{l}{nP_{\rm L}}\right)^n = e^{-l/P_{\rm L}}$$

となる．式 (3.9)，式 (3.10) の $\cos^n \theta$ を $e^{-l/P_{\rm L}}$ で置き換え，式 (3.11) を用いると $\langle R^2 \rangle$ と $\langle S^2 \rangle$ は次のように表される．

$$\langle R^2 \rangle = 2lP_{\rm L} - 2P_{\rm L}^2 (1 - e^{-l/P_{\rm L}})$$

$$\langle S^2 \rangle = \frac{l}{3} P_{\rm L} - P_{\rm L}^2 + \frac{2}{l} P_{\rm L}^3 - \frac{2P_{\rm L}^4}{l^2} (1 - e^{-l/P_{\rm L}}) \qquad \square$$

$P_{\rm L}/l \gg 1$ のとき，すなわち真っ直ぐ連なった棒状高分子では

$$\langle R^2 \rangle = 2lP_{\rm L} - 2P_{\rm L}^2 \left\{ \frac{l}{P_{\rm L}} - \frac{1}{2} \left(\frac{l}{P_{\rm L}}\right)^2 + \frac{1}{6} \left(\frac{l}{P_{\rm L}}\right)^3 - \cdots \right\} = l^2$$

$$\langle S^2 \rangle = \frac{l}{3} P_{\rm L} - P_{\rm L}^2 + \frac{2}{l} P_{\rm L}^3 - \frac{2P_{\rm L}^4}{l^2} \left\{ \frac{l}{P_{\rm L}} - \frac{1}{2} \left(\frac{l}{P_{\rm L}}\right)^2 + \frac{1}{6} \left(\frac{l}{P_{\rm L}}\right)^3 \right.$$

$$\left. - \frac{1}{24} \left(\frac{l}{P_{\rm L}}\right)^4 + \cdots \right\} = \frac{l^2}{12}$$

よって $\langle S^2 \rangle = \frac{\langle R^2 \rangle}{12} = n^2 \frac{b^2}{12} \propto M^2$ となる．$P_{\rm L}/l \ll 1$ のとき

$$\langle R^2 \rangle = 2lP_{\rm L} = \frac{2nb^2}{1 - \cos \theta}, \quad \langle S^2 \rangle = \frac{l}{3} P_{\rm L} = \frac{nb^2}{3} \frac{1}{1 - \cos \theta}$$

よって $\langle S^2 \rangle = \frac{\langle R^2 \rangle}{6} = n \frac{bP_{\rm L}}{3} \propto M$ となる．これは屈曲性高分子の結果に対応する．

みみず鎖は曲げの弾性エネルギーをもつ．このエネルギーが最小のときに直線となるような弾性ワイヤーを絶対温度 T の熱浴に入れるとする．このときの統計モデルと同等である．ここで**剛直性パラメータ** (stiffness parameter) λ^{-1} は，曲げの弾性定数 α を用いて

$$\lambda^{-1} = \exp\left(\frac{2\alpha}{kT}\right)$$

と定義される．ここで k：ボルツマン（Boltzmann）定数，T：絶対温度である．
　λ^{-1} は高分子の**固さ**（stiffness）を表すパラメータとなり，持続長 P_L との間に

$$\lambda^{-1} = 2P_\mathrm{L}$$

の関係が成り立つ．鎖長 l と λ^{-1} との比 λl を**還元鎖長**（reduced contour length）とよび，λ^{-1} を長さの単位として測ったみみず鎖の鎖長である．

- λl が小さくなると KP 鎖は全体として曲がりにくく，真っ直ぐに伸びた棒状の形態をとる．
- λl が大きくなると KP 鎖は全体として曲がり易く，ランダムコイル状の形態をとる．

特に，$\lambda l \to 0$ のときを**棒極限**，$\lambda l \to \infty$ のときを**ランダムコイル極限**とよぶ．みみず鎖モデルでは屈曲性高分子鎖の局所的な形態を記述することを目的として提案されたものである．しかし，多くの屈曲性高分子鎖の局所形態は KP 鎖のような棒状ではなく湾曲している．この湾曲した局所形態をもつ屈曲性高分子鎖に対して KP 鎖モデルを拡張した**らせんみみず鎖モデル**が提案されている．

3.1.3　排除体積効果，実在鎖

　前項の近距離相互作用を考慮したモデルでは，両端の高分子鎖同士が重なり合うことは考えていなかった．しかし高分子鎖自身は体積をもち，現実に同一の空間に 2 つ以上の異なった分子鎖を重ね合わすような配置はとれない．これが高分子鎖の**排除体積効果**（excluded-volume effect）である．その結果，高分子鎖はより広がることになる．実際の高分子では分子量が大きくなるにつれて，遠距離相互作用が，分子鎖の広がりにより大きな影響を与える．排除体積効果を考慮した $\langle R^2 \rangle$ と $\langle S^2 \rangle$ は

$$\langle R^2 \rangle = \langle R^2 \rangle_0 \alpha_R^2$$
$$\langle S^2 \rangle = \langle S^2 \rangle_0 \alpha_S^2 \tag{3.13}$$

と表せる．ここで，$\langle R^2 \rangle_0$ および $\langle S^2 \rangle_0$ は排除体積効果を考慮しないときの平均二乗両末端間距離および平均二乗回転半径である．また α_R および α_S は排除体積による膨張因子である．

　排除体積効果のある高分子鎖の広がりはフローリー（P.J. Flory）によって系統的に考察された．高分子鎖の繰返し単位が反発して広がりを大きくする作用と高分子鎖ができる限り多くの形態をとり得るように広がりを小さくする作用との釣合いによって高分子鎖の広がりが決定される．この考えに基づき，

膨張因子に対して次の関係式を導いた．
$$\alpha_S^5 - \alpha_S^3 \propto \{1 - (\Theta/T)\} M^{1/2}$$
フローリーの理論では $\alpha_R = \alpha_S$ であり，$\Theta：\Theta$ 状態となる温度である．

$T = \Theta$ のとき $\alpha_S = 1$ となり，高分子鎖は理想鎖で表すことができる．この状態を**非摂動状態**，この状態にある鎖を**非摂動鎖**，$\langle R^2 \rangle_0$ および $\langle S^2 \rangle_0$ を**非摂動広がり**という．

$T > \Theta$ のとき α_S は分子量 M に依存する．$M \to \infty$ のとき
$$\lim_{M \to \infty} \alpha_S^5 \propto M^{1/2} \tag{3.14}$$
となる．式 (3.13), (3.14) と $\langle S^2 \rangle_0 \propto M$ より
$$\lim_{M \to \infty} \langle S^2 \rangle \propto M^{1.2} \tag{3.15}$$
の関係が得られる．このときの鎖を**摂動鎖**とよぶ．

単分散アタクト型ポリスチレンの分子量 M と中性子線小角散乱によって求めた回転半径 $\sqrt{\langle S^2 \rangle}$ との関係は，Θ 溶媒中で $\sqrt{\langle S^2 \rangle} \propto M^{0.5}$ および良溶媒中で $\sqrt{\langle S^2 \rangle} \propto M^{0.6}$ である．これらの結果は，Θ 溶媒中では排除体積効果のない $\langle S^2 \rangle \propto M \propto n$，および良溶媒中では排除体積効果を考慮した式 (3.15) の $\langle S^2 \rangle \propto M^{1.2} \propto n^{1.2}$ に対応することを示している．

半屈曲性高分子では排除体積効果は小さく，棒極限では効果は完全になくなる．

3.2 高分子溶液の性質

高分子の溶液はその濃度によって大きく 3 つに分けることができる．
① **希薄溶液**：高分子濃度が十分に薄く，高分子鎖間同士は十分に離れており互いに相互作用をもたない状態．
② **準希薄溶液**：高分子濃度を高くしていくと，高分子鎖間の距離は短くなり互いに接するようになる．高分子鎖間に相互作用をもつ状態．①と②の境目の高分子濃度は c^* と表される．
③ **濃厚溶液**：さらに高分子濃度を高くしていく．高分子鎖が互いに絡み合って粘稠な溶液の状態．

それぞれの濃度領域で高分子鎖は異なった挙動をとることが分かる．また濃度を変えることによって高分子鎖のもつ色々な側面（性質）を捉えることができる．

3.2.1 溶液の熱力学

温度 T と圧力 P が一定の条件では，系は高いギブズの自由エネルギー（Gibbs free energy）状態から低いギブズの自由エネルギー状態へと進んでいく．ここで，溶質である高分子を溶媒に混合させて溶液とする系全体のギブズの自由エネルギー G の変化 ΔG_{mix} は

$$\Delta G_{\mathrm{mix}} = \Delta H_{\mathrm{mix}} - T\Delta S_{\mathrm{mix}} \tag{3.16}$$

と表される．ここで ΔH_{mix}：混合のエンタルピー変化，ΔS_{mix}：混合のエントロピー変化である．$\Delta G_{\mathrm{mix}} < 0$ のとき系内の溶質と溶媒が均一に混じり合い，$\Delta G_{\mathrm{mix}} > 0$ のとき系は元の状態すなわち溶質と溶媒が分離した状態に戻る．

溶液は溶質と溶媒の 2 成分からなる系であり，各成分が G にどの程度寄与するかが重要になる．この寄与の大きさは，**化学ポテンシャル**（chemical potential）$\mu_i(T, P, x_i)$ を用いて

$$\mu_i(T, P, x_i) = \left(\frac{\partial G}{\partial n_i}\right)_{T, P, n_j (i \neq j)} \quad (i = 1, \cdots, r)$$

で表される．ここで r：成分数，n_i：成分 i の量（モル），x_i：成分 i のモル分率を表す．従って，G は $\mu_i(T, P, x_i)$ を用いて

$$G = \sum_{i=1}^{r} \mu_i(T, P, x_i) n_i$$

と表される．純 i 成分の化学ポテンシャルを $\mu_i^\circ(T, P)$ で表すと，混合に伴う系全体の ΔG_{mix} は

$$\begin{aligned}\Delta G_{\mathrm{mix}} &= \sum_{i=1}^{r} \{\mu_i(T, P, x_i) - \mu_i^\circ(T, P)\} n_i = \sum_{i=1}^{r} \Delta\mu_i|_{\mathrm{mix}} n_i \\ &(\Delta\mu_i|_{\mathrm{mix}} = \mu_i(T, P, x_i) - \mu_i^\circ(T, P))\end{aligned} \tag{3.17}$$

と表される．混合に伴う系全体の ΔG_{mix} は，混合に伴う各成分の化学ポテンシャル変化 $\Delta\mu_i|_{\mathrm{mix}}$ によって決まる．

次に，系が 2 つの相 I, II からなる場合を考える．このとき任意の成分 i が相 I と相 II の間を移動しても G は変化しないので

$$\mu_i^{\mathrm{I}} = \mu_i^{\mathrm{II}} \tag{3.18}$$

の関係が成り立つ．二相が平衡状態にあるときは，全ての成分の化学ポテンシャルが両相で等しい．式 (3.18) を**拡散平衡の式**という．

3.2.2 格子モデル理論，フローリー-ハギンズの理論

高分子溶液の混合エントロピーは，フローリー（P.J. Flory）とハギンズ（W. Huggins）によって独立かつ理論的に求められ，**格子モデル**（lattice model）を用いて統計力学的に計算される（フローリー-ハギンズの理論）．

例題 5 図 3.3 のような格子モデルを考える．このとき高分子溶液の混合のエントロピーを求めよ．

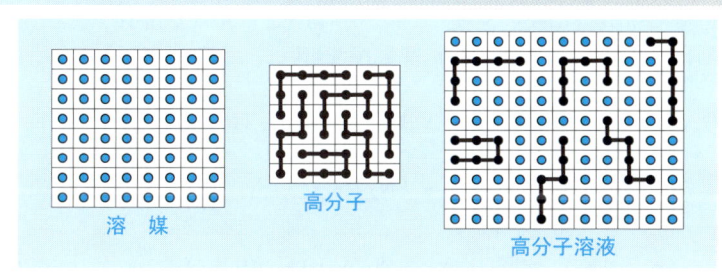

図 3.3 格子モデルによる高分子と溶媒の混合の様子

解 総数 N の**格子点**からなる格子に N_1 個の溶媒分子と N_2 個の重合度 m の高分子を配置する場合の数 $W(N_1, N_2)$ を考える．N_2 個の高分子のうち i 番目までを配置した後，$(i+1)$ 番目の高分子を配置する場合の数を v_{i+1} とすると

$$v_{i+1} = \underbrace{(N-im)}_{\substack{(i+1)\text{ 番目の高分子の} \\ 1\text{ 番目のモノマーの置き方}}} \overbrace{z\left(\frac{N-im}{N}\right)}^{\substack{(i+1)\text{ 番目の高分子の} \\ 2\text{ 番目のモノマーの置き方}}} \underbrace{\left\{(z-1)\left(\frac{N-im}{N}\right)\right\}^{m-2}}_{\substack{(i+1)\text{ 番目の高分子の }3\text{ 番目から} \\ m\text{ 番目までのモノマーの置き方}}} = z(z-1)^{m-2}\frac{(N-im)^m}{N^{m-1}}$$

となる．ここで，z は**配位数**とよばれ 1 つの格子点に最近接する格子点の数である．N_2 個の高分子を格子点に配置する場合の数は，$v_1, v_2, \cdots, v_{N_2}$ となる．高分子の構造は区別できないので，W は

$$W = \frac{1}{N_2!}\prod_{i=1}^{N_2} v_i$$

となる．上式に v_i を代入すると W は

$$W = \frac{1}{N_2!}\frac{z^{N_2}(z-1)^{N_2(m-2)}}{N^{N_2(m-1)}}\prod_{i=1}^{N_2}\{N-m(i-1)\}^m$$

$$= \frac{1}{N_2!}m^{N_2 m}\left\{\frac{(N/m)!}{(N_1/m)!}\right\}^m \frac{z^{N_2}(z-1)^{N_2(m-2)}}{N^{N_2(m-1)}}$$

となる．ここで $N = N_1 + mN_2$ および

$$\prod_{i=1}^{N_2} \{N-m(i-1)\}^m = m^{N_2 m} \prod_{i=1}^{N_2} \left\{\frac{N}{m}-(i-1)\right\}^m$$

$$= m^{N_2 m} \left[\left\{\frac{N}{m}-(1-1)\right\}\left\{\frac{N}{m}-(2-1)\right\}\left\{\frac{N}{m}-(3-1)\right\}\cdots\left\{\frac{N}{m}-(N_2-1)\right\}\right]^m$$

$$= m^{N_2 m} \left\{\frac{(N/m)!}{(N_1/m)!}\right\}^m$$

である．混合のエントロピー S は，ボルツマンの式より $S = k \ln W$，およびスターリング（Stirling）の式 $\ln N! = N \ln N - N$ を用いて

$$S(N_1, N_2) = -k\left(N_1 \ln \frac{N_1}{N} + N_2 \ln \frac{N_2}{N}\right) + kN_2 \left\{\ln z(z-1)^{m-2} + (1-m)\right\}$$

となる．$S(N_1, 0) = 0$, $S(0, N_2) = kN_2\{\ln z(z-1)^{m-2} + (1-m) + \ln m\}$ より，混合のエントロピー変化 ΔS_{mix} は

$$\Delta S_{\mathrm{mix}} = S(N_1, N_2) - S(N_1, 0) - S(0, N_2)$$
$$= -k\left(N_1 \ln \frac{N_1}{N} + N_2 \ln \frac{N_2}{N} + N_2 \ln m\right)$$
$$= -k\left(N_1 \ln \frac{N_1}{N} + N_2 \ln \frac{mN_2}{N}\right)$$
$$= -kN\left(\phi_1 \ln \phi_1 + \frac{\phi_2}{m} \ln \phi_2\right) \qquad (3.19)$$

と求まる．

ここで ϕ_1：溶媒分子の体積分率，ϕ_2：高分子の体積分率であり

$$\phi_1 = \frac{N_1}{N}, \quad \phi_2 = \frac{mN_2}{N} \quad (\phi_1 + \phi_2 = 1)$$

と表される．

N をアボガドロ数とすると，式 (3.19) より次式が得られる．

$$\Delta S_{\mathrm{mix}} = -R\left(\phi_1 \ln \phi_1 + \frac{\phi_2}{m} \ln \phi_2\right) \qquad (3.20) \square$$

混合によって発熱あるいは吸熱があると系のエンタルピーに変化を及ぼす．これが混合のエンタルピー変化 ΔH_{mix} である．ΔH_{mix} は簡単な式

$$\Delta H_{\mathrm{mix}} = zN_1 \phi_2 \Delta \varepsilon_{12} \qquad (3.21)$$

で表される．$\Delta \varepsilon_{12}$ は混合に伴う溶媒分子とモノマー単位との接触によるエネルギー差であり

$$\Delta\varepsilon_{12} = \frac{1}{2}(\varepsilon_{11} + \varepsilon_{22}) - \varepsilon_{12}$$

と表される．ここで ε_{11}：溶媒分子同士の接触エネルギー，ε_{22}：モノマー単位同士の接触エネルギー，ε_{12}：溶媒分子とモノマー単位との接触エネルギーである．

混合の**相互作用係数**（χ パラメータ）は，次のように表される．

$$\chi_{12} = \frac{z\Delta\varepsilon_{12}}{kT} \tag{3.22}$$

式 (3.20)〜(3.22) を用いると，式 (3.16) の混合のギブスの自由エネルギー ΔG_mix は

$$\Delta G_\mathrm{mix} = RT\left\{\left(\phi_1 \ln\phi_1 + \frac{\phi_2}{m}\ln\phi_2\right) + \chi_{12}\phi_1\phi_2\right\} \tag{3.23}$$

と書き直せる．

溶媒の化学ポテンシャル μ_1 は，純溶媒状態の化学ポテンシャルを μ_1° として式 (3.17) と (3.23) を用いると

$$\begin{aligned}
\mu_1 - \mu_1^\circ &= \frac{\partial(\Delta G_\mathrm{mix})}{\partial N_1} \\
&= RT\left\{\ln(1-\phi_2) + \left(1 - \frac{1}{m}\right)\phi_2 + \chi_{12}\phi_2^2\right\}
\end{aligned} \tag{3.24}$$

と表される．同様にしてポリマーの化学ポテンシャル μ_2 は

$$\begin{aligned}
\mu_2 - \mu_2^\circ &= \frac{\partial(\Delta G_\mathrm{mix})}{\partial N_2} \\
&= RT\left\{\ln(1-\phi_1) + (1-m)\phi_1 + m\chi_{12}\phi_1^2\right\}
\end{aligned}$$

と表される．ここで μ_2°：高分子のみの化学ポテンシャルである．

高分子溶液と溶媒が半透膜で仕切られているとき，溶液側の界面が**浸透圧**（osmotic pressure）Π によって上昇する．これは溶液側の圧力 P は溶媒側の圧力 P_0 より高くなるためである．また圧力 P 下での溶液の化学ポテンシャル $\mu_1^\ell(T, P)$ と圧力 P_0 下での溶媒の化学ポテンシャル $\mu_1^\circ(T, P_0)$ とが等しい平衡条件が成立している．式 (3.24) より，平衡条件は

$$\begin{aligned}
\mu_1^\ell(T, P) &= \mu_1^\circ(T, P) + RT\left\{\ln(1-\phi_2) + \left(1 - \frac{1}{m}\right)\phi_2 + \chi_{12}\phi_2^2\right\} \\
&= \mu_1^\circ(T, P_0)
\end{aligned} \tag{3.25}$$

となる．溶媒のモル体積を V_1 とすると

$$\left(\frac{\partial \mu_1^\circ(T,P)}{\partial P}\right)_T = V_1$$

である．これを用いて $\mu_1^\circ(T,P) - \mu_1^\circ(T,P_0) \simeq (P-P_0)V_1 = \Pi V_1$ と近似できる．式 (3.25) と共に

$$\Pi V_1 = -RT\left\{\ln(1-\phi_2) + \left(1-\frac{1}{m}\right)\phi_2 + \chi_{12}\phi_2^2\right\}$$

の浸透圧の式が導かれる．$\phi_2 \ll 1$ の十分に希薄な高分子溶液では

$$\Pi = \frac{RT}{V_1}\left\{\frac{\phi_2}{m} + \left(\frac{1}{2}-\chi_{12}\right)\phi_2^2 + \frac{\phi_2^3}{3} + \cdots\right\} \tag{3.26}$$

と展開できる．高分子の比容を $\overline{V}$，分子量を M，モル当りのグラム濃度を c とすると $\phi_2 = c\overline{V}$，$M\overline{V} = mV_1$ である．よって式 (3.26) は

$$\frac{\Pi}{c} = \boxed{\frac{RT}{M}} + RT\frac{\overline{V}^2}{V_1}\left(\frac{1}{2}-\chi_{12}\right)c + RT\left(\frac{\overline{V}^3}{3V_1}\right)c^2 + \cdots \tag{3.27}$$

└ 理想溶液の浸透圧を示すファント・ホッフ（van't Hoff）の式と同じ

となる．

　非理想気体のビリアル方程式のように，浸透圧 Π は質量濃度のべき級数展開

$$\Pi = RT\left(\frac{c}{M} + A_2 c^2 + A_3 c^3 + \cdots\right) \tag{3.28}$$

で表すことができる．

　十分希薄な高分子溶液では式 (3.27) より数平均分子量 M_n（詳しくは，3.2.5 項で後述）が求まる．式 (3.27) と (3.28) とから第二ビリアル係数 A_2 は

$$A_2 = \frac{\overline{V}^2}{V_1}\left(\frac{1}{2}-\chi_{12}\right) \tag{3.29}$$

となる．A_2 が大きい，すなわち χ_{12} が小さいと溶質（高分子）と溶媒は混合し易くなる．逆に χ_{12} が大きくなると両者は混ざりにくくなる．$\chi_{12} \approx 1/2$ で式 (3.29) の右辺は 0 となり，高分子溶液は理想溶液のように振舞う．A_2 は一般に温度 T に依存し

$$A_2 = \psi\left(1-\frac{\Theta}{T}\right)\frac{\overline{V}^2}{V_1} \tag{3.30}$$

と表される．ここで ψ：溶質（高分子）と溶媒との親和性を表すパラメータ，Θ：$A_2 = 0$ となる温度（Θ 温度）である．

式 (3.29) と (3.30) との比較より次の関係が導かれる．

$$\chi_{12} = \frac{1}{2} - \psi\left(1 - \frac{\Theta}{T}\right)$$

3.2.3 高分子の分子運動

上記では，長いタイムスケールでの時間平均を考えて取り扱ってきた．しかし，溶液中の高分子鎖は，熱エネルギーによるブラウン運動によって時々刻々その位置を変えたり，回転したりあるいは形を変えるなど複雑な分子運動をしている．希薄溶液中の高分子の並進運動を考察してみる．

溶液中の高分子鎖は，熱エネルギーによるブラウン運動により時々刻々重心が移動する並進運動を行っている．並進拡散係数 D_G と並進摩擦係数 f は，拡散に関するアインシュタイン（Einstein）の式

$$D_G = kT/f$$

で与えられる．また半径 R の球状粒子が粘度 η の溶媒中で運動するときの f は，ストークス（Stokes）の式

$$f = 6\pi\eta R$$

で与えられる．両者の式より，アインシュタイン-ストークスの式

$$D_G = kT/6\pi\eta R \tag{3.31}$$

が得られる．式 (3.31) より，粘度が既知の溶媒中での D_G を測定することによって，粒子の半径 R を求めることができる．この半径は**流体力学的半径**（hydrodynamic radius）R_H とよばれる．球状高分子では実半径に等しい．長さ L，直径 a の棒状高分子では，$R_H^{-1} = (2/L)\ln(L/a)$，Θ 状態の屈曲性高分子では $R_H = \langle S^2 \rangle^{1/2}/\rho$ となる．ここで ρ は高分子の種類（分子鎖の固さ），溶媒，温度，分子量に依存する．線状ガウス鎖の理論値は $\rho = 1.5$ である．

高分子鎖は並進運動を行っていると同時に回転もしている．これが**回転拡散**である．回転拡散係数 Θ_R は，半径 R の球状粒子では $\Theta_R = \dfrac{kT}{8\pi\eta R^3}$ と表される．

3.2.4 高分子の粘性と分子量

高分子溶液の粘性は分子量に依存する．この性質を利用して，高分子溶液の粘性から高分子の分子量を評価することができる．ウベローデ型やオストワルド型粘度計を用いて高分子溶液の粘度測定を行う．溶媒のみのときの粘度を η_0，濃度 c の溶液の粘度を η とする．相対粘度ならびに関連の粘度を定義し，それ

表 3.1 希薄溶液の粘度測定

慣用名	IUPAC 名	定義
相対粘度 (relative viscosity)	粘度比 (viscosity ratio)	$\eta_r = \eta/\eta_0$
比粘度 (specific viscosity)	—	$\eta_{sp} = \eta_r - 1$
還元粘度 (reduced viscosity)	粘度数 (viscosity number)	$\eta_{red} = \eta_{sp}/c$
インヘレント粘度 (inherent viscosity)	対数粘度数 (logarithmic viscosity number)	$\eta_{inh} = (\ln \eta_r)/c$
固有粘度 (intrinsic viscosity)	極限粘度数 (limiting viscosity number)	$[\eta] = \lim_{c \to 0}(\eta_{sp}/c)$

らを表 3.1 にまとめる．

粘度 η は**固有粘度**（intrinsic viscosity）（あるいは**極限粘度数**（limiting viscosity number））$[\eta]$ を用いて

$$\eta = \eta_0(1 + k_0[\eta]c + k_1[\eta]^2c^2 + k_2[\eta]^3c^3 + \cdots) \quad (k_0 = 1)$$

と表せられる．この式を変形すると，いわゆる**ハギンズ式**

$$\eta_{sp}/c = [\eta] + k_1[\eta]^2 c \tag{3.32}$$

が得られる．これは $[\eta]c \ll 1$ において成り立つ．ここで k_1 は**ハギンズ定数**であり，本質的には分子量には無関係の量である．経験的には 0.3（良溶媒系）〜 0.5（貧溶媒系）の間の数値をとる．

$\eta_{sp} \ll 1$ の希薄溶液では式 (3.32) より，**クレーマー**（Kraemer）**式**

$$\frac{\ln \eta_r}{c} = [\eta] + \left(k_1 - \frac{1}{2}\right)[\eta]^2 c = [\eta] + k'[\eta]^2 c \quad \left(k' = k_1 - \frac{1}{2}\right) \tag{3.33}$$

が得られる．濃度 c をゼロ外挿すると式 (3.32) は

$$[\eta] = \lim_{c \to 0}(\eta_{sp}/c)$$

となる．式 (3.33) は $[\eta] = \lim_{c \to 0}(\ln \eta_r)/c$ となり，$[\eta]$ に収束する．

固有粘度 $[\eta]$ より，粘度平均分子量 $\overline{M_v}$，いわゆる**マーク-ホーウィンク-桜田**（Mark-Houwink-Sakurada）**の式**

$$[\eta] = K\overline{M_v}^a \tag{3.34}$$

が定義できる．ここで K：定数，a ($0.5 \leq a \leq 0.8$) は Θ 溶媒に対して $a = 0.5$，良溶媒に対して $a > 0.7$ である．

分子量 M_i の高分子鎖は単位体積当り N_i モルの希薄溶液中の $(\eta_{sp})_i$ に寄与する．全体の比粘度 η_{sp} は

$$\eta_{sp} = \sum (\eta_{sp})_i$$

3.2 高分子溶液の性質

となる. $c_i = N_i M_i$, $(\eta_{\rm sp})_i = c_i[\eta]_i$, $[\eta]_i = K M_i^a$ であるので

$$[\eta] = \lim_{c \to 0}\left(\frac{\eta_{\rm sp}}{c}\right) = \sum_i \frac{c_i[\eta]_i}{c_i} = K\sum_i \frac{N_i M_i^{1+a}}{N_i M_i}$$

となる. 従って

$$\overline{M_{\rm v}} = \left(\sum_i N_i M_i^{1+a} \Big/ \sum_i N_i M_i\right)^{1/a}$$

となる. ガウス鎖では $\overline{M_{\rm n}} < \overline{M_{\rm v}} < \overline{M_{\rm w}}$, $a=1$ では $\overline{M_{\rm v}} = \overline{M_{\rm w}}$ となる. 単分散に近い狭い分子量分布では $\overline{M_{\rm n}} \approx \overline{M_{\rm v}} \approx \overline{M_{\rm w}}$ となる ($\overline{M_{\rm w}}$ と $\overline{M_{\rm n}}$ の定義は2.1.5 項参照).

次に, 固有粘度 $[\eta]$ を高分子鎖の拡散から考える. 希薄溶液中の高分子鎖の拡散では, **流体力学的相互作用**（hydrodynamic interaction）ゆえに高分子鎖を剛体球とみなせる. **アインシュタインの粘度式**からガウス鎖の固有粘度は

$$[\eta] = 2.5\frac{N_{\rm A} V_{\rm H}}{M} = 2.5\frac{N_{\rm A}}{M}\left(\frac{4\pi}{3}r_{\rm H}^3\right)$$

と表せる. ここで $N_{\rm A}$：アボガドロ（Avogadro）数, M：分子量, $V_{\rm H}$：流体力学的に定義される半径 $r_{\rm H}$ の等価球の体積である.

注釈 アインシュタインの粘度式 $\eta = \eta_0(1 + 2.5\phi)$. ここで ϕ：溶質分子の体積分率.

$r_{\rm H}$ は回転半径 $\langle S^2 \rangle^{1/2}$ にほぼ等しいので, フローリーの粘度式

$$[\eta] = \Phi'\frac{\langle S^2 \rangle^{3/2}}{M} \tag{3.35}$$

が得られる. ここで Φ'：定数である.

3.1.3 項から分かるように $\langle S^2 \rangle^{1/2}$ は排除体積効果に依存して

$$\langle S^2 \rangle^{1/2} \propto M^v \tag{3.36}$$

と表すことができる. 式 (3.34), (3.35) および式 (3.36) との比較より

$$a = 3v - 1$$

となる. ガウス鎖の屈曲高分子において, Θ 溶媒中では $v = 0.5$ で $a = 0.5$, 良溶媒中では $v = 0.6$ で $a = 0.8$ が導かれる. つまり $0.5 \leq v \leq 0.6$ に対して $0.5 \leq a \leq 0.8$ となる.

粘度測定から粘度平均分子量 $\overline{M_{\rm v}}$ が求められることが分かる. 次に数平均分子量 $\overline{M_{\rm n}}$ や重量平均分子量 $\overline{M_{\rm w}}$ および高分子の特徴である分子量分布の測定法について考える.

3.2.5 分子量および分子量分布の測定 ♣

高分子の分子量および分子量分布の評価は高分子のキャラクタリゼーション（特性評価）および物性研究において重要である．分子量および分子量分布の測定法をまとめる．

浸透圧と分子量

> **例題 6** 浸透圧 Π から数平均分子量 $\overline{M_\mathrm{n}}$ が求まることを示せ．

解 式 (3.24) より濃度 c を変数として Π を測定し $c \to 0$ に外挿すると

$$\lim_{c \to 0} \frac{\Pi}{RTc} = \frac{1}{M}$$

となり，平均分子量 $\overline{M}$ が求められる．従って分子量分布をもつ高分子では $c \to 0$ で

$$\frac{\overline{M}}{c} = \sum_i \frac{M_i}{c_i}$$

となる．$c = \sum_i c_i \, (c_i = N_i M_i)$ であるので

$$\overline{M} = \sum_i \frac{M_i}{c_i} \sum_i c_i = \frac{\sum_i N_i M_i}{\sum_i N_i} = \overline{M_\mathrm{n}}$$

が得られる．浸透圧は数平均分子量を求める絶対測定法の一つである． □

光散乱と分子量 　高分子溶液中の分子の熱運動に基づく濃度ゆらぎに起因した屈折率 n の不均一によって散乱される光の強度から分子量を求めることができる．溶液中の入射光強度 I_0 と散乱角 θ における散乱体（粒子）から距離 r での散乱光強度 $I(\theta)$ との比（レイリー (Rayleigh) 比）は，デバイ (P. Debye) によって浸透圧の濃度微分 $\partial\Pi/\partial c$ の逆数に比例することが示された（巻末参考文献 [34]）．従って，式 (3.28) の浸透圧の質量濃度のべき級数展開の式を濃度で微分して，レイリー比は

$$\frac{r^2 I(\theta)}{I_0} = \frac{Kc(1 + \cos^2 \theta)}{(1/M + 2A_2 c + \cdots)} \tag{3.37}$$

と表される．ここで，A_2：第二ビリアル係数，c は濃度である．入射光が自然光では，K は

$$K = \frac{2\pi^2 n_0^2 (\partial n/\partial c)^2}{\lambda^4 N_\mathrm{A}}$$

入射光が垂直偏光では

$$K = \frac{4\pi^2 n_0^2 (\partial n/\partial c)^2}{\lambda^4 N_\mathrm{A}}$$

である．ここで，λ：光の波長，n_0：溶媒の屈折率，$\partial n/\partial c$：溶液の屈折率の濃度変化量，N_A：アボガドロ (Avogadro) 数である．

$$R_\theta = r^2 I(\theta)/I_0 (1 + \cos^2 \theta)$$

とおくと，式 (3.37) は

$$\frac{Kc}{R_\theta} = \frac{1}{M} + 2A_2 c + \cdots \qquad (3.38)$$

と書き直せる.

粒子の大きさが光の波長に比べて大きくなると，散乱光が互いに干渉し合うので，それを考慮することが必要となる．干渉のあるときの散乱光強度 $I(\theta)$ と干渉のないときの散乱光強度 $I'(\theta)$ との比を $P(\theta)$（$P(\theta)$：散乱関数）とすると，干渉がある場合には，式 (3.38) は

$$\frac{Kc}{R_\theta} = \frac{1}{MP(\theta)} + 2A_2 c + \cdots \qquad (3.39)$$

となる．$P(\theta)$ は高分子の形状（球状高分子，棒状高分子，ランダム鎖状高分子など）によって関数形が異なる．ランダム鎖（ガウス鎖）では，$P(\theta)$ は

$$P(\theta) = \frac{2}{p^2}\left(e^{-p} + p - 1\right) = 1 - \frac{p}{3} + \cdots \qquad (3.40)$$

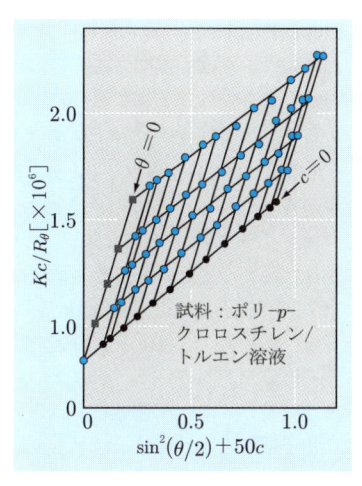

図 **3.4** ジムプロット

である．ここで，$p = \langle S^2 \rangle q^2$ である．q は散乱ベクトルの大きさで $q = 4\pi n_0 \sin(\theta/2)/\lambda$ である．分子量に分布がある場合を考えると，式 (3.39) より

$$\lim_{\theta \to 0} R_\theta = K \sum_i M_i c_i P(\theta)$$

である．

$$\sum_i M_i c_i = \overline{M_\mathrm{w}} \sum_i c_i = \overline{M_\mathrm{w}} c$$

であるので，これらと式 (3.40) を式 (3.39) に代入すると

$$\frac{Kc}{R_\theta} = \frac{1}{\overline{M_\mathrm{w}}(1 - \langle S^2 \rangle q^2/3 + \cdots)} + 2A_2 c + \cdots$$

$$= \frac{1}{\overline{M_\mathrm{w}}} \left(1 + \frac{1}{3}\langle S^2 \rangle \left(\frac{4\pi n_0}{\lambda}\right)^2 \sin^2 \frac{\theta}{2} + \cdots\right) + 2A_2 c + \cdots \qquad (3.41)$$

が得られる．

図 **3.4** に示すように，Kc/R_θ を $\sin^2(\theta/2) + kc$（k：任意の定数）に対してジム（Zimm）プロットを行う．式 (3.41) より，$\theta \to 0$ での散乱強度の濃度依存性の傾きより A_2 が求まり，$c \to 0$ での散乱強度の角度依存性の傾きより $\langle S^2 \rangle$ が求まる．両者の Rc/R_θ 軸の切片より重量平均分子量 $\overline{M_\mathrm{w}}$ が求まる．

末端基定量法と分子量　　直鎖状高分子の末端の官能基がカルボキシル基，水酸基あるいはアミノ基などの場合，この官能基を化学的に修飾することによって定量化すれば，その試料の分子数が求まる．また試料の重量と分子数との比から数平均分子量が求まる．

超遠心法と分子量　希薄溶液に高速回転する遠心機で大きな重力場をかける．これより，溶質高分子が遠心方向へ沈降し，分子量の大きさに対応する濃度分布で平衡に達する．分子量の大きい高分子ほど遠心方向に沈降するので，重力場方向の濃度分布から分子量が求まる．重量平均分子量および Z 平均分子量が算出でき，分子量分布の情報も得られる．

ゲル浸透クロマトグラフィーと分子量分布　分子量分布を簡便に測定する方法として，ゲル浸透クロマトグラフィー法がある．カラムに多孔質ゲルを用いることより**ゲル浸透クロマトグラフィー（GPC）**とよばれる．この分析法は，溶質である高分子のサイズ（広がり）によって分離を行う**液体クロマトグラフィー**であるので，**サイズ排除クロマトグラフィー**（size excluded chromatography, **SEC**）ともよばれている．

$50 \sim 10^6$ Å（$5 \sim 10^5$ nm）の空孔サイズの多孔質ゲルのビーズを充填したカラム内を高分子溶液が流れていく．その間に，多孔質ゲルのふるい効果により分子サイズに応じた溶出時間でカラム内を通過し，高分子の分子量および分子量分布を測定する方法である．よりサイズの大きい高分子はゲルの網目の中に浸透できずそのまま溶出していく．それに対して，よりサイズの小さい高分子はゲル内の細孔に浸透して溶出するので時間がかかる．溶出していく高分子溶液の濃度を溶媒との屈折率差や紫外吸光度を連続的に検出する．それを**溶出体積**（V_e）の関数として記録していく．

次に，GPC の原理を簡単に説明する．V_e は，カラム内の空隙の容積（多孔質ビーズ外の溶媒の容積）（V_0）と空孔の内容積（ビーズ内の溶媒の容積）（V_i）との和

$$V_e = V_0 + K_{se} V_i$$

で表される．ここで K_{se}：ある分子量の高分子が浸透した空孔の分率である．

- $K_{se} = 1$ のとき：全ての空孔内にサイズの小さな溶質分子が浸透する．$V_e = V_0 + V_i$
- $K_{se} = 0$ のとき：全ての溶質分子（高分子）は空孔に浸透しない．$V_e = V_0$

ここで空孔内を溶質分子（高分子）がある割合で占有するような平衡を考える．K_{se} は

$$K_{se} = \frac{C_i}{C_0}$$

と表される．ここで C_i：空孔内の溶質分子（高分子）の平衡濃度，C_0：空隙にいる溶質分子（高分子の）平衡濃度である．$C_i = C_0$ のとき，$K_{se} = 1$ である．

空孔への浸透に対するギブズの自由エネルギー変化は

$$\Delta G_p^\circ = -RT \ln K_{se} \tag{3.42}$$

である．$\Delta G_p^\circ = \Delta H_p^\circ - T \Delta S_p^\circ$（ここで ΔH_p°：エンタルピー変化，ΔS_p°：エントロピー変化）および $\Delta H_p^\circ = 0$ より

$$\Delta G_p^\circ = -T \Delta S_p^\circ \tag{3.43}$$

となる．式 (3.42) と (3.43) より

$$K_{se} = \exp\left(\frac{\Delta S_p^\circ}{R}\right)$$

となる．エントロピー変化は

$$\Delta S_p^\circ = -RA\frac{\overline{L}}{2}$$

である．ここで R：気体定数，A：空孔の単位体積当りの表面積，$\overline{L}$：溶液中で束縛されないときの溶質分子（高分子）の平均分子径（例えば，球状分子であれば平均直径）である．従って V_e は

$$V_e = V_0 + V_i \exp\left(-\frac{A\overline{L}}{2}\right) \quad (3.44)$$

となる．式 (3.44) に示されるように，分子量が非常に大きい（$\overline{L} \to \infty$）のとき $V_e \to V_0$ となる．すなわち分子量が大きいものほど V_e は小さいことが分かる．逆に分子量が減少するにつれて V_e が増加し，分子量が 0 の極限（$\overline{L} \to 0$）のとき，$V_e \to V_0 + V_i$ となり V_e は最大となる．

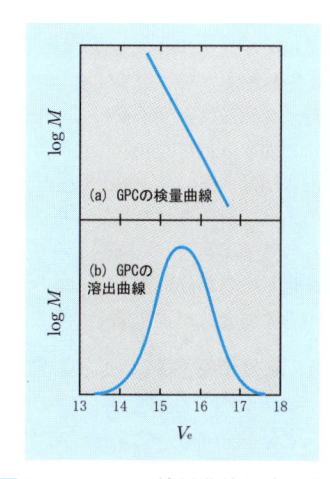

図 **3.5** GPC の検量曲線と溶出曲線

この原理に基づき GPC クロマトグラムでは，分子量に対応した V_e を横軸に，このときの分子量をもつ高分子の相対量を縦軸にした溶出曲線が得られる．すなわち溶出曲線がそのまま**分子量分布**を表す．未知の高分子の分子量は，絶対分子量（M）が既知の複数の標準試料（例えば，標準ポリスチレンなど）を用いて算出した溶出体積と分子量の検量曲線（$V_e = a - b \log M$）を用いて，溶出体積から換算して求める．図 **3.5** に GPC の検量曲線と溶出曲線の例を示す．GPC クロマトグラムから簡便に数平均分子量 $\overline{M_n}$ および重量平均分子量 $\overline{M_w}$ が求められる（$\overline{M_n}$ と $\overline{M_w}$ の定義は 2.1.5 項参照）．

式 (3.35) から $[\eta]M$ は高分子鎖の回転半径の 3 乗（分子鎖の大きさあるいは体積）に比例し，V_e は高分子鎖の平均分子径（平均二乗回転半径）に依存する．このことから，V_e 対 $[\eta]M$ の関係が成り立つ．これを利用して検量曲線

$$V_e = a - b\ln([\eta]M) \quad (3.45)$$

を考えることができる．式 (3.45) は同一溶媒中で高分子の種類によらず普遍的に成り立つ．従って，標準試料について式 (3.45) を用いて作成した検量曲線から，未知の高分子試料で粘度測定より求めた $[\eta]$ と共に V_e から絶対分子量とその分布を求めることができる．

注釈 近年では，検出器に低角度光散乱光度計あるいは多角度光散乱光度計を備えた GPC も手軽に利用でき，溶出成分の重量平均分子量 $\overline{M_w}$ を検量曲線なしで直接測定できる．

その他の測定法　その他の分子量分布の測定法として，**分別沈殿法**やマトリックス支援レーザー脱離イオン化（matrix-assisted laser desorption/ionization-mass spectroscopy, **MALDI-MS**）などが挙げられる．

- 分別沈殿法は，分子量によって溶媒への溶解度が異なることを利用して分子量別に分画分別する方法．
- MALDI-MS は，1980 年代の半ば以降に田中耕一（2002 年ノーベル化学賞受賞）らによって開発された質量分析法．マトリックス試薬中に対象となる測定試料を均一に分散させて調製した微細な結晶にレーザー光を照射し試料を分解させることなくイオン化して質量分析する．タンパク質や合成高分子などの高分子量物質の質量分析ができる手法として近年急速に普及してきた．

3.2.6　高分子電解質，イオン性高分子 ♣

分子鎖上に多くの解離基をもつ**イオン性高分子**（**高分子電解質**）は水溶液中で**高分子イオン**と**低分子イオン**に解離する．低分子イオンは**対イオン**（counterion, **逆イオン**ともいう）とよばれ，高分子イオンとは反対の符号をもつ．典型的な高分子強酸であるポリスチレンスルホン酸（**PSS**）は，通常の濃度では $-SO_3^-$ と H^+ に解離している．しかし，ほぼ解離しているにもかかわらず溶液の pH は高い値である．解離度（電離度）が 40 % 程度の弱酸と同程度の値であった．これは解離した H^+ の一部が高分子鎖近傍に静電的に束縛された状態にあることに起因している．この現象を**対イオン凝縮**（counterion condensation, **逆イオン凝縮**ともいう）という．このために有効電荷数が減少して pH が高くなった．

イオン性高分子鎖の溶液中での広がりには，静電的な排除体積効果の寄与が大きいことが知られている．イオン性高分子の還元粘度 η_{sp}/c は，イオン性高分子溶液の濃度の減少と共に大きく増大するなど従来の非電解質の中性高分子で見られるハギンズ式に従わないことが知られている．添加塩によってその挙動は変わることも報告されている．また，高分子イオンの遠距離間での規則性の存在やコロイド分散系での規則構造からの干渉発色なども報告されている．

注釈　高分子電解質は凝集剤，超吸水性ゲルなどの工業利用と共に最近では燃料電池用のイオン交換膜として活用されている．イオン性高分子溶液の理解は生体高分子の機能発現との関連の観点からも重要であり，未解決の部分も含めて今後の検討課題である．

3.2.7 絡合い中での高分子の動き ♣

　高分子溶液の粘性は，3.2.4 項で記述したように，互いに絡合いのない希薄溶液状態で分子量測定の指標として活用されている．希薄溶液状態では高分子鎖同士は互いに離れており相互作用はない．しかし，溶液中である濃度以上になると，溶液粘度の急激な上昇が観測される．これは濃厚溶液中の高分子量の鎖状高分子は互いに深く貫入して大きなスケールでの運動を拘束し合うためである．これが絡合いの状態である．このように絡み合った長い高分子鎖は互いに他を横切って運動することができないという分子鎖の運動の制限が本質にある．この本質に対して 1971 年にド・ジャン（de Gennes）（1991 年ノーベル物理学賞受賞）により**管模型**（reptation model）が提出され，絡合いに対する理解が進んだ．

　絡み合った高分子鎖の中の 1 本の鎖の運動は，周囲の分子鎖からの制約により一次元的運動に限られる．高分子鎖は絡合いの制約によってできた仮想的な空間（管）の中を一次元的にレプテーション運動してすり抜ける．この管を抜け出すと，次の仮想的な管をレプテーション運動で抜け出していく．絡合いの中の運動はこのレプテーション運動の繰返しである．これが管模型である．1 つの管に沿った拡散係数 D_t は

$$D_t = \frac{L^2}{\tau_t}$$

となる．ここで L：管の長さであり，高分子鎖の両末端間距離を考えればよい．τ_t：すり抜ける時間である．図 3.6 に管模型の概念図を示す．

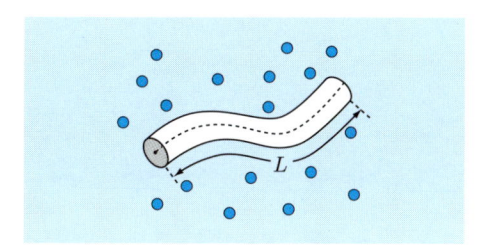

図 3.6　管模型の概念図

演習問題 第3章

1. ハギンズ式 (3.32) からクレーマー式 (3.33) を導け.
2. 高分子溶液の粘度測定をした結果，表に示すような値が得られた．これらの値を用いてハギンズプロットおよびクレーマープロットを行い，固有粘度を求めよ．

溶液濃度	相対粘度
0.135	1.06
0.37	1.17
0.59	1.28
0.80	1.39
1.00	1.50
1.19	1.61

3. 溶液中の溶媒の化学ポテンシャルは式 (3.24) で与えられる．臨界条件における臨界組成 ϕ_{2c} と χ_{12} の臨界値 χ_{12c} を求めよ．

第4章

高分子の物性

　第2章で高分子の一次構造,二次構造ならびに高次構造を,第3章で高分子の溶液物性を学んだ.本章では高分子の力学的性質,熱的性質,電気的性質,光学的性質など固体状態の性質を体系的に学んでいく.これら固体状態の物性を理解することは,高分子科学の基礎を習得するときに重要である.そればかりでなく,高分子を現実に材料として使用するときの基礎となる.

本章の内容
4.1 力学的性質
4.2 熱的性質
4.3 電気的性質
4.4 光学的性質

4.1 力学的性質

　高分子材料に外部から力を加えたときの変形応答が，高分子材料の力学的（機械的）性質を表す．力に対する物質の応答には，**弾性**（elasticity），**粘性**（viscosity），**塑性**（plasticity）などがある．

弾性　物質を変形させると**応力**（stress）が発生し，変形を元に戻せば応力も元に戻り加えた力学的なエネルギーも回復される性質．

粘性　変形速度に比例した応力が発生し，力を止めて変形を止めると応力は0となり粘性体は変形したままになり，加えた力学的なエネルギーは全て熱となって散逸する性質．

塑性　物質が外力に対して破壊を起こさずに連続的かつ永久的に変形し得る性質．

　弾性体では変形を止めると応力は保持されるが，粘性体では直ちに応力は0となる．

　高分子材料は次のような挙動を示す．
- 低温または速い変形に対しては弾性体のような挙動
- 高温または遅い変形に対しては液体のように**粘性流動性**
- ゴム状態や高分子溶液および溶融体では粘性と弾性とを併せもつ**粘弾性**

[注釈]　粘性，弾性，塑性などを併せもつ物質の力学的性質を研究する分野を**レオロジー**（rheology）とよぶ．この分野は高分子材料から生体物質へと広く適用されている．

4.1.1　応力とひずみ

　まず，高分子の粘弾性挙動を考えるときの基礎となる応力とひずみを考える．
- **応力** S は力 f を作用した面積 A で割った単位面積当りの量 $S = f/A$ である．圧力と同じ次元（$[\mathrm{N\,m^{-2}}] = [\mathrm{Pa}]$）をもつ．
- **ひずみ**（strain）は伸びを元の長さで割った単位長さ当りの変形量である．これは無次元量となる．

　変形には伸張変形，せん断（ずり）変形，および体積変形の3種類の様式がある．ここでは伸張変形とせん断変形を考える．

伸張変形　試料の断面積に鉛直方向に引張りの力を加えたときの変形である．伸張ひずみ γ は，伸び $l - l_0$ と元の長さ l_0 との比 $\gamma = (l - l_0)/l_0$ で表される．ここで l：伸張後の長さである．伸張応力と伸張ひずみとの比を**引張り弾性率**

E（$E = S/\gamma$），伸張応力と伸張ひずみ速度との比を**伸張粘度** η_E（$\eta_E = S/\dot{\gamma} = S/(d\gamma/dt)$）と定義する．試料を縦方向に伸張するとその分だけ横方向は収縮する．横方向のひずみ γ_H と縦方向のひずみ γ_V との比を**ポアソン比** v（$v = \gamma_H/\gamma_V$）と定義する．

せん断変形　試料の断面積と平行な方向に力を加えたときの変形である．試料長を l，せん断によって試料が横方向に動いた距離を d とする．せん断ひずみ γ は d と l との比 $\gamma = d/l$ で表される．せん断応力とせん断ひずみとの比を**せん断弾性率**または**剛性率** G（$G = S/\gamma$），せん断応力とせん断ひずみ速度との比を**せん断粘度** η（$\eta = S/\dot{\gamma} = S/(d\gamma/dt)$）と定義する．

応力-ひずみ曲線　試料の応力-ひずみ特性を測定することにより，測定温度におけるその力学的性質を大まかに知ることができる．図 **4.1** に応力-ひずみ曲線（stress-strain curve，S-S 曲線）の例を示す．図中⑤のときの応力を**破断強度**（strength at break）あるいは**極限強さ**（ultimate strength）S_B，ひずみを**破断伸度**（elongation at break）および**極限伸度**（ultimate elongation）γ_B とよぶ．試料を破壊するのに必要なエネルギーを**粘り強さ**（toughness）といい，応力-ひずみ曲線の面積で表せる．

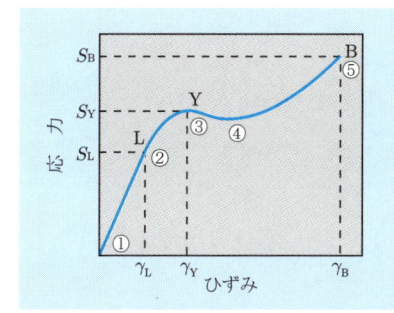

図 **4.1**　応力-ひずみ曲線

4.1.2　ゴム弾性

高分子の力学的性質の特徴として挙げられる一つが**エラストマー**（elastomer）の性質である．この性質は高弾性と弾性回復力をもつ．架橋による網目構造をもつゴムにおいて，この性質は発現され，現在も日常の生活で大いに役立っている．この性質の特徴は，① 初期の弾性率は低いがエネルギーはほとんど散逸せずに大変形が可能で，② 充分に伸張したとき，高い引張り強さと高い引張り弾性率を有し，③ 応力を解放したとき，すばやく完全な元の状態に戻る弾性回復を示すことである．

ここで，ゴム変形を熱力学的に考察してみよう．自然長 x，体積 V のエラストマーに力 f を加えたときの内部エネルギー変化 dU は

$$dU = TdS - PdV + fdx \tag{4.1}$$

である．式 (4.1) を用いるとこの系のヘルムホルツの自由エネルギーの変化 dF は次のように書ける．

$$dF = dU - TdS - SdT = -SdT - PdV + fdx \tag{4.2}$$

例題 1 式 (4.2) を基にゴム弾性がエントロピー弾性となることを示せ．

解 式 (4.2) より

$$f = \left(\frac{\partial F}{\partial x}\right)_{V,T}, \quad -S = \left(\frac{\partial F}{\partial T}\right)_{V,x} \tag{4.3}$$

が得られる．これらより

$$\left(\frac{\partial f}{\partial T}\right)_{V,x} = -\left(\frac{\partial S}{\partial x}\right)_{V,T} \tag{4.4}$$

のマクスウェル（Maxwell）の関係式が得られる．等温で等体積でのヘルムホルツの自由エネルギーの伸張に対する変化と式 (4.3) より，力 f は

エントロピー変化に由来するのでエントロピー弾性項という

$$f = \left(\frac{\partial F}{\partial x}\right)_{V,T} = \left(\frac{\partial U}{\partial x}\right)_{V,T} - T\left(\frac{\partial S}{\partial x}\right)_{V,T} \tag{4.5}$$

内部エネルギーの変化に由来するのでエネルギー弾性項という

と表される．エントロピー弾性項に式 (4.4) を代入して

$$f = \left(\frac{\partial F}{\partial x}\right)_{V,T} = \left(\frac{\partial U}{\partial x}\right)_{V,T} - T\left(\frac{\partial S}{\partial x}\right)_{V,T} = \left(\frac{\partial U}{\partial x}\right)_{V,T} + T\left(\frac{\partial f}{\partial T}\right)_{V,x}$$

と変形できる．ゴムの変形では T_g をガラス転移温度とすると

$T > T_g$ では，　$(\partial U/\partial x)_T \approx 0$,　$(\partial S/\partial x)_T < 0$　$\cdots (*)$
$T < T_g$ では，　$(\partial U/\partial x)_T > 0$,　$(\partial S/\partial x)_T > 0$　$\cdots (**)$

となる．(*) ガラス転移温度以上の温度領域での変形では，高分子主鎖の C–C 結合周りの回転は容易に起こる．よって内部エネルギーは関与せず（エネルギー弾性項は 0），エントロピー変化によるエントロピー弾性項が支配的となる．式 (4.5) から分かるように伸張に伴う力はエントロピーを減少させるように働く．このことよりゴムの弾性は**エントロピー弾性**とよばれる．(**) ガラス転移温度以下の温度領域での変形は，内部エネルギーの増加によるものである．またエントロピー項は変形を低下させる方向に働くのみであり，かつその寄与は小さいので，一般的にはエネルギー弾性となる．　□

[注釈] 架橋により網目構造ができたときの試料の弾性率 E は，変形があまり大きくない，すなわちひずみが小さいとき

$$E = \frac{3\rho RT}{M_c}\left(1 - \frac{2M_c}{M}\right)$$

と表される．ここで ρ：密度，R：気体定数，M_c：架橋点間の分子量，M：試料の元の分子量である．$M = 2M_c$ は架橋で網目が形成され始まるときの分子量であり，$M \gg 2M_c$ で網目構造が広がっていく．このとき，"front factor" g をつけて E は

$$E = 3g\rho RT/M_c$$

と表される．ポアソン比を $1/2$ とすれば剛性率 G は

$$G = E/3 = g\rho RT/M_c$$

となる．網目が形成されると E や G は M_c の関数となる．すなわち $E \propto 1/M_c$ あるいは $G \propto 1/M_c$ となる．

4.1.3 高分子の粘弾性

上述のゴム弾性は架橋した網目構造をもつエラストマーに限られた挙動である．基本的にはエラストマーが平衡状態において示す弾性変形であり，高分子のある一面を見ているに過ぎない．高分子の力学的な変形は，時間および温度に強く依存する．また粘性と同時に弾性をも併せもつ複雑な挙動を示す．ここでは高分子の粘弾性の特徴である応力緩和とクリープの特性および動的な挙動を見てみよう．それらをマクスウェル（Maxwell）モデルとフォークト（Voigt）モデルの力学モデルを用いて説明する．

応力緩和とクリープ　時刻 $t = 0$ で瞬間的にひずみ γ を加えてそれを保持したときに応力 $S(t)$ が時間と共に減少する現象が観測される（図 **4.2** 参照）．この時間応答が**応力緩和**（stress relaxation）である．応力 $S(t)$ とひずみ γ との比が

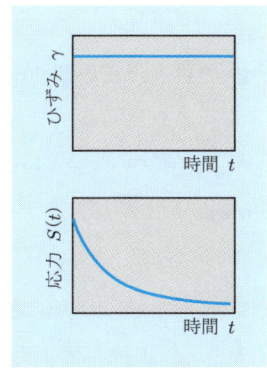

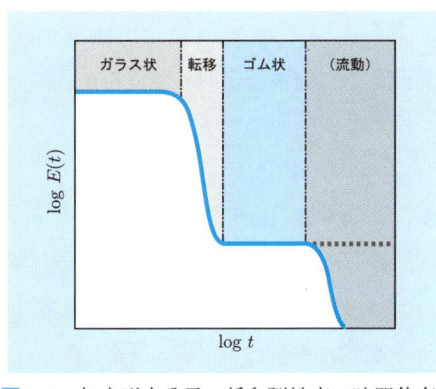

図 **4.2**　応力緩和現象　　図 **4.3**　無定形高分子の緩和弾性率の時間依存性

緩和弾性率（relaxation modulus）
$$E(t) = S(t)/\gamma$$
であり，弾性率の時間依存性を示す．図 4.3 に無定形高分子の緩和弾性率を示す．

一定応力下でひずみが時間と共に増大するのが**クリープ**（creep）である．また，応力を解放したとき，ひずみが回復するのが**クリープ回復**（creep recovery）とよばれる現象である．図 4.4 にクリープ応答を示す．ひずみ $\gamma(t)$ と応力 $S(t)$ との比（弾性率の逆数）が**コンプライアンス**（compliance）$J(t)$
$$J(t) = 1/E(t) = \gamma(t)/S(t)$$
である．図 4.5 に無定形高分子のクリープコンプライアンスを示す．クリープ現象は，高分子材料を構造材料として用いるときに極めて重要になる．

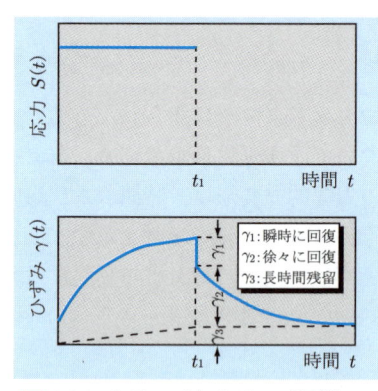

図 4.4　クリープとクリープ回復

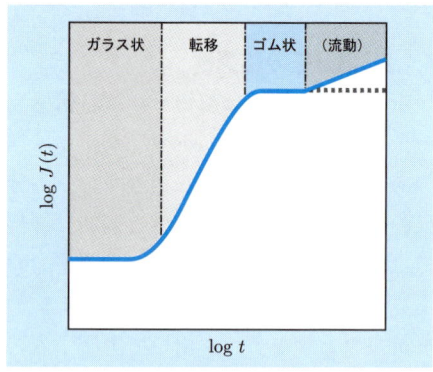

図 4.5　無定形高分子のクリープコンプライアンスの時間依存性

動的粘弾性

- 一定角周波数 ω で変化するひずみ（振幅：γ_0）
$$\gamma(t) = \gamma_0 e^{i\omega t}$$

を与えたとき，周波数が同じで位相が δ $(0 < \delta < \pi/2)$ だけ進んだ周期的応力を生じる．その時間応答は

$$S(t) = E^*(i\omega)\gamma(t) = \gamma_0(E'(\omega) + iE''(\omega))e^{i\omega t} = \gamma_0|E^*|e^{i(\omega t + \delta)} \quad (4.6)$$

となる．ここで $E^*(i\omega)$ を**複素弾性率**（complex modulus）とよび

$$E^*(i\omega) = E'(\omega) + iE''(\omega)$$

と書ける．実部 $E'(\omega)$ を**動的貯蔵弾性率**（dynamic storage modulus），虚部 $E''(\omega)$ を**動的損失弾性率**（dynamic loss modulus）とよぶ．$E''(\omega)$ と $E'(\omega)$ との比は，位相角 δ の正接に等しく**損失正接**（loss tangent）とよばれる．

$$\tan\delta = E''(\omega)/E'(\omega)$$

$E''(\omega)$ や $\tan\delta$ は変形の間に熱となって散逸するエネルギー量の尺度となる．無定形高分子の $E'(\omega)$ と $E''(\omega)$ の周波数依存性は，一般に図 4.6 のようになる．$1/\omega = t$ と考えれば，$E'(\omega)$ は緩和弾性率と同じ形をしている．

- 一定角周波数 ω で変化する応力（振幅：S_0）

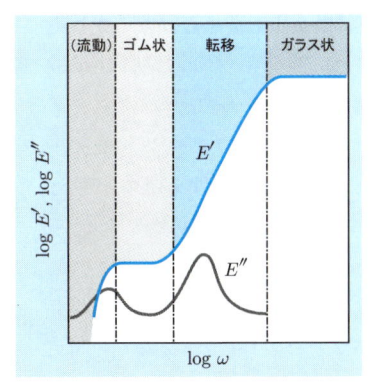

図 4.6 無定形高分子の貯蔵弾性率と損失弾性率の周波数依存性

$$S(t) = S_0 e^{i\omega t}$$

を与えたとき，周波数が同じで位相が δ $(0 < \delta < \pi/2)$ だけ遅れた周期的応力が生じる．その時間応答は

$$\gamma(t) = J^*(i\omega)S(t) = \gamma_0(J'(\omega) - iJ''(\omega))e^{i\omega t}$$
$$= \gamma_0|J^*|e^{i(\omega t - \delta)}$$

となる．ここで $J^*(i\omega)$ を**複素コンプライアンス**（complex compliance）とよび

$$J^*(i\omega) = J'(\omega) - iJ''(\omega)$$

書ける．実部 $J'(\omega)$ を**動的貯蔵コンプライアンス**（dynamic storage compliance），虚部 $J''(\omega)$ を**動的損失コンプライアンス**（dynamic loss compliance）とよぶ．$J''(\omega)$ と $J'(\omega)$ との比は，位相角 δ の正接に等しく**損失正接**とよばれる．

$$\tan\delta = J''(\omega)/J'(\omega)$$

無定形高分子の $J'(\omega)$ と $J''(\omega)$ の周波数依存性は，一般に図 4.7 のようになる．

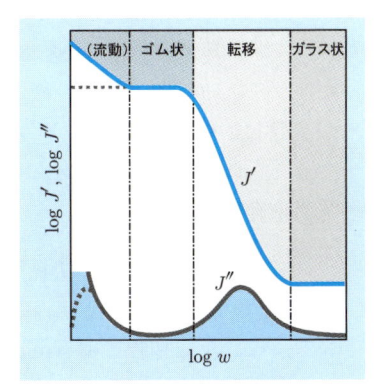

図 4.7 無定形高分子の貯蔵コンプライアンスと損失コンプライアンスの周波数依存性

マクスウェルモデルとフォークトモデル

高分子材料の粘弾性挙動を示すための力学モデルにマクスウェルモデルとフォークトモデルがある．フック弾性を示すバネとニュートン粘性を示すダッシュポットを直列につないだものがマクスウェルモデル，並列につないだものがフォークトモデルある（図 4.8 参照）．

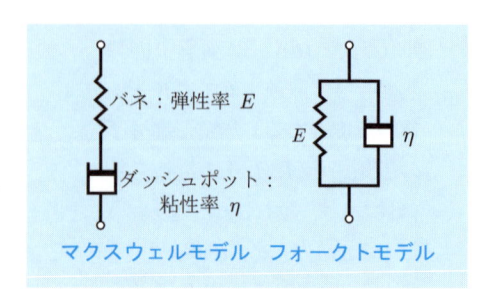

図 4.8　力学モデル

マクスウェルモデル　バネとダッシュポットが直列につながっているので，それぞれにかかる応力 S は同一である．弾性率 E のバネのひずみを γ_s，粘性率 η のダッシュポットのひずみを γ_d とすると，全体のひずみは $\gamma = \gamma_\mathrm{s} + \gamma_\mathrm{d}$ となる．よって次式が成り立つ．

$$\frac{d\gamma}{dt} = \frac{1}{E}\frac{dS}{dt} + \frac{S}{\eta} \tag{4.7}$$

時刻 $t = 0$ で瞬間的にひずみ γ_0 を加えてそれを保持したときの応力の時間応答 $S(t)$ を式 (4.7) より求めると

$$S(t) = E\gamma_0 e^{-t/\tau} \quad (\tau = \eta/E) \tag{4.8}$$

となる．これが**応力緩和**である（図 4.2）．ここで τ を**緩和時間** (relaxation time) という．非常に短い時間（$t \ll \tau$）ではダッシュポットはほとんど動かずバネだけが伸び，応力は伸びに応じた $E\gamma_0$ となる．時間が経つにつれてダッシュポットが変形し始め，応力はだんだんと減少していく．応力が初期値の $1/e$ まで減少するときの時刻 t は τ である．τ は η と E との比で決まる．式 (4.6) より E の時間依存性は

$$E(t) = \frac{S(t)}{\gamma_0} = E e^{-t/\tau}$$

となる．これが**緩和弾性率** (relaxation modulus) である．

- 一定角周波数 ω で変化するひずみ（振幅：γ_0）

$$\gamma(t) = \gamma_0 e^{i\omega t} \tag{4.9}$$

を与えたとき，応力の時間応答は

$$S(t) = E\frac{1}{1-i/(\omega\tau)}\gamma(t) = E\left(\frac{\omega^2\tau^2}{1+\omega^2\tau^2} + i\frac{\omega\tau}{1+\omega^2\tau^2}\right)\gamma(t)$$
$$= E^*(i\omega)\gamma(t) \tag{4.10}$$

となる．ここで $E^*(i\omega)$ を**複素弾性率**とよび

$$E^*(i\omega) = E'(\omega) + iE''(\omega) \quad (4.11)$$

と書ける．マクスウェルモデルでは

$$E'(\omega) = E\frac{\omega^2\tau^2}{1+\omega^2\tau^2},$$
$$E''(\omega) = E\frac{\omega\tau}{1+\omega^2\tau^2} \tag{4.12}$$

となる．図 4.9 に $\omega\tau$ に対する E'/E および E''/E のプロットを示す．$\omega\tau = 1$ を満たす角周波数 ω を与えたときに E'' は最大となる．

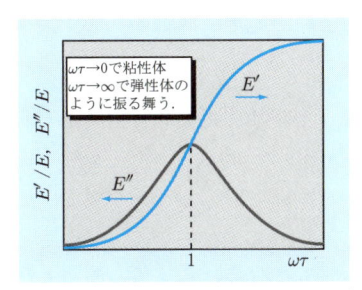

図 4.9 マクスウェルモデルの E' と E'' の周波数依存性

式 (4.9)〜(4.11) より

$$S(t) = E^*(i\omega)\gamma(t) = \gamma_0(E'(\omega)+iE''(\omega))e^{i\omega t} = \gamma_0|E^*|e^{i(\omega t+\delta)}$$

が得られる．ここで $\cos\delta = E'(\omega)/|E^*|$, $\sin\delta = E''(\omega)/|E^*|$ であり，これらより**損失正接** $\tan\delta = E''(\omega)/E'(\omega)$ が得られる．式 (4.12) よりマクスウェルモデルでは

$$\tan\delta = 1/(\omega\tau) \tag{4.13}$$

となる．

フォークトモデル バネとダッシュポットが並列につながっているので，それぞれにかかる応力を S_1, S_2 とする．よって次式が成り立つ．

$$S = S_1 + S_2 = E\gamma + \eta\frac{d\gamma}{dt}$$

時刻 $t=0$ で一定応力 S_0 下でのひずみの時間応答 $\gamma(t)$ は

$$\gamma(t) = \frac{S_0}{E}\left(1 - e^{-t/\tau}\right) \quad (\tau = \eta/E) \tag{4.14}$$

となる（図 4.4）．これが**クリープ**であり，τ を**遅延時間**（retardation time）という．応力を与えた瞬間は変形すなわちひずみは 0 である．時間が経つにつれてダッシュポットが伸び始め，バネだけのひずみ S_0/E に漸近していく．応力が $(1-1/e)(S_0/E)$ になったときの時刻 t は τ である．τ は η と E との

比で決まる．E の逆数を**コンプライアンス**（compliance）$J = 1/E = \gamma(t)/S_0$ という．式 (4.14) より J の時間依存性は

$$J(t) = \frac{\gamma(t)}{S_0} = \frac{1}{E}\left(1 - e^{-t/\tau}\right)$$

となる．

- 一定角周波数 ω で変化する応力（振幅：S_0）

$$S(t) = S_0 e^{i\omega t} \tag{4.15}$$

を与えたとき，ひずみの時間応答は

$$\gamma(t) = \frac{1}{E(1 + i\omega t)}S(t) = \frac{1}{E}\left(\frac{1}{1 + \omega^2\tau^2} - i\frac{\omega\tau}{1 + \omega^2\tau^2}\right)S(t)$$
$$= J^*(i\omega)S(t) \tag{4.16}$$

となる．ここで $J^*(i\omega)$ を**複素コンプライアンス**とよび

$$J^*(i\omega) = J'(\omega) - iJ''(\omega) \tag{4.17}$$

と書ける．実部 $J'(\omega)$ を**動的貯蔵コンプライアンス**，虚部 $J''(\omega)$ を**動的損失コンプライアンス**とよぶ．フォークトモデルでは

$$J'(\omega) = \frac{1}{E}\frac{1}{1 + \omega^2\tau^2}, \quad J''(\omega) = \frac{1}{E}\frac{\omega\tau}{1 + \omega^2\tau^2} \tag{4.18}$$

となる．図 **4.10** に $\omega\tau$ に対する EJ' および EJ'' のプロットを示す．$\omega\tau = 1$ を満たす角周波数 ω を与えたときに EJ'' は最大となる．

式 (4.15)〜(4.17) より次が得られる．

$$\gamma(t) = S_0|J^*|e^{i(\omega t - \delta)}$$

ここで $\cos\delta = J'(\omega)/|J^*|$，$\sin\delta = J''(\omega)/|J^*|$ であり，これらより損失正接

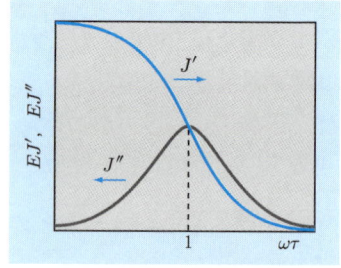

図 **4.10** フォークトモデルの J' と J'' の周波数依存性

$\tan\delta = J''(\omega)/J'(\omega)$ が得られる．式 (4.18) よりフォークトモデルでは

$$\tan\delta = \omega\tau$$

となる．これはマクスウェルモデルの式 (4.13) とは逆数の関係にある．

マクスウェルモデルとフォークトモデルの一般化　　上述のモデルでは単一の緩和時間と遅延時間の系を取り扱った．一般化のために複数の緩和時間と遅延時間を有するモデルを考える．

例題 2 次のそれぞれの応答を考えよ（図 4.11）．
(i) 緩和時間の異なるマクスウェルモデルを並列にしたとき．
(ii) 遅延時間の異なるフォークトモデルを直列にしたとき．

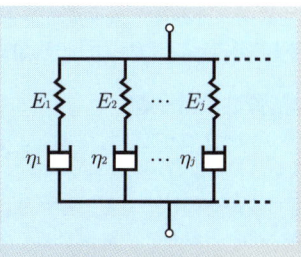

図 4.11 一般化したマクスウェルモデル

解 (i) 並列マクスウェルモデルでは，j 番目のバネ弾性率 E_j を，ダッシュポットの粘性率を η_j とする．それぞれのひずみを γ_{s_j}, γ_{d_j} とすると

$$S = \sum_j S_j, \quad \gamma = \gamma_{s_j} + \gamma_{d_j} \quad S_j = E_j \gamma_{s_j} = \eta_j \frac{d\gamma_{d_j}}{dt}$$

となる．整理して次が得られる．

$$S = \sum_j S_j, \quad \frac{d\gamma}{dt} = \frac{1}{E_j}\frac{dS_j}{dt} + \frac{S_j}{\eta_j}$$

この系の応力緩和は，式 (4.6) を求めたものと同様にして

$$S(t) = \sum_j S_j = \gamma_0 \sum_j E_j e^{-t/\tau_j} \quad (\tau_j = \eta_j/E_j)$$

となる．緩和弾性率 $E(t)$ は

$$E(t) = \frac{S(t)}{\gamma_0} = \sum_j E_j e^{-t/\tau_j} \tag{4.19}$$

となる．同様にして複素弾性率 $E^*(i\omega)$ は

$$E^*(i\omega) = \sum_j E_j \frac{\omega^2 \tau_j^2}{1+\omega^2 \tau_j^2} + i\sum_j E_j \frac{\omega \tau_j}{1+\omega^2 \tau_j^2} \tag{4.20}$$

が得られる．式 (4.19) と (4.20) を積分形に書き直すと

$$E(t) = \int_{-\infty}^{+\infty} H(\ln \tau) e^{-t/\tau} d\ln \tau$$

$$E^*(i\omega) = \int_{-\infty}^{+\infty} \frac{H(\ln \tau)\omega^2 \tau^2}{1+\omega^2 \tau^2} d\ln \tau + i\int_{-\infty}^{+\infty} \frac{H(\ln \tau)\omega \tau}{1+\omega^2 \tau^2} d\ln \tau$$

と書ける．ここで $H(\ln \tau)$：緩和スペクトルである．

(ii) 同様に，フォークトモデルを直列に連結した系では

$$J(t) = \int_{-\infty}^{+\infty} L(\ln \tau)\left(1 - e^{-t/\tau}\right) d\ln \tau$$

$$J^*(i\omega) = \int_{-\infty}^{+\infty} \frac{L(\ln \tau)}{1+\omega^2 \tau^2} d\ln \tau - i\int_{-\infty}^{+\infty} \frac{L(\ln \tau)\omega \tau}{1+\omega^2 \tau^2} d\ln \tau$$

と書ける．ここで $L(\ln \tau)$：遅延スペクトルである． □

> [注釈] マクスウェルモデルおよびフォークトモデルを組み合わせることによって，ある程度まで実際の高分子の粘弾性の現象を理解することができる．

4.1.4 粘弾性の分子論

高分子の粘弾性のうち弾性は 4.1.2 項の例題 1 で説明したように，活発に分子運動している状態ではエントロピー弾性である．また分子鎖の運動が凍結されているあるいは結晶状態ではエネルギー弾性である．それでは粘性率は何によって決まるのであろうか．**粘性率** η は，剛体球モデルのアインシュタイン-ストークス（Einstein-Stokes）の式（式 (3.28) 参照）

$$\eta = \frac{kT}{6\pi DR} \tag{4.21}$$

で記述される．ここで D：拡散係数，R：球の半径である．

ガラス状態では分子運動は凍結されているので重心の移動はほとんどない．一方，側鎖や末端鎖の運動は起こっているので R はモノマー単位程度と推測される．活発に分子運動が起こっているゴム状態では D や R もかなり大きくなっていると考えられる．溶融状態では，粘度そのものが分子量依存性をもってくる．

- 分子量が小さいときには粘度は分子量に比例（$\eta \propto M$）する．
- 分子鎖間の絡み合いが起こるある分子量（M_e）以上では，η は $M^{3.4}$ に比例する．絡合いのある分子鎖に対しては，ある領域で $\eta \propto M^3$ となる**管模型**（reptation model）によって理解がかなり進んだ（詳しくは 3.2.7 項参照）．

式 (4.21) から η は温度 T の関数であると同時に拡散係数 D の関数であることが分かる．そこで分子が拡散できるのは，分子運動によって臨界体積以上の空間ができたときと考える．この空間が**自由体積**である．自由体積理論では，自由体積分率の温度依存性を

$$f(T) = f_g + \alpha_f(T - T_g) - \beta_f P \tag{4.22}$$

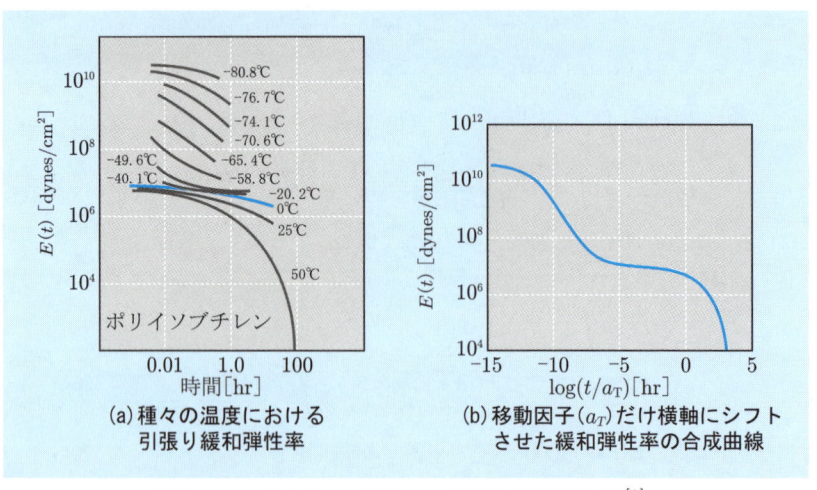

図 4.12 ポリイソブチレンの引張り緩和弾性率 [1]

(a) 種々の温度における引張り緩和弾性率

(b) 移動因子（a_T）だけ横軸にシフトさせた緩和弾性率の合成曲線

と表す．ここで f_g：ガラス状態での自由体積分率で一定，α_f：自由体積の熱膨張率，β_f：自由体積の等温圧縮率，$f(T)$：温度 $T > T_g$ での自由体積分率であり，$f = v_f/(v_f + v_0) \approx v_f/v_0$（$v_0$：占有体積，$v_f$：自由体積）と定義される．ドゥーリトル（Doolittle）の粘度式より

$$\ln \eta = \ln A + B/f(T) \tag{4.23}$$

となる．粘性率は自由体積分率と関係付けられる．

緩和弾性率の重合せ　粘弾性を理解していく上で重要な点の一つに実験のタイムスケール（時間軸）と温度との関係がある．これを**時間－温度の重合せの原理**（time-temperature superposition principle）という．これには，歴史的に有名なトボルスキィ（Tobolsky）の応力緩和の実験がある．図 **4.12(a)** にポリイソブチレンの引張り緩和弾性率を -80〜$50\,°C$ の温度範囲に亘って測定した結果を示す．$25\,°C$ より低温側の緩和弾性率を短時間側にシフトさせることによって重ね合わせることができ，図 **4.12(b)** に示すように連続した緩和弾性率を得ることができる．

例題 3　ある基準温度 T_s での緩和弾性率 $E(t)$ を
$$E_s(t, T_s) = \sum_j E_j(T_s) e^{-t/\tau_j(T_s)} \quad (\tau_j(T_s) = \eta_j(T_s)/E_j(T_s))$$
とする．このとき重合せの原理を示せ．

解　任意の温度 T での $E(t)$ は

$$E_T(t, T) = \sum_j E_j(T) e^{-t/\tau_j(T)} \quad (\tau_j(T) = \eta_j(T)/E_j(T)) \tag{4.24}$$

となる．バネ弾性率をゴム弾性的と考えると，絶対温度 T と密度 ρ に比例する．温度 T, T_s での密度 ρ, ρ_s とすると

$$E_j(T) = \frac{T\rho}{T_s \rho_s} E_j(T_s) \tag{4.25}$$

となる．温度 T と T_s での緩和時間の比を a_T とおくと

$$\tau_j(T)/\tau_j(T_s) = a_T \tag{4.26}$$

となる．式 (4.24) と (4.26) を式 (4.25) に代入すると

$$E_T(t, T) = \frac{T\rho}{T_s \rho_s} \sum_j E_j(T_s) e^{-t/a_T \tau_j(T_s)} = \frac{T\rho}{T_s \rho_s} E_s\left(\frac{t}{a_T}, T_s\right) \tag{4.27}$$

と書ける．式 (4.27) は，T での $E_T(t, T)$ は，T_s での $E_s(t, T_s)$ を，縦軸方向に $T\rho/T_s\rho_s$ だけ移動し時間軸方向に a_T 倍すれば重なることを意味している．時間軸を対数表示にしていれば，$\log a_T$ だけシフトするのに対応するので，a_T を**移動因子（シフトファクター）**とよんでいる．　□

図 **4.13** にポリスチレン（$T_s = 418\,K$）およびポリイソブチレン（$T_s = 298\,K$）の a_T と T–T_s の関係を示す．両者のプロットは同一曲線

$$\log a_T = \frac{-8.86 \times (T - T_s)}{101.6 + T - T_s}$$

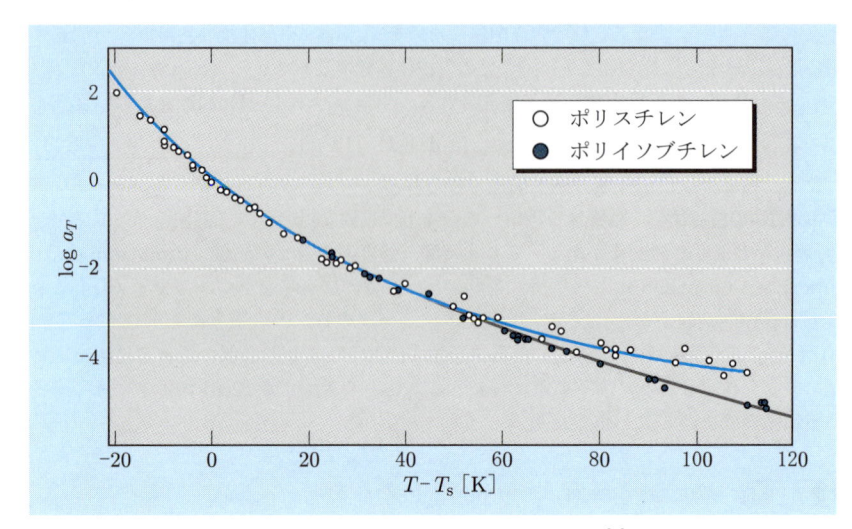

図 4.13 　$\log a_T$ 対 $T - T_s$ プロット [2]

に乗っていることが分かる．一般化して

$$\log a_T = \frac{-C_1(T - T_s)}{C_2 + T - T_s} \tag{4.28}$$

となる．式 (4.28) をウィリアムズ-ランデル-フェリー（Williams-Landel-Ferry）（**WLF**）式とよぶ．

式 (4.23) のドゥーリトルの粘度式より

$$\ln a_T = B\left(\frac{1}{f} - \frac{1}{f_g}\right) \quad \left(a_T = \frac{\eta}{\eta_g}\right)$$

となる．等温圧縮率 $\beta_f = 0$ として式 (4.22) の自由体積分率は $f = f_g + \alpha_f(T - T_g)$ となるので

$$\log a_T = \frac{B}{2.303}\left(\frac{1}{f} - \frac{1}{f_g}\right) = \frac{1}{2.303 f_g}\left\{\frac{-(T - T_g)}{f_g/\alpha_f + (T - T_g)}\right\}$$

と書ける．従って，式 (4.28) の WLF 式と同等式になる．WLF 式と比較すると

$$C_1 = \frac{1}{2.303 f_g}, \quad C_2 = \frac{f_g}{\alpha_f} \tag{4.29}$$

となる．実験から求めた C_1 と C_2 を用いて式 (4.29) よりガラス状態の自由体積分率 f_g と自由体積の熱膨張率 α_f が求まる．合理的な f_g と α_f が実験結果より算出される．

上記の緩和弾性率の時間依存性や動的粘弾性では，周波数と共に変化する応答を観測してきた．動的粘弾性で周波数と共に変化する挙動を**周波数分散**（frequency dispersion）とよぶ．一方，周波数を可変させる代わりに温度を変化させたときの挙動を**温度分散**（temperature dispersion）という．

注釈 **ワイゼンベルグ効果** 絡合いがあるような高分子の濃厚溶液や溶融体に対して，大きな変形を与えたときの応答には興味深いものがある．ガラス棒をゆっくりと回転させると高分子濃厚溶液や溶融体の形をわずかに変えるが，流れに沿ったせん断応力のみである．これは上述の取扱いの範囲である．しかし，高速で回転させると，高分子は流れに沿って伸びた形をとりながら配向していく．高分子は元の形に戻ろうと流れの方向に張力が現れる．この張力の合力が法線方向の応力となって，高分子は棒に巻きつきながら這い上がる現象が観察される．これが**ワイゼンベルグ効果**である．

注釈 **バラス効果（メリントン効果，ダイスウェル）** 低粘度の水のようなニュートン流体を細管から吐出させると流体は収縮する．一方，粘弾性流体である高分子では細管から出ると逆に広がる．これを**バラス効果**という．

4.2 熱 的 性 質

4.2.1 比熱，熱伝導率，線膨張率

高分子材料に外部から温度変化を与えたときの熱的な応答が，高分子材料の熱的性質を表す．**体積比熱** $C\,[\mathrm{J\,m^{-3}\,K^{-1}}]$ は単位体積当りの物質を $1\,°\mathrm{C}\,(1\,\mathrm{K})$ 上昇させるのに必要な熱エネルギーである．これは**比熱**（または**比熱容量**）$C_p\,[\mathrm{J\,kg^{-1}\,K^{-1}}]$ と密度 $\rho\,[\mathrm{kg\,m^{-3}}]$ との積 $C = C_p\rho$ である．材料が熱を伝える**熱伝導率（熱伝導度）** $K\,([\mathrm{J\,s^{-1}\,m^{-1}\,K^{-1}}] = [\mathrm{W\,m^{-1}\,K^{-1}}])$ は

$$K = Cvl = C_p\rho vl = C_p\rho D \quad (D = vl)$$

と表される．ここで D : **熱拡散率** $[\mathrm{m^2\,s^{-1}}]$，v : 熱を運ぶフォノン，電子，マグノン，エキシトンなどの粒子の平均速度 $[\mathrm{m\,s^{-1}}]$，l : 粒子の平均自由行路 $[\mathrm{m}]$ である．高分子材料の比熱や熱伝導率は高分子材料の格子振動のエネルギー（フォノン）と密接に関係している．高分子材料の比熱は一般に金属の比熱と比較して 10 倍ほど大きい．しかし構造的な欠陥のために熱拡散の平均自由行程が小さく，高分子材料の熱伝導率は金属の熱伝導率と比較して 1/1000 程度である．

金属は熱伝導の担体として自由電子の寄与が大きく，自由電子をもたない高分子材料は熱的に**絶縁性（低熱伝導性）**である．

材料の寸法安定性もその熱安定性を考える上で重要である．一般に線膨張率が寸法安定性の目安となる．

表 4.1 に主な高分子の密度，比熱，熱伝導率および線膨張率を示す．

注釈 炭素原子の結晶体であるダイヤモンドは優れた電気絶縁体であると同時に優れた良熱伝導体である．一般的に室温において高分子材料と比較して金属表面を冷たいと感じるのは，金属の良熱伝導性のためである．

表 4.1 主な高分子の密度，比熱，熱伝導率，線膨張率 [3]

高分子	密度 [g cm^{-3}]*	比熱 [kJ kg^{-1} K^{-1}]	熱伝導率 [W m^{-1} K^{-1}]	線膨張率 [10^{-5} K^{-1}]
ポリエチレン（低密度）	0.91〜0.92	2.3	0.34	10〜20
ポリエチレン（高密度）	0.94〜0.965	2.3	0.46〜0.52	11〜13
ポリプロピレン	0.90〜0.91	1.93	0.12	5.8〜10.2
PMMA	1.17〜1.20	1.47	0.17〜0.26	7.7
ポリスチレン	1.04〜1.09	1.34	0.11〜0.14	6.0〜8.0
ナイロン 6	1.12〜1.14	1.68	0.25	8.3
PBT	1.31〜1.38	1.18〜2.3	0.18〜0.29	6.0〜9.5
PC	1.2	1.18〜1.26	0.2	6.6
POM	1.42	1.47	0.23	8.5
PPO	1.06〜1.10	1.34	0.22	5.2
PPS	1.34	1.3	0.29	5.5
ポリスルホン	1.24	1.05	0.12	5.2〜5.6
テフロン	2.14〜2.2	1.38	0.26	10.0
PVDF	1.75〜1.78	1.47	0.13	8.5

* SI 単位系では 10^3 kg m^{-3} であるが，一般的に使われる g cm^{-3} で表記した．

4.2.2 示差走査熱量法と熱物性

一定昇温（降温）下での熱量の出入りを計測する．このことにより，高分子材料の比熱（熱容量）の温度依存性，融点，冷結晶化温度，結晶化温度などの高分子の状態間の転移，ガラス転移温度などの緩和の現象を簡便に捉えることができる．図 4.14 にポリエチレンテレフタレートの**示差走査熱量法**（**DSC**）測定により得られる昇温時のサーモグラムとエンタルピー変化を示す．図 4.14(a) では低温側よりガラス転移，結晶化，融解

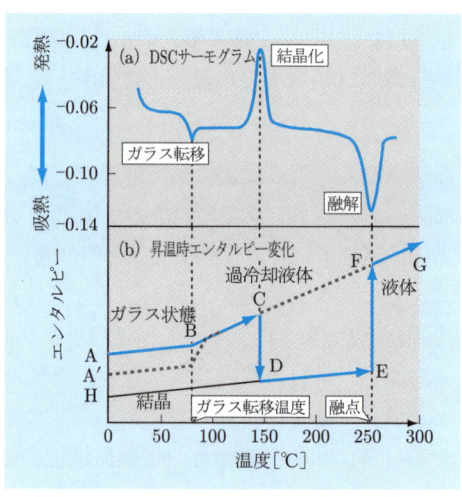

図 4.14 DSC サーモグラムと昇温時エンタルピー変化

に基づく顕著な熱量変化が観測される．高分子固体は，結晶相（結晶構造）と非晶相とが混在する不均一な系である．昇温過程でガラス状態からゴム状態へと転移するガラス転移温度は，一般に**無定形**（**アモルファス**）**構造**といわれる

非晶相で観測される．

DSC 測定において昇温速度と比較して結晶化速度が大きい場合，結晶化に基づく**冷結晶化温度**（T_{cc}）が観測される．これはガラス転移温度を超えた過冷却液体状態である．結晶性高分子では分子鎖の再配列によりエネルギーを放出してエネルギー的に安定な方向に自発的にエンタルピーを減少させることに起因する．融体状態から降温させると冷却固化する．これに伴い分子鎖の再配列によりエンタルピーが減少して**結晶化温度**（T_c）が観測される．

ガラス転移温度より下の温度で長時間熱処理すると試料はエンタルピー減少を伴ってより安定な状態へと転移する（**エンタルピー緩和**（enthalpy relaxation））．熱処理後のガラス状態は図 **4.14(b)** の A と H との間の A′ に位置する．この状態から DSC 測定すると，ガラス転移温度近傍で吸熱ピークを伴う緩和が測定される．ガラス転移温度以下でのこのような変化を**物理エージング**（physical aging）とよぶ．その後 B に移行し結晶化を経て融解へと続く過程が DSC サーモグラムに現れる．

4.2.3　ガラス転移

ガラス状態では様々な分子運動モードは凍結されている．それらのマクロスケールでの分子運動も凍結されている．ガラス転移温度を境にゴム状態へ転移すると，凍結されていたマクロスケールの分子鎖の運動である**ミクロブラウン運動**（セグメント運動）が許容される．歴史的にはガラス転移を二次相転移としての取扱いもあった．現在ではガラス転移はセグメント運動の凍結・解放に起因した動的な緩和現象と理解されている．図 **4.15** に非晶性高分子のガラス転移温度近傍の比容，比熱の変化を示す．比容は連続的に変化するが，比熱は不連続に変化する．熱膨張率や等温圧縮率も不連続に変化する．

ガラス状態においても，実はローカルな運動は存在している．主鎖の局所的な運動，側鎖の運動およびメチル基の運動などが許容されている．動的粘弾性測定では，主分散のガラス転移温度より低温に副分散（副ガラス転移温度）として複数の分散が観測される．

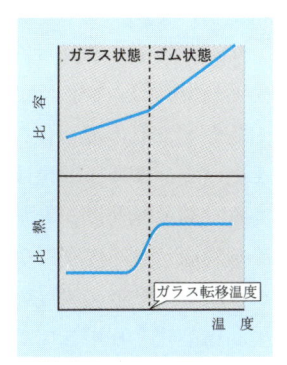

図 **4.15**　非晶性高分子のガラス転移温度近傍の比容，比熱の変化

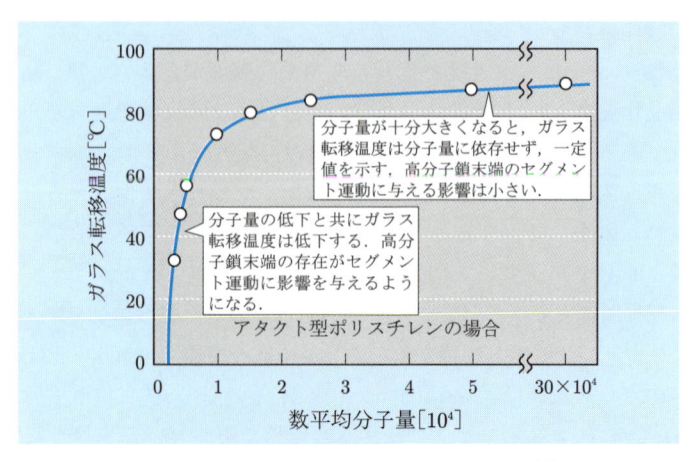

図 4.16 ガラス転移温度の分子量依存性 [4]

　ガラス転移はセグメント運動に起因しているため，高分子鎖全体の長さには依存しないことが予想される．一方，高分子鎖末端の存在はセグメント運動に影響を与える．その結果，ガラス転移温度は図 4.16 のような分子量依存性を示す．

4.2.4　結晶化とそのダイナミクス

　結晶を形成する前の高分子鎖の集合状態は無定形状態である．分子間相互作用により規則的な周期構造を有する結晶が成長していく（種々の分子間相互作用は 2.3.1 項参照）．結晶化を引き起こす要因として外部からの温度変化と流動・変形がある．これら外部からの刺激による結晶化は，高分子材料を日常の製品として成形・加工していく上でも重要な役割を担っている．飲料用の PET ボトルなどを射出成形後の部分加熱処理による結晶化によりキャップ部分の強度を上げる．また，射出成形後の冷却速度が結晶化に大きく影響を与える場合もある．結晶化速度が非常に遅い高分子では，結晶が成長するのに要する時間と冷却時間とが同程度になると結晶化速度は冷却速度依存性をもつようになる．合成繊維は紡糸後の高度の延伸によって分子鎖軸を繊維軸方向に揃えると同時に配向結晶化を利用して高い強度や弾性率を実現している．

等温結晶化　　結晶化を定量的に議論するためには，高分子の結晶が等温で成長する過程（等温結晶化過程）での結晶核生成とそこからの結晶成長速度を考えればよい．等温結晶化には大きく分けて 2 通りの方法がある．

① 溶融状態からの結晶化であり**溶融結晶化**といわれる方法．ランダムコイルの無定形状態の溶融状態から冷却後，ガラス転移温度以上・融解温度以下のある一定温度で等温結晶化させる．

② 溶融急冷後，昇温してガラス転移温度以上・融解温度以下のある一定温度で等温結晶化させる方法．

等温結晶化過程での高分子の結晶核生成とそこからの結晶成長速度を記述するモデルを考える．この場合，金属や低分子物質での等温結晶化で利用されるアブラミ-エロヒーフ（Avrami-Erofeev）の速度式 (4.30) がよく用いられる．

$$\frac{V_t - V_\infty}{V_0 - V_\infty} = 1 - \frac{1}{C} = \exp(-zt^n) \tag{4.30}$$

ここで V_t：時間 t の試料の体積，V_0：$t=0$ のときの試料の体積，V_∞：結晶化が完了したときの試料の体積，z：定数，n：核生成とその成長様式によって定まる指数（表 4.2 参照），C：結晶分率である．

一定温度に保った試料の体積減少を一定時間ごとに計測して，式 (4.30) よりアブラミ指数 n を求める．表 4.2 の値と比較して結晶化のダイナミクスを検証する．

表 4.2 核生成とその成長様式によって定まる指数

成長様式	アブラミ指数 (n)	
	均一核生成	不均一核生成
1 次元的（繊維状）	2	1
2 次元的（円板状）	3	2
3 次元的（球晶）	4	3

図 4.17 に結晶化速度の結晶化温度依存性を示す．結晶化初期の結晶核生成は低温ほどその確率が大きくなる．それに対して，結晶成長は結晶核周りの環境に依存する．すなわち，結晶成長過程では過冷却状態にある分子の運動性による分子鎖の再配列が重要である．高温ほど粘性の低下すなわち運動性の増大をもたらし，結晶成長は促進される．この2つの相反的な効果により，結晶化速度はガラス転移温度

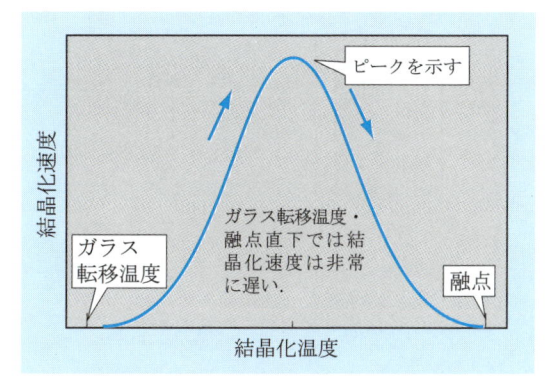

図 4.17 結晶化速度の結晶化温度依存性

と融点の間で極大ピークを示す．また，分子量の大きい高分子ほど結晶化速度は小さくなる．結晶化速度に影響を与えるその他の因子として，分子鎖の配向，溶媒の存在などがある．

延伸（伸張）による配向結晶化　延伸操作などで高分子鎖を配向させることにより，結晶核生成の確率が増し結晶化が促進される．また，高分子鎖の配向が高分子鎖の再配列を助けるために結晶化が促進される．すなわち，流動場で高分子鎖を配向させることにより溶融体のエントロピーが低下する．その結果，溶融体と結晶相とのエントロピー差が小さくなり融解温度が上昇する．融解温度の上昇は融解温度と結晶化温度との差を大きくさせ，結晶化の駆動力を増大させることになる．

溶媒誘起結晶化　溶媒が可塑剤として作用することによって，分子鎖の運動性が高められる．結果，結晶化が促進される．

2.3.2項で高分子は調製条件によりさまざまな結晶形態をとり得ることを見てきた．結晶性高分子鎖の最安定構造は，伸びきった高分子鎖が束になった**伸びきり鎖結晶構造**である．しかし，通常の条件下で結晶化させた結晶は厚さ数十nm程度の薄いラメラ晶で得られ，高分子鎖は折りたたまれて結晶化する．**折りたたみ鎖結晶構造**の成長を説明するためにいくつかのモデルや理論が提案されている．ここでは一般的に用いられているローリッツェン（Lauritzen）とホフマン（Hoffman）のモデルを説明する．これは結晶成長面上での表面核形成律速に基づくモデルである．

結晶核生成 ♣　図 4.18(a) に示すような結晶化モデルに基づき，結晶核生成を考える．核生成の自由エネルギー変化 ΔG_p は

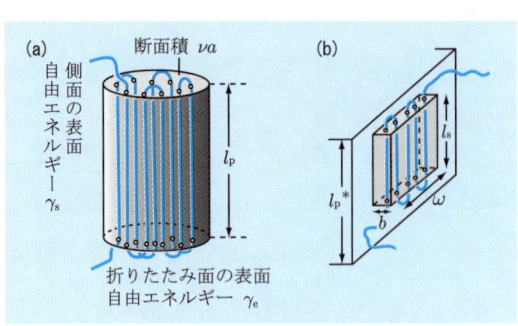

図 4.18　(a) 結晶化の一次核のモデルと
　　　　　(b) 結晶成長面の二次核のモデル

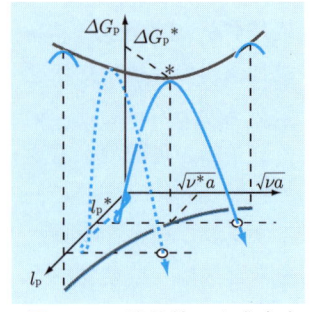

図 4.19　結晶核の生成自由エネルギー局面[5]

$$\Delta G_\mathrm{p} = 2\nu a\gamma_\mathrm{e} + c\sqrt{\nu a}\,l_\mathrm{p}\gamma_\mathrm{s} - \nu a l_\mathrm{p}\Delta G_\mathrm{m} \tag{4.31}$$

となる．ここで a：分子鎖の断面積，ν：断面内の分子鎖数，l_p：折りたたみ（核の結晶）の厚さ，γ_e：結晶の折りたたみ面の表面自由エネルギー，γ_s：結晶の側面の表面自由エネルギー，ΔG_m：結晶の単位体積当りの融解の自由エネルギー変化，c：定数である．図 **4.19** に l_p と $\sqrt{\nu a}$ を変数とする ΔG_p のプロットを示す．$(l_\mathrm{p}^{*}, \sqrt{\nu^{*}a})$ に鞍点(あんてん)をもつエネルギー障壁が存在する．鞍点にある核を**臨界核**(りんかいかく)といい，この大きさは式 (4.31) を偏微分して

$$l_\mathrm{p}^{*} = 4\gamma_\mathrm{e}/\Delta G_\mathrm{m}, \quad \sqrt{\nu^{*}a} = c\gamma_\mathrm{s}/\Delta G_\mathrm{m}$$

と求まる．結晶核が臨界核より小さいと消滅するが，大きいとエネルギー障壁を越えて成長する．

結晶の成長　一次核の生成に引き続き次の分子鎖が成長面に付着することにより二次核が生成する（図 **4.18(b)**）．二次核生成の自由エネルギー変化 ΔG_s は

$$\Delta G_\mathrm{s} = 2wb\gamma_\mathrm{e} + 2l_\mathrm{s}b\gamma_\mathrm{s} - wl_\mathrm{s}b\Delta G_\mathrm{m}$$

となる．ここで w：二次核の幅，b：二次核の厚さ，l_s：二次核の長さである．ΔG_s も ΔG_p と同様に $(l_\mathrm{s}^{*}, w^{*})$ に鞍点をもつエネルギー障壁がある．生成のために必要な臨界核の大きさは次のように求まる．

$$l_\mathrm{s}^{*} = 2\gamma_\mathrm{e}/\Delta G_\mathrm{m}, \quad w^{*} = 2\gamma_\mathrm{s}/\Delta G_\mathrm{m} \tag{4.32}$$

結晶化温度 T_c が融点 T_m に非常に近いので，ΔG_m は

$$\Delta G_\mathrm{m} = \Delta H_\mathrm{m} - T_\mathrm{c}\Delta S_\mathrm{m} = \frac{\Delta H_\mathrm{m}\Delta T}{T_\mathrm{m}} \tag{4.33}$$

と表せる．ここで ΔH_m：融解のエンタルピー変化，ΔS_m：融解のエントロピー変化，ΔT：過冷却度（$\Delta T = T_\mathrm{m} - T_\mathrm{c}$）である．

式 (4.32) と (4.33) より，折りたたみ鎖の長さは

$$l_\mathrm{s}^{*} = \frac{2\gamma_\mathrm{e}T_\mathrm{m}}{\Delta H_\mathrm{m}}\frac{1}{\Delta T} \tag{4.34}$$

と表され，過冷却度に反比例することが予測される．希薄溶液から結晶化したポリエチレン単結晶の厚さは過冷却度に反比例することが実測されている．l_s^{*} は結晶化により折りたたみ面と側面の増大が招く γ_e の増加によるエネルギー的不利を克服するための下限の厚みと解釈することができる．

4.2.5 融解と融点

結晶が融解（あるいは凝固）する温度が**融点**（**凝固点**）である．この温度で結晶相は固相状態と液相状態間の一次相平衡転移を起こす．結晶融点 T_m^{0} は熱力学的平衡温度，すなわち結晶の固相と液相の自由エネルギーが等しくなる温度と定義される．高分子の平衡融点 T_m^{0} は，高分子鎖が伸びきった状態（伸びきり鎖）で結晶化した完全結晶の融点である．融解の相平衡転移ではギブス（Gibbs）の自由エネルギー変化 ΔG_m が 0 になるので

$$\Delta G_m = G_\ell - G_s = \Delta H_m - T_m^0 \Delta S_m = 0$$
$$T_m^0 = \Delta H_m / \Delta S_m$$

の関係が得られる．ここで G_ℓ と G_s：それぞれ液相および固相の自由エネルギー，ΔH_m：平衡融点における融解エンタルピー変化，ΔS_m：平衡融点における融解エントロピー変化である．ΔH_m は分子間凝集力すなわち分子鎖間の分子間力に密接に関係する因子で，ΔS_m は分子の秩序性や対称性に関係する因子である．

金属や低分子化合物と異なり，高分子固体の融解は複雑である．融解ピークは金属や低分子化合物などでは温度幅は 1～数°C 程度であるのに対して，高分子では 10～20°C 程度の幅広い範囲で観測される（図 **4.14(a)**）．このことは高分子結晶が様々なサイズのラメラ構造の集合体であることに起因している．また，融解挙動は結晶化温度や結晶化速度あるいはそれまでに受けた熱履歴に大きく影響される．従って，一般的に完全結晶の平衡融点を求めることは現実的には不可能であり，平衡融点より低い融点 T_m を観測する．

いま，式 (4.34) の T_c をラメラ厚 l の結晶の融点 $T_m(l)$，T_m を T_m^0 とおく．従って，$T_m(l)$ は

$$T_m(l) = T_m^0 \{1 - (2\gamma_e / l \Delta H_\nu)\} \tag{4.35}$$

と表される．ここで T_m^0：分子量無限大で高分子鎖が伸びきった状態で結晶化した完全結晶の融点（平衡融点），γ_e：ラメラ結晶の折りたたみ面の表面エネルギー，ΔH_ν：単位体積当りの結晶の融解エンタルピーである．式 (4.35) より，ラメラ厚に分布があると実測の融点は分布をもつことが分かる．融点直下で結晶化させると，平衡融点 T_m^0 に近い融点をもつ熱力学的に最も安定な理想結晶が得られる．しかし，融点に近づくほど，図 **4.17** に示すように結晶化速度は著しく遅くなる．よって，常圧下の測定で理想結晶を得ることは難しい．一般に，平衡融点 T_m^0 を求めるため ① 結晶化温度を変えて様々なラメラ厚を有する高分子結晶を作製，② その融点を測定，③ ラメラ厚の関数としての融点のプロットからラメラ厚無限大へ外挿する．ただしポリエチレンでは，高圧下で得られる伸びきり鎖結晶の融点から平衡融点 T_m^0 を直接求めることができる．

高分子は必ず分子鎖末端をもつ．また重合過程に枝分れ鎖などができる場合がある．これらの分子鎖末端や枝分れ鎖は，主鎖の分子鎖が結晶化するときにそれを阻害する不純物として働く．このような場合も実測の融点（T_m）は平衡融点（T_m^0）より低くなる．結晶化する高分子のモル分率を X_A，不純物のモル

分率を $X_B (= 1 - X_A)$ とする．X_B が小さい場合

$$\frac{1}{T_m} - \frac{1}{T_m^0} = -\frac{R}{\Delta H_u} \ln X_A = \frac{R}{\Delta H_u} X_B \qquad (4.36)$$

の関係式が得られる．ここで R：気体定数，ΔH_u：モノマー繰返し単位のモル当りの融解エンタルピーである．2個の分子鎖末端を有する直鎖状高分子の平均重合度を $\overline{x_n}$ とすると，$X_B = 2/\overline{x_n}$ となる．よって式 (4.36) は

$$\frac{1}{T_m} - \frac{1}{T_m^0} = \frac{R}{\Delta H_u} \frac{2}{\overline{x_n}}$$

となる．この式からも $\overline{x_n} \to \infty$ で $T_m \to T_m^0$ となることが分かる．

注釈 結晶化しない共重合成分を少量入れた共重合体にも式 (4.36) が適用できる．その場合も $X_B (= 1 - X_A)$：コモノマーのモル分率となる．

表 4.3 に主な高分子の $T_m^0, \Delta H_m, \Delta S_m$ を示す．実測の高分子固体の融点は平衡融点 T_m^0 より低く観測される．これは実測の結晶のサイズは有限であり，その表面エネルギーの効果により，実測の融点が理想的な完全結晶の平衡融点 T_m^0 より低くなるためである．

表 4.3 主な高分子の平衡融点，融解エンタルピー変化，融解エントロピー変化

高分子	T_m^0 [K]	ΔH_m [kJ mol^{-1}]	ΔS_m [J K^{-1} mol^{-1}]
ポリエチレン	414.6	4.11	9.91
ポリテトラフルオロエチレン（テフロン）	600	3.42	5.69
i-PP	460.7	6.95	15.1
i-ポリ 1 ブテン	411	7	17
i-ポリ 4-メチル-1 ペンテン	523	9.96	19
PVDF	483	6.7	13.86
シス 1,4-ポリブタジエン	284.7	9.36	32
トランス 1,4-ポリブタジエン	415	3.6	8.7
シス 1,4-ポリイソプレン	301	4.31	14.39
トランス 1,4-イソプレン	352.7	12.8	36.4
POM	458	9.96	21.34
PEO	342.1	8.67	25.29
ポリテトラメチレンオキシド	330	14.39	43.5
ポリ-ε-カプロラクトン	337	16.24	48
ポリエチレンアジペート	338	21.09	62.4
ポリエチレンセバケート	356	31.92	90
PET	553	26.88	48.5
ナイロン 6	553	26.04	48
ナイロン 8	491	17.82	36
ナイロン 66	553	67.9	122.4

4.3 電気的性質

　高分子材料に外部電界を印加したときの電気的な応答が，高分子材料の電気的性質を表す．その電気的な応答（全電流）J は，電荷キャリヤーの移動に基づく伝導電流 J_C と分極や永久双極子の回転などに基づく変位電流 J_D の和となる．つまり

$$J = J_C + J_D$$

- 直流電場下での伝導電流から高分子材料の絶縁性，半導体性，導電性を評価．
- 交流電場下での変位電流から高分子材料の誘電性を評価．

4.3.1 電気伝導度

　高分子材料の絶縁性や半導体性ならびに導電性は，**電気伝導度**を指標にして評価できる．単位面積当りの伝導電流 J_C は，電気伝導度 σ [S cm^{-1}]（S = Ω^{-1}：simens）（逆数は**抵抗率** [Ω cm]）と

$$J_C = \sigma E$$

の関係で表される．ここで E：電界強度（単位：V cm^{-1}）である．

　σ は単位体積当りの電荷キャリヤーの数（電荷キャリヤー密度）n，キャリヤー 1 個の電荷量 e と電荷キャリヤーの移動度 μ との積で表される．よって，J_C は

$$J_C = \sigma E = en\mu E \tag{4.37}$$

と表される．電荷キャリヤーとして，電子，ホール（正孔）および正負のイオンなどがある．荷電担体が電子およびホール（正孔）の場合を**電子伝導**，イオンの場合を**イオン伝導**という．

　σ は物質によって大きく異なる．導体の金属では $\sigma > 10^2$ S cm^{-1} で，**絶縁体**であるダイヤモンドの σ は 10^{-14} S cm^{-1} 程度である．一般的に $\sigma < 10^{-9}$ S cm^{-1} を絶縁体，10^{-9} S cm^{-1} $< \sigma < 10^2$ S cm^{-1} を**半導体**としている．$\sigma \simeq 10^{-16}$ S cm^{-1} のポリエチレンや $\sigma \simeq 10^{-18}$ S cm^{-1} のポリテトラフッ化エチレン（テフロン）は優れた絶縁材料として広く使われている．その他の大半の高分子材料は絶縁材料の範疇に入る．グラファイトやポリアセチレンなど共役構造を有する高分子は導電性材料である．

4.3.2 絶縁性,半導体性

絶縁性高分子材料の電気物性は,低電界でのオームの法則 ($J \propto E$) に従う電気伝導性から高電界での非オームの法則的な電気伝導性そして絶縁破壊に至る機構が含まれる.図 4.20 に電界 (E) – 電流 (J) 特性の模式図を示す.ここで E_B は絶縁性に対する限界電界である.低電界では式 (4.37) より σ を評価する.しかし測定される電流が微小であり,キャリヤー種の判定やその移動度の評価は容易ではない.高電界の電子伝導性は指数関数的に電流が増加することが観測される.それに対していくつかのモデルが提案されている.大きく分けて 2 つある.

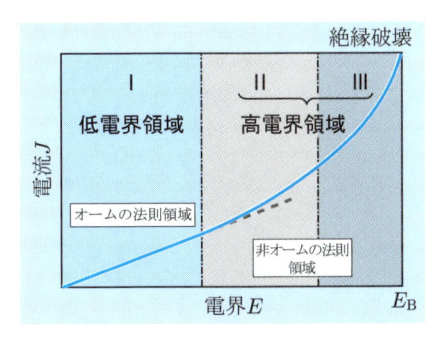

図 4.20　E-J 特性

① **電極制限形**:電極からのキャリヤー注入が制限されるタイプ.ショットキー (Schottky) 注入伝導とトンネル注入伝導がある.

- ショットキー注入伝導では,印加電界により電極の電位障壁が下げられキャリヤーの電極からの注入が急激に増加する.
- トンネル注入伝導では,高電界になると電位障壁の実効厚さが減りトンネル注入電流が多くなる.

② **バルク制限形**:バルク内部でのキャリヤー移動が妨げられるタイプ.空間電荷制限電流,プール-フレンケル効果による伝導,ホッピング伝導などが挙げられる.

空間電荷制限電流(space charge limited current,SCLC)♣　SCLC では,注入された電荷が電極近傍に滞留し空間電荷を形成して電流を制限する.SCLC は式 (4.37) とポアソン (Poisson) 式 $dE(x)/dx = en(x)/\varepsilon$ より境界条件 ($E(0) = 0, V(0) = 0, V(d) = V$) の下で

$$J = (9/8)\varepsilon\mu(V^2/d^3)$$

となる.ここで d:試料の厚み,ε:誘電率である.図 4.21 に示すように電流が電圧の 2 乗に比例する(チャイルド(Child)則)のが特徴である.浅い単一トラップ(トラップ密度:N_t,トラップ深さ:E_t)が存在する場合,SCLC は

$$J = \frac{9}{8}\varepsilon\mu\theta\frac{V^2}{d^3}, \quad \theta = \frac{N_c}{N_t}\exp\left(-\frac{E_t}{kT}\right)$$

となる.ここで N_c:伝導帯の状態密度である.

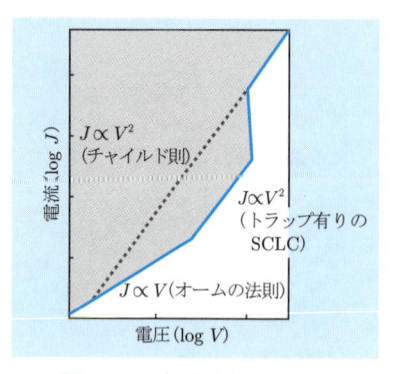

図 4.21　空間電荷制限電流

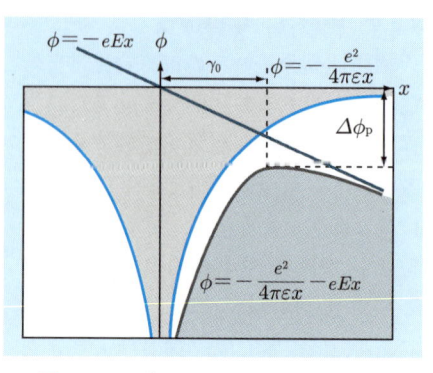

図 4.22　プール-フレンケルモデル

プール-フレンケル（Poole-Frenkel）効果＊　　高電界を印加すると図 4.22 に示すように**電子供与体**（ドナー）あるいは**電子受容体**（アクセプター）準位からのキャリヤー生成に対するクーロン障壁 U_p が $\Delta\phi_\mathrm{p}(=\beta_\mathrm{PF}\sqrt{E})$ だけ下げられる（プール-フレンケル効果）．その結果，電子あるいはホール（正孔）を伝導帯あるいは価電子帯に放出する確率が増加する．σ の電界依存性は

$$\sigma = \sigma_0 \exp\{-(U_\mathrm{p} - \beta_\mathrm{PF}\sqrt{E})/kT\}$$

となる．ここでプール-フレンケル係数：$\beta_\mathrm{PF} = \sqrt{e^3/(\pi\varepsilon)}$ である．

ホッピング伝導＊　　図 4.23 に示すように電界 E の印加により電界方向ではホッピングサイトの実効障壁が下げられるのでキャリヤーがホッピングする確率が増加する．電流は

$$J \propto \exp\{-(U/kT)\}\exp(eaE/2kT)$$

となり，電界に対して指数関数的に増加する．ここで U：ホッピングサイト間のポテンシャル障壁，a：ホッピングサイト間の平均距離である．

絶縁性　　大半の高分子材料は絶縁体である．電気的に絶縁性を要求される様々

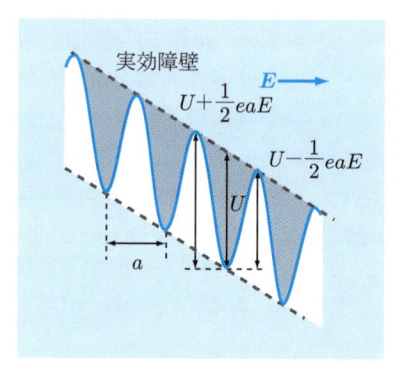

図 4.23　ホッピング伝導モデル

な場所や環境で現在高分子材料は使用されている．かつては，ガラス，マイカ，紙や綿布などの天然繊維，ならびに天然ゴムが絶縁材料であった．しかし，合成高分子の出現以来ほとんどが合成高分子に置き換えられてきている．近年では，マイクロエレクトロニクスからサブミクロンスケールのエレクトロニクスへと超微細化が加速している．それらを支える絶縁材料として高分子材料の役割はますます大きくなってきている．

高分子材料の電気的な特性を保ったままどの程度の印加電界に対して耐え得るかが絶縁性の目安となる．一般的に分子運動が凍結されているガラス状態が一番絶縁性は高い．ミクロブラウン運動などが開始しているゴム状態では絶縁性は徐々に低下する．また軟化温度に近づくにつれて急激に低下し，軟化状態ではさらに大きく低下する．

ガラス状態での絶縁破壊は電子的破壊が主である．一方，ゴム状態では発生した電流のジュール熱による温度上昇に起因する熱破壊が主となる．これらは材料の限界を決めるもので短時間破壊である．それに対して，経年（長時間）による絶縁性能の劣化があり，実用上重要である．熱劣化，放電劣化および放射線劣化などに大別される．超伝導材料でない限り，電流が流れると大なり小なりジュール熱が発生し温度が上昇する．温度上昇は酸化による劣化を促進する．

4.3.3 導電性

二重結合と単結合とが交互に配列した共役構造を有する高分子材料は，半導体の伝導性を示す．少量の電子受容体（アクセプター）を混合することで飛躍的に導電性が向上し，金属並みの導電性を示す．図 4.24 に共役構造を有するポリアセチレンに種々の電子受容体をドープしたときの電気伝導度の劇的な変化を示す．

[注釈] 1977 年に白川らによってポリアセチレンフィルムで再現性のある導電性が見出されて以降，ポリピロール，ポリチオフェン，ポリアニリン，ポリフェニレンビニレンなどで導電性の研究が大きく発展した．白川，マクダイアミッド，ヒーガーの 3 氏は「導電性高分子材料に関する研究」で 2000 年度のノーベル化学賞を共同受賞している．

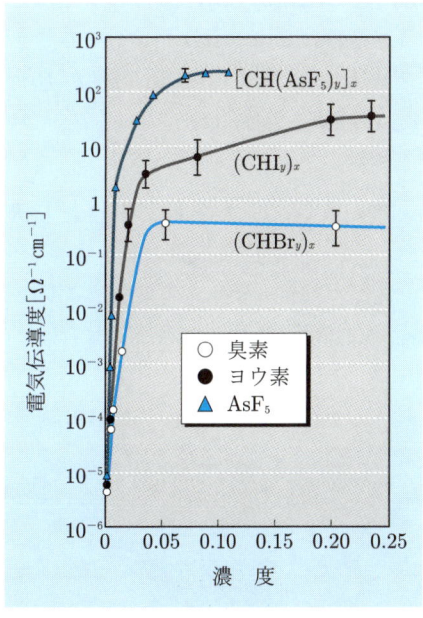

図 4.24　電気伝導度のドーパント濃度依存性 [6]

[注釈] アセチレンガスを有機金属錯体を触媒として 1930 年頃に既にポリアセチレンの合成は試みられている．1950～1960 年には粉末試料の導電性が検討された．

電子伝導性の導電性高分子では，電子受容体や電子供与体をドープすることによって大きな導電性が発現するπ共役高分子を**ドーパント添加型導電性高分子**（doped conducting polymer, **DCP**）とよぶ．それに対して，グラファイトのようにドーパントなしで導電性を示す高分子を intrinsically conducting polymer（**ICP**）とよぶ．

DCP の導電性　導電機構としてバンド構造をもつバンド機構を考える．電子が詰まっているバンド（帯，band）を**価電子帯**（valence band），空のバンドを**伝導帯**（conduction band）とよぶ．価電子帯は被占結晶軌道，伝導帯は空結晶軌道に伴われる軌道エネルギー群である．価電子帯の中でエネルギー的に一番高いものを**最高被占バンド**（highest occupied band, **HO バンド**），伝導帯の中でエネルギー的に一番低いものを**最低空バンド**（lowest unoccupied band, **LU バンド**）とよぶ．

[金属]　図 **4.25(a)** に示すようにフェルミ準位は伝導帯の中にある．外部電場による運動量の変化で HO バンド中の電子が容易に LU バンド中に入り込めて導電キャリヤーとなり，電気伝導度が $10^2\,\mathrm{S\,cm^{-1}}$ 以上の導電性を示す．

[注釈]　フェルミ準位（Fermi level, E_F）バンドに詰まった電子のもつ一番高いエネルギー準位

[ポリアセチレン]　エネルギーバンド構造を図 **4.25(b)** に示す．**禁止帯**の幅（バンドギャップ）が室温の熱エネルギー kT と比較して大きい．そのためトランス型ポリアセチレンの電気伝導度はせいぜい $10^{-5}\,\mathrm{S\,cm^{-1}}$ で半導体領域である．これはトランス型ポリアセチレンでは，単結合（0.144 nm）と二重結合（0.133～0.136 nm）と結合交替の構造が安定であり，π電子は二重結合に拘束され，分子鎖に沿って自由に動ける状態ではないためと説明される．

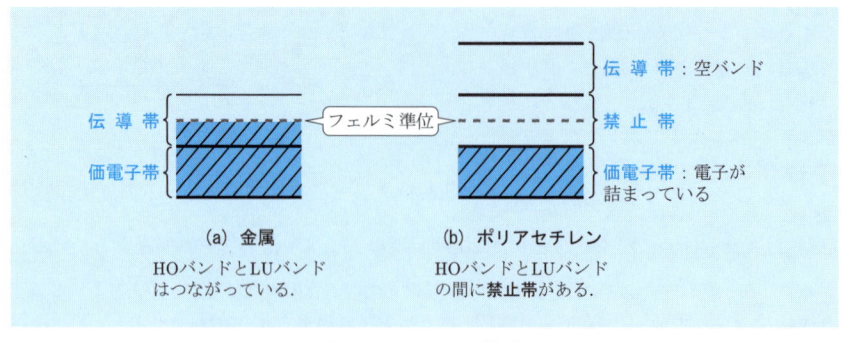

図 **4.25**　バンド構造

(a) 金属　HO バンドと LU バンドはつながっている．

(b) ポリアセチレン　HO バンドと LU バンドの間に**禁止帯**がある．

4.3 電気的性質

ポリアセチレンは，電子受容体あるいは電子供与体を少量ドープすることによって，その電気伝導度を10桁以上も向上させることができる（図4.24）．つまり金属に匹敵する導体となる．これらを少量ドープすることによって，ポリアセチレン鎖上にカチオンラジカルあるいはアニオンラジカルのポーラロンが生成し，図4.25(b) の半導体バンド構造の中にポーラロンやバイポーラロンといった不純物準位（図4.26）が導入されたためと解釈される．ドーパント濃度の増加に伴う劇的な電気伝導度の増大はキャリヤー濃度の増加だけでは説明できず，キャリヤー移動度の増加も伴う．ドーパント濃度の高い状態では金属的な電子状態（バンド構造，図4.25(a)）に移行すると考えられている．

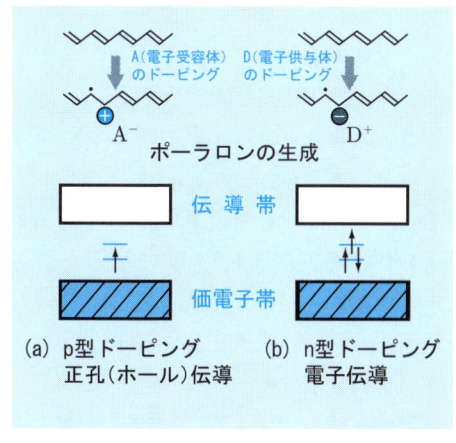

図4.26 電子状態とエネルギーバンド構造

金属の電気伝導度は温度の上昇と共に低下する．これは格子振動がポテンシャルの周期性を乱し，自由電子の平均自由行程が減少するためである．π共役高分子の電気伝導度は温度の上昇と共に増加するといった半導体的な挙動を示す．これは結合欠陥のない分子鎖内では金属的な電子伝導が支配的であるが，分子鎖間あるいは結合欠陥部分ではホッピング伝導が起きているためである．ホッピング伝導では，アレニウス（Arrhenius）型活性化過程に従う**最近接サイト間ホッピング伝導**やバリブルレンジホッピング（variable range hopping，**VRH**）**伝導**などが考えられる．前者は近接のサイト間を熱励起して移動する．対して，後者は距離的に遠くのサイトであってもエネルギー的に近いサイトへのホッピングが優先的に起こるホッピング伝導である．d 次元の VRH では，電気伝導度は

$$\sigma = \sigma_0 \exp\left\{-(T_0/T)^{1/(d+1)}\right\}$$

の温度依存性をもつ．ここで σ_0, T_0：定数である．3次元 VRH では，$\ln \sigma$ は $T^{-1/4}$ に比例することになる．実際にπ共役高分子の電気伝導度の温度依存性で3次元 VRH が観測されることが多く，分子鎖間伝導が電気伝導の温度依存性を支配している．

電界重合により重合の進行と同時に支持電解質のイオンをフィルム内に取り込んで導電性を発現できるポリピロールやポリチオフェンなどもある．図 4.27 に DCP で導電性を発現する高分子の化学構造を示す．

ICP の導電性　ICP には，グラファイト類似の構造を有するラダー状高分子やネットワーク状高分子を始め，図 4.28 に示す材料群がある．**p 型半導体**として注目されている 1 次元的にベンゼン環が 5 個連なった**ペンタセン**，2 次元的に共役構造の広がった**グラフェン**，シートやグラフェンが層状になった**グラファイト**，グラフェンが筒状になった**単層カーボンナノチューブ**や，グラファイトが筒状になった**多層カーボンナノチューブ**などがフラーレンと共に導電性を有するナノマテリアルとして注目されている．炭素繊維の構造は規則的ではないが，グラファイト類似構造を有しているのでこの範疇に入る．

共役構造の代表格であるベンゼン環では，どの C–C 結合も 0.140 nm であることが知られている．ベンゼン環では π 電子は六員環炭素原子上の存在確率は

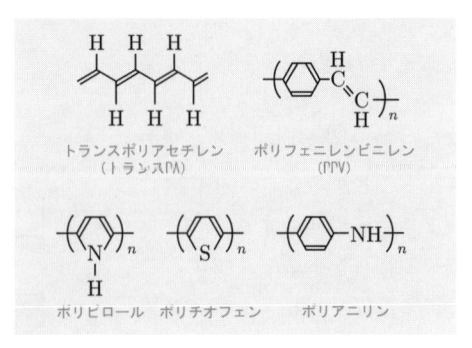

図 4.27　DCP の高分子の化学構造

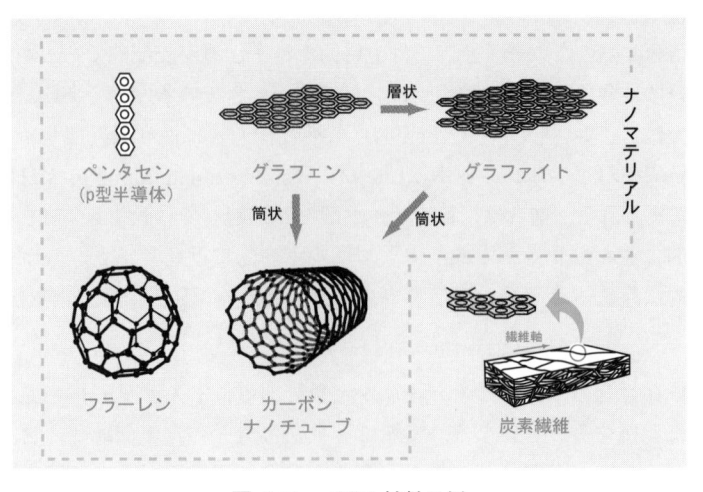

図 4.28　ICP 材料の例

等しく，結合は 1.5 重結合的な性格を有している．そのために 1.5 重結合をもつポリエンのエネルギーバンド構造では，バンドギャップは kT と同程度となる．価電子帯と伝導帯は連続しており室温において伝導帯（**最低空バンド**）に励起した状態の電子が存在するために金属的な電子伝導が起こることになる．

4.3.4　イオン伝導 ♣

　電解質溶液や溶融塩などの電気伝導は**イオン伝導**であることはよく知られている．電解質が溶媒中で解離してイオンキャリヤーとなり，粘性の低い溶媒中を速く移動するために伝導性が引き起こされる．生体内ではイオンが重要な情報伝達を担っていることもよく知られている．通常のガラスや結晶固体内ではイオン伝導性は非常に小さい．ガラス転移温度以上のゴム状態では，粘性の大幅な低下により大きいイオン伝導性を示す高分子が見出される．典型的なイオン伝導性高分子にポリエチレンオキシド（**PEO**）がある．PEO によって安定化されるイオンの模式図を，水の溶媒和（水和）により安定化するイオンと比較しながら図 **4.29** に示す．最も小さいイオンは**プロトン**であり，その質量は電子の質量の約 2000 倍である．従って，電気伝導度は電子伝導ほど高くはなく，$10^{-4}\,\mathrm{S\,cm^{-1}}$ 以下のオーダーである．

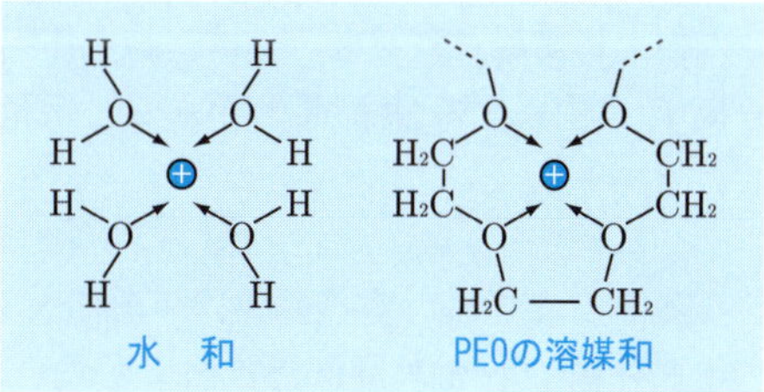

図 **4.29**　水と PEO によるイオンへの溶媒和

　ゴム状態のイオン伝導の電気伝導度の温度依存性 $\sigma(T)$ は，アレニウス型ではなく，粘弾性でよく用いられる WLF 式に類似の（4.1.4 項参照）

$$\ln\left\{\frac{\sigma(T)}{\sigma(T_\mathrm{g})}\right\} = \frac{C_1(T-T_\mathrm{g})}{C_2+T-T_\mathrm{g}} \tag{4.38}$$

あるいは，ヴォーゲル-タムマン-ファルチャー（Vogel-Tammann-Fulcher）（**VTF**）に類似の

$$\sigma(T) = -\frac{A}{\sqrt{T}}\exp\left(-\frac{B}{T-T_0}\right) \tag{4.39}$$

などを用いて解析されている．ここで C_1, C_2, A, B：定数，T_g：ガラス転移温度，T_0：自由体積が 0 となる温度（一般的に $T_0 = T_\mathrm{g} - 50$）である．

　図 **4.29** に示したようにイオンは高分子鎖によって強く溶媒和されており，この溶媒和された状態を保ちながら分子鎖の局所的な運動によって移動する．自由体積による移動モデルを考えると，イオンの移動とセグメントの運動に必要な自由体積が同等になるとイオンの脱溶媒和とそれに続く溶媒和が起こって移動する．すなわち，高分子鎖の局所的な運動と協同してイオン－双極子相互作用の消滅・生成を繰り返しながらイオンは長距離を移動すると考えられている．このようなイオンの移動と高分子鎖の局所運動との協同性は，式 (4.38) と (4.39) に示す T_g を指標とするイオン伝導性の温度依存性に表れている．

[注釈] エネルギー問題と関連して燃料電池の開発が盛んになっている．燃料電池用の高分子電解質膜（イオン伝導膜）としてフッ素系の膜のナフィオン（Nafion）やフレミオン（Flemion）が検討されている．

4.3.5 誘電性

誘電性は物質に外部電界を印加したとき，物質が電気分極の形でエネルギーを蓄積する性質である．これは物質内の分極に大きく関わっている．絶縁体の高分子材料はこの性質を利用してコンデンサー用材料として用いられている．

変位電流 J_D は物質の誘電率 ε を用いて

$$J_D = \varepsilon(dE/dt)$$

と表されるので，電気変位（電束密度）D は $D = \int_0^t J_D dt = \varepsilon E$ となる．

電極上に誘起される電荷には，誘電体内部に電界を作る 自由電荷 と誘電体の分極 P に由来する 束縛電荷 がある．電気変位はこれら2種類の電荷の和となるので

$$D = \varepsilon_0 E + P = \varepsilon E$$

となる．ここで ε_0：真空誘電率（$8.85 \times 10^{-12}\,\mathrm{F\,m^{-1}}$）である．

線形分極 P は電界強度に比例するので

$$P = \varepsilon_0 \chi E$$

となる．ここで χ：線形感受率である．

ε と ε_0 との比である比誘電率 ε_r は $\varepsilon_r = \varepsilon/\varepsilon_0 = 1 + \chi$ となる．

分極の微視的な機構について考える．均質な物質の分極は，① 電子の原子核に対する変位による電子分極 P_E，② 正負のイオンや原子の変位によるイオン分極（原子分極）P_A，③ 永久双極子の配向による配向分極 P_D の和となる．従って，分極 P は

$$P = P_E + P_A + P_D = N(\alpha_E + \alpha_A + \alpha_D)E$$

と表される．ここで N：単位体積当りの分子（双極子）の数，α_E：電子分極に基づく分子分極率，α_A：イオン分極（原子分極）に基づく分子分極率，α_D：永久双極子の配向に基づく分子分極率，E：外部電界である．

α_D は $\alpha_D = \mu^2/3kT$ と表される．ここで μ：永久双極子モーメント，k：ボルツマン（Boltzmann）定数，T：温度である．分極 P は次のようになる．

$$P = P_E + P_A + P_D = N\left(\alpha_E + \alpha_A + \frac{\mu^2}{3kT}\right)E$$

4.3 電気的性質

注釈 **双極子** 正負の等しい電荷 $\pm e$ が極めて小さい距離 l を隔てて存在してできたもの．**双極子モーメント** 双極子において，大きさが el で負の電荷から正の電荷へ向かうベクトルのこと．双極子モーメント μ は分極率 α と $\mu = \alpha E$（E：電界強度）の関係にある．

外部電界 E によって分極 P が誘起される．しかし，その分極が物質内部に電界（内部電界）を新たに発生させる．よって双極子には外部電界 E に加えてこの内部電界が作用することになる．双極子周辺を微小空洞とした場合，この内部電界（またはローレンツ（Lorentz）の局所電界）は，$E_i = \dfrac{\varepsilon_r + 2}{3} E$ となる．

次に先の巨視的な誘電率と微視的な分極との関係を見てみる．

光学周波数域では，電子の変位に基づく電子分極のみが応答する．この領域では，分子レベルの微視的な分子分極率 α_E と巨視的な光学的誘電率 ε_E とを関係付けるクラウジウス-モソッティ（Clausius-Mossotti）の式 (4.40) が成り立つ．

$$\frac{\varepsilon_E - \varepsilon_0}{\varepsilon_E + 2\varepsilon_0} = \frac{N\alpha_E}{3\varepsilon_0} \tag{4.40}$$

マクスウェルの方程式より，光学的誘電率 ε_E と屈折率 n は次の関係にある．

$$\varepsilon_E / \varepsilon_0 = n^2 \tag{4.41}$$

従って，屈折率より実験的に分子分極率 α_E を見積ることができる．

電気的周波数域になると，永久双極子モーメントの配向分極による寄与が顕著になる．さらに誘電率も大きくなり，次のデバイ（Debye）の式が成り立つ．

$$\frac{\varepsilon - \varepsilon_0}{\varepsilon + 2\varepsilon_0} = \frac{N}{3\varepsilon_0}\left(\alpha_E + \alpha_A + \frac{\mu^2}{3kT}\right)$$

注釈 非磁性絶縁体中では比透磁率は 1 であるので，マクスウェルの方程式より光の伝播速度は $v = c/\sqrt{\varepsilon_E/\varepsilon_0}$（$c$：真空中の光の速度）と表される．屈折率は $n = c/v$ と定義されるので，$\varepsilon_E/\varepsilon_0 = n^2$ が得られる．

以上をまとめると，均質な物質の分極は電子分極，イオン分極（原子分極），双極子分極（配向分極）の 3 つの分極の和となる．不均質な物質ではさらに界面分極が加わる．従って

- 周波数 0 の静電場においては，全ての分極の和が誘電率に反映する．その値は最大である．
- 可視光域の周波数の高い光学周波数域の応答は電子分極の寄与のみとなり，式 (4.40) の関係式が成り立つ．

電子分極，イオン分極（原子分極），および双極子分極の誘電分極の周波数依存性（**誘電緩和スペクトル**）を図 **4.30** に示す．

周波数が高くなるにつれて，ある周波数域で大きな誘電損失と共に誘電率が大きく減少していくのが分かる．これが**誘電緩和**であり，分極の種類（**配向分極，イオン分極（原子分極），電子分極**）によって異なる．高分子は完全な絶縁体ではなくある程度の導電性を有している．従って，電気的領域の誘電率は変位電流に比例する誘電率 $\varepsilon'(\omega)$ と，伝導電流すなわち導電率に比例するエネルギー損失分の誘電損失率 $\varepsilon''(\omega)$ とを用いて $\varepsilon^*(\omega) = \varepsilon'(\omega) - i\varepsilon''(\omega)$ と記述される．

さらに電気的領域では広い周波数に亘って配向分極の誘電緩和が観測される．この誘電緩和はデバイ関数

$$\varepsilon^*(\omega) = \varepsilon'(\omega) - i\varepsilon''(\omega) = \varepsilon_\infty + \Delta\varepsilon/(1+i\omega\tau) \quad (i = \sqrt{-1})$$

で記述できる．ここで ω：角周波数，τ：誘電緩和時間，ε_∞：誘電緩和後の誘電率，$\Delta\varepsilon$：緩和強度である．

誘電緩和極大の指標として，測定時の伝導電流と変位電流との比（図 4.31）を**誘電正接**とよび

$$\tan\delta = \varepsilon''/\varepsilon'$$

と表す．ここで δ：損失角であり，全電流 J と変位電流 J_D との位相差すなわち位相遅れである．ε' を x 軸，ε'' を y 軸にして周波数 (ω) をパラメータとしてプロットしたのが**コール-コール**（cole-cole）**プロット**である．

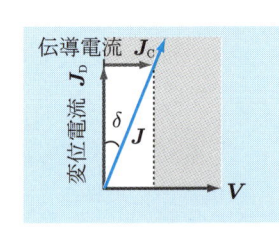

図 4.31　印加電圧 (V)，全電流 (J)，J_C と J_D の位相の関係

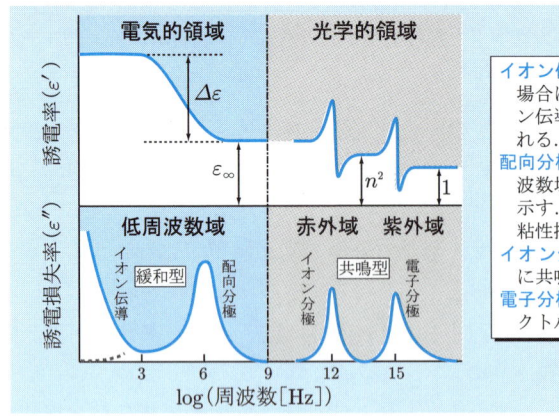

図 4.30　誘電分極の周波数依存性

4.3.6 圧電性，焦電性，強誘電性

図 4.32 に誘電体，圧電体，焦電体および強誘電体の相互関係を示す．誘電体の中で

- 分極が対称中心をもたない（非対称中心）誘電体の場合：電気エネルギーと力学エネルギーの相互交換能を有する圧電性を生ずる．3 階のテンソル成分をもち，これは**電気光学効果**（ポッケルス（Pockels）効果）や 2 次の非線形光学効果を示すテンソル成分と同じである．

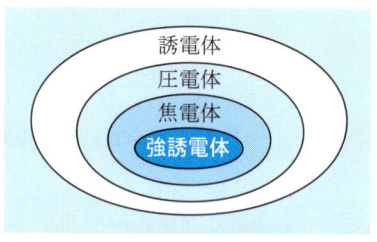

図 4.32 誘電体，圧電体，焦電体，強誘電体の関係

- 分極が非対称中心で，**自発分極を有する誘電体の場合**：電気エネルギーと熱エネルギーとの相互交換能を有する焦電性を示す．焦電率 p は自発分極 P の温度変化であるので

$$p = dP/dT$$

となる．従って焦電性は一定昇温速度時の焦電流から評価できる．

- 分極が非対称中心で，**自発分極を有し，さらにその分極が外部電界によって反転可能な誘電体の場合**：強誘電性を示す．電気変位（D）−電界強度（E）ヒステリシスより強誘電性を評価する．電界強度が 0 のときの電気変位から**残留分極**（remanent polarization），電気変位が 0 のときの電界から**抗電界**（coercive field）を評価する．

当初は，ポリマー固体に高電界を印加して表面に電荷を誘起させたポリマーエレクトレットの非対称中心分極による圧電体のみであった．1969 年のポリフッ化ビニリデン（**PVDF**）の圧電性の報告以降，PVDF I 型結晶の分極反転による $D - E$ ヒステリシス（強誘電性）の報告や VDF とトリフルオロエチレン（**TrFE**）との共重合体の P(VDF-TrFE) の強誘電性の報告など PVDF や P(VDF-TrFE) を中心に圧電性，焦電性，強誘電性の研究が広範に行われている．アミド基が一定方向に並ぶ奇数ナイロン，ナイロン 7 やナイロン 11 の強誘電性も幅広く研究されている（8.2.2 項参照）．

4.4 光学的性質

高分子材料の屈折率，その波長分散，吸収および散乱などが高分子材料の光学的性質を決める要因となる．一般的には，近赤外（波長 1 ミクロン前後），可視光（700〜400 nm），紫外光（400〜200 nm）の波長域の光に対する高分子材料の性質を示す．

4.4.1 屈折率と分子分極率

物質中を伝播する光の速度は，真空中を伝播するときに比べて遅くなる．これは物質に入射した光の電界が，物質の電子分極を引き起こし，その電子分極と光の電界との相互作用により光の伝播速度が小さくなるためである．光が真空中を伝播する速度 c と物質中を伝播する速度との比が物質の屈折率 n なので，物質中の光の伝播速度は c/n となる．n は電子分極の分子分極率 α_E とクラウジウス-モソッティの式 (4.40) および (4.41)（4.3.5 項参照）より

$$(n^2 - 1)/(n^2 + 2) = (N\alpha_E)/(3\varepsilon_0)$$

で関係付けられる．大きな分子分極率を有する化学構造をもつ高分子固体の方が，大きな屈折率を有することが分かる．電子の原子核からの拘束力の小さい π 電子共役系の方が，σ 電子や π 電子より分子分極率が大きいので，ベンゼン骨格や共役二重結合を有する高分子固体では屈折率が大きくなる．逆に，分子分極率の小さい，すなわち電子が原子核に強く拘束されているフッ素原子を有する高分子固体では屈折率が小さくなる．表 4.4 に高分子固体の屈折率を示す．

注釈 4.3.5 項で，電子分極に基づく誘電率 $\varepsilon'(\omega)$ と損失誘電率 $\varepsilon''(\omega)$ の共鳴型の振動数依存性の図 4.30 を示した．電子分極に基づく共鳴型の振動数依存性を調和振動子モデルを基に考える．弾性的に束縛された電子の光の振動電界中での運動はニュートン（Newton）の運動方程式 (4.42) を基に古典的に考えることができる．

$$m\frac{d^2x}{dt^2} + m\gamma\frac{dx}{dt} + m\omega_0^2 x = eE_0 e^{i\omega t} \tag{4.42}$$

ここで m：電子の質量，e：電子の電荷密度，γ：減衰にかかるダンピング定数，ω_0：共振角周波数（吸収極大），E_0：光の電界強度，x：変位である．

式 (4.42) より，分極に基づく複素誘電率 $\varepsilon^*(\omega)$ は

$$\varepsilon^*(\omega) = 1 + \frac{N}{\varepsilon_0}\frac{e^2}{m}\frac{1}{\omega_0^2 - \omega^2 + i\gamma\omega}$$

となる．$\varepsilon^*(\omega) = \varepsilon'(\omega) - i\varepsilon''(\omega)$ とおくと

$$\varepsilon'(\omega) = 1 + \frac{N}{\varepsilon_0}\frac{e^2}{m}\frac{\omega_0^2 - \omega^2}{(\omega_0^2 - \omega^2)^2 + \gamma^2\omega^2}, \quad \varepsilon''(\omega) = \frac{N}{\varepsilon_0}\frac{e^2}{m}\frac{\gamma\omega}{(\omega_0^2 - \omega^2)^2 + \gamma^2\omega^2}$$

表 4.4 主な高分子の屈折率 [7]

高分子	屈折率 (n_D)
ポリテトラフルオロエチレン（テフロン）	1.35
ポリフッ化ビニリデン	1.42
ポリ-4-メチルペンテン-1	1.465
ポリビニルブチラール（PVB）	1.486
ポリメチルメタクリレート（PMMA）	1.49
ポリプロピレン	1.49
ポリエチレン（低密度）	1.51
ポリエチレン（高密度）	1.54
ナイロン 66	1.53
ポリカーボネート（PC）	1.548
ポリスチレン（PS）	1.59～1.62
ポリ塩化ビニリデン	1.60～1.63
ポリエチレンテレフタレート（PET）	1.580, 1.640
ポリ（N-ビニルカルバゾール）（PVCz）	1.68

となる．複素屈折率 $n^* = n - ik$（k：吸収に関する消衰係数）と，$(n^*(\omega))^2 = \varepsilon^*(\omega) = \varepsilon'(\omega) - i\varepsilon''(\omega)$ の関係より

$$\varepsilon'(\omega) = n^2(\omega) - k^2(\omega), \quad \varepsilon''(\omega) = 2n(\omega)k(\omega)$$

が得られる．誘電率の振動数依存性より，屈折率の振動数依存性すなわち波長分散が説明できる．$\varepsilon''(\omega)$ の振動数依存性は吸収スペクトルに対応する．

4.4.2 反射と吸収

　入射界面での反射，媒体中での光の吸収および散乱が伝播損失を決める要因となる．光の吸収などがある場合，光エネルギー損失を起こす．これは電子遷移励起や分子振動励起が原因である．電子遷移励起や分子振動励起は高分子固体のモノマーの化学構造と密接に関係している．

- **電子遷移励起**：ベンゼン環は 280 nm 付近に $\pi \to \pi^*$ 遷移，エステルカルボニル基は $\pi \to \pi^*$ 遷移や $n \to \pi^*$ 遷移などが挙げられる．可視光では透明なポリスチレン（**PS**）は 300 nm 以下の紫外光を吸収し，ポリメチルメタクリレート（**PMMA**）は 250 nm 以下で吸収する．
- **分子振動励起**：赤外領域で起こる．PMMA のメチル基 C−H 結合は 2960 cm^{-1}（波長 3.38 μm）付近に対称伸縮振動および 1350 cm^{-1}（波長 7.41 μm）に対称変角振動に基づく基準振動をもつ．これらの波長よりも短波長の近赤外から可視領域に 2 倍音，3 倍音，4 倍音，5 倍音，6 倍音，7 倍音ならびに結合音に起因する吸収がわずかながら存在する．

[注釈] **プラスチックオプティカルファイバー（POF）**　POF では，使用する半導体レーザーの波長が固定（長距離伝播用として InGaAsP の 1.310 および 1.550 μm）しているので，それらの波長域での光学的な伝播損失が検討されている．従って，1.310 μm や 1.550 μm での振動励起の倍音や結合音などに起因する吸収が光学特性を決める鍵となる．メチル基などでは，この波長域に振動励起の倍音や結合音に起因する吸収がある．そのためメチル基の水素原子を重水素原子あるいはフッ素原子に置き換えて，吸収の低減が図られている．

4.4.3 透明性と散乱

　物質の光学的な透明性は，構造の光学的な均一さに関係する．光学的な均一さとは物質のどこの場所をとっても屈折率が一様であることを意味する．

非晶高分子材料　無定形（アモルファス）構造であり，一般に透明性の高い材料である．しかしながら，この構造は成形条件や熱履歴などの外力の影響を受けやすい．これらの外力による構造的な歪みなどが光学的に不均一な構造の原因となる**密度のゆらぎ（屈折率のゆらぎ）**を引き起こす．この密度のゆらぎによる散乱は，オプティカルファイバーなどのような光の長距離伝播媒体として高分子材料を用いるときの重要な伝播損失の因子となる．ガラス転移温度以上での入念な熱処理によりこの外部要因に起因する散乱因子を取り除く．その後，残存する散乱因子が，**内因的な密度のゆらぎに基づく散乱因子**と解釈できる．この内因的な密度のゆらぎによる散乱は，アインシュタインの熱的な密度のゆらぎの理論から見積もることができる．

$$V_V^{\mathrm{iso}} = (\pi^2/9\lambda_0^4)(n^2-1)^2(n^2+2)^2 kT\beta$$

ここで V_V^{iso}：垂直偏光で入射した光が垂直偏光で散乱したときの光の散乱の程度，λ_0：真空中の光の波長，k：ボルツマン定数，T：絶対温度，β：高分子固体の等温圧縮率である．この V_V^{iso} が高分子の本質的な散乱損失限界となる．

[注釈] 液晶ディスプレー用のバックライトパネルは，この光散乱の原理をうまく利用している．

[注釈] 透明性の高いポリメチルメタクリレート（**PMMA**）では，ガラス転移温度（100°C）付近の等温圧縮率 $\beta = 3.55 \times 10^{-11}\,\mathrm{cm^2\,dyn^{-1}}$ を用いて，633 nm において $\alpha^{\mathrm{iso}} = 9.5\,\mathrm{dB\,km^{-1}}$ の光伝送損失が得られる．

結晶性高分子材料　屈折率の異なる結晶相と非晶相との混合物であり，一般的に不透明である．屈折率の高い結晶相と低い非晶相のドメインが光の波長サイズ程度まで大きくなると，光が界面で散乱しながら伝播するために半透明や不透明となる．吸収とは異なり，散乱では屈折率差のある界面で光の進行方向が変わるために起こる現象である．本質的には光エネルギーの損失は起こらない．

4.4.4 複屈折と二色性 ♣

複屈折　延伸(伸張)操作により分子鎖を配向させた場合，電子分極を誘起する双極子楕円体が分子鎖方向に平行に並ぶとき，延伸(伸張)方向の屈折率は大きい．一方，それと直交する面内方向の屈折率は小さい．

ここで，延伸方向に平行な屈折率を $n_{/\!/}$，面内で垂直な屈折率を $n_\perp$ とする．その差 $\Delta n = n_{/\!/} - n_\perp$ を**複屈折**(birefringence)という．複屈折を用いて高分子鎖の配向の程度を定量化することができる．配向を定量的に表現する方法として配向関数 f がある．Δn と f は

$$\Delta n = f\Delta n^0 = \frac{3\langle\cos^2\theta\rangle - 1}{2}\Delta n^0$$

の関係にある．ここで Δn^0：主鎖が完全に配向した状態での複屈折の値であり，**固有複屈折**という．$f = 1$ で完全配向，$f = 0$ で無配向である．従って，f は Δn^0 が既知の試料に対して，任意の延伸条件での Δn を求めることにより算出できる．

ここで，Δn の一つの算出法を示す．2枚の偏光板(光の入力側を**偏光子**(polarizer)，出力側を**検光子**(analyzer)という)を互いに直交させる．その間に屈折率異方性を有する高分子フィルムを入れたときの透過光強度 I は

$$I = A^2 \sin^2(2\phi)\sin^2(\delta/2) \tag{4.43}$$

と表される．ここで ϕ：試料の配向方向と偏光子の方向とのなす角，δ：試料の配向方向とそれに直交する方向に振動する波の位相差である．位相差は

$$\delta/2\pi = d(n_{/\!/} - n_\perp)/\lambda = \Gamma/\lambda \tag{4.44}$$

と表せる．ここで d：試料内の光路長(フィルムの厚み)，λ：伝播する光の波長，Γ：**レターデーション**(retardation)とよび，$\Gamma = d(n_{/\!/} - n_\perp)$ である．

市販のセロハンテープを重ねて直交した偏光板の間に $\phi = \pi/4$ の角で置いた．それを測定した透過スペクトルと，そのスペクトルに一致するようにテープ厚 $= 28.6\,\mu m$，$\Delta n = 1.1 \times 10^{-2}$ として式(4.43)および(4.44)を用いてフィッティングした透過光強度の波長依存性を図 4.33 に示す．理論計算値は実験値と良く一致している．

その他の Δn の算出法として，**補償板**を用いる方法もある．試料のレターデーションを打ち消す補償板のレターデーションを読み取り Δn を求める．さらに，フィルムの配向方向，面内のそれと直交する方向ならびに膜厚方向の屈折率を直接求め，それより Δn を求める方法もある．

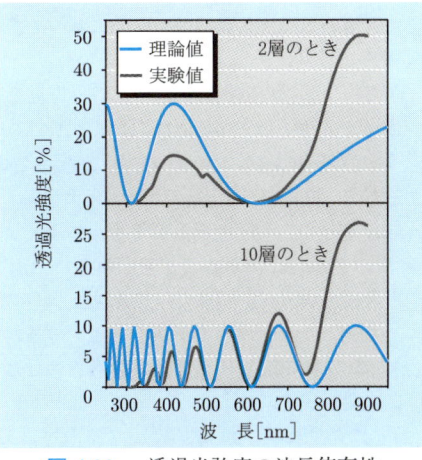

図 **4.33**　透過光強度の波長依存性(筆者らの測定)

二色性

偏光吸収を用いて繊維や高分子鎖の配向の程度の知見を得ることができる．赤外二色性や色素（染料）二色性である．延伸した方向とそれに直交した方向の吸収係数 $A_{\parallel}$ と $A_{\perp}$ との比（**二色比**）$D = A_{\parallel}/A_{\perp}$ を用いて，吸収異方性単位の延伸方向に対する配向は

$$\frac{1-D}{1+2D} = \frac{a_{\parallel}-a_{\perp}}{a_{\parallel}+2a_{\perp}} \frac{3\langle\cos^2\theta'\rangle - 1}{2} \tag{4.45}$$

となる．ここで $a_{\parallel}$：吸収異方性単位の回転対称軸方向の主吸光係数，$a_{\perp}$：吸収異方性単位の回転対称軸に直交した方向の主吸光係数，θ'：吸収異方性単位の回転対称軸と繊維軸との間の角である．吸収異方性単位の回転対称軸と分子鎖軸とのなす角を θ_0 とすると

$$\frac{3\langle\cos^2\theta'\rangle - 1}{2} = f\frac{3\cos^2\theta_0 - 1}{2} \tag{4.46}$$

の関係が得られる．式 (4.45) と (4.46) より分子鎖の繊維軸に対する配向関数 f が算出できる．

演習問題 第 4 章

1　マクスウェルモデルにおいて，図 **4.2** に示す時刻 $t=0$ で瞬間的にひずみ γ_0 を加える．それを保持したときの応力の時間応答 $S(t)$ は式 (4.8) となることを示せ．

2　フォークトモデルにおいて，図 **4.4** に示す時刻 $t=0$ で一定応力 S_0 下でのひずみの時間応答 $\gamma(t)$ は式 (4.14) となることを示せ．

3　クラウジウス-モソッティの式 (4.40) を誘導せよ．

4　永久双極子の配向に基づく配向分極 P_D は $P_D = N\mu\langle\cos\theta\rangle$（$N$：単位体積当りの分子（双極子）の数，$\mu$：双極子モーメント，$\theta$：双極子と外部電界とのなす角）であることを用いて，永久双極子の配向に基づく分子分極率 α_D は $\alpha_D = \mu^2/3kT$（μ：永久双極子モーメント，k：ボルツマン定数，T：温度）と表されることを示せ．

5　直交した 2 枚の偏光板間に屈折率異方性を有する高分子フィルムを入れる．このときの透過光強度 I は式 (4.43) に従うことを示せ．
　　ヒント：高分子フィルムの延伸方向に振動する成分 ξ とそれに直交する方向に振動する成分 η は，それぞれ $\xi = A\cos\phi\sin\omega t, \eta = A\sin\phi\sin(\omega t - \delta)$ であることを用いよ．また光の強度 I は振幅 E の 2 乗に比例することを用いよ．

6　右の図のように弾性率 E_1 のバネと弾性率 E_2 のバネと粘性率 η のダッシュポットを組み合わせた系を考える．
　(1)　この系に応力 S を加えて変形させたときの S とひずみ γ との関係式を求めよ．
　(2)　この系に一定角周波数 ω で変化するひずみ（振幅：γ_0）$\gamma(t) = \gamma_0 e^{i\omega t}$ を与えたときの $E'(\omega), E''(\omega)$ および $\tan\delta$ を求めよ．

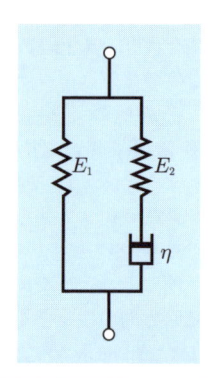

第 5 章

高分子合成

　モノマー（単量体）同士が化学反応を介して結合し2量体となり，次のモノマーが2量体に結合して3量体となる．この反応が繰り返されて分子量の大きいポリマーが合成される．従って，ポリマーの分子構造はモノマーの繰返し構造をもつこととなる．本章では，これらの高分子の合成法とその理論的な取扱いを学んでいく．

本章の内容
- 5.1 高分子合成の基本様式
- 5.2 重縮合
- 5.3 重付加
- 5.4 付加縮合
- 5.5 ラジカル重合
- 5.6 ラジカル共重合
- 5.7 イオン重合
- 5.8 配位重合
- 5.9 開環重合
- 5.10 重合による構造制御

5.1 高分子合成の基本様式

重合反応の機構の違いにより，**逐次重合**（step polymerization）と**連鎖重合**（chain polymerization）とに大別できる．

- 逐次重合では2つの分子の間で逐次的に反応が起こり，それが繰り返されて重合が進行する．高分子の重合度は反応の時間の経過と共に大きくなる．
- 連鎖重合では活性中心から反応が開始すると反応が最終段階まで一気に進行していく．高分子の重合度は時間に依らずほぼ一定である．

逐次重合（step polymerization） 　逐次反応で重合が進行する逐次重合には，**重縮合**（polycondensation）あるいは**縮合重合**（condensation polymerization），**重付加**（polyaddition）および**付加縮合**（addition condensation）がある．

連鎖重合（chain polymerization） 　連鎖重合では，活性種がモノマーに次々に付加を繰り返しながら連鎖反応で重合が進行するので，**付加重合**（addition polymerization）とよばれている．活性中心にはラジカル，カチオン，アニオンの3種があり，それぞれの活性種による重合を**ラジカル重合**，**カチオン重合**，**アニオン重合**という．モノマーのほとんどは，ビニル化合物とよばれるエチレンの誘導体（$CH_2=CHR$）であり，重合後は $-(CH_2-CHR)_n-$ の構造式をもつポリマーが得られる．

表5.1 に重合反応の様式と重合法を分類した．図5.1 に通常の連鎖重合，逐次重合ならびに**リビング重合**の違いによるモノマーの反応率と分子量の関係を示す．

- 通常の連鎖重合では，分子量は重合開始の条件で決まり，反応度に依らず一定である．
- 逐次重合では，99％以上の高い反応率で高分子量になる．
- リビング重合では，分子量はモノマーの反応率に比例する．

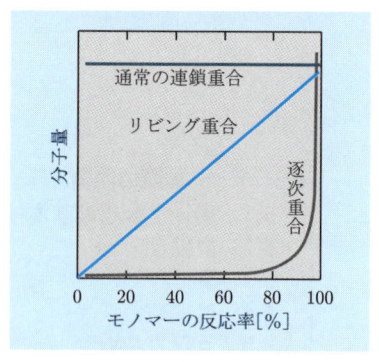

図 5.1　重合反応の違いによるモノマーの反応率と分子量

5.1 高分子合成の基本様式

表 5.1 重合反応の様式と重合法

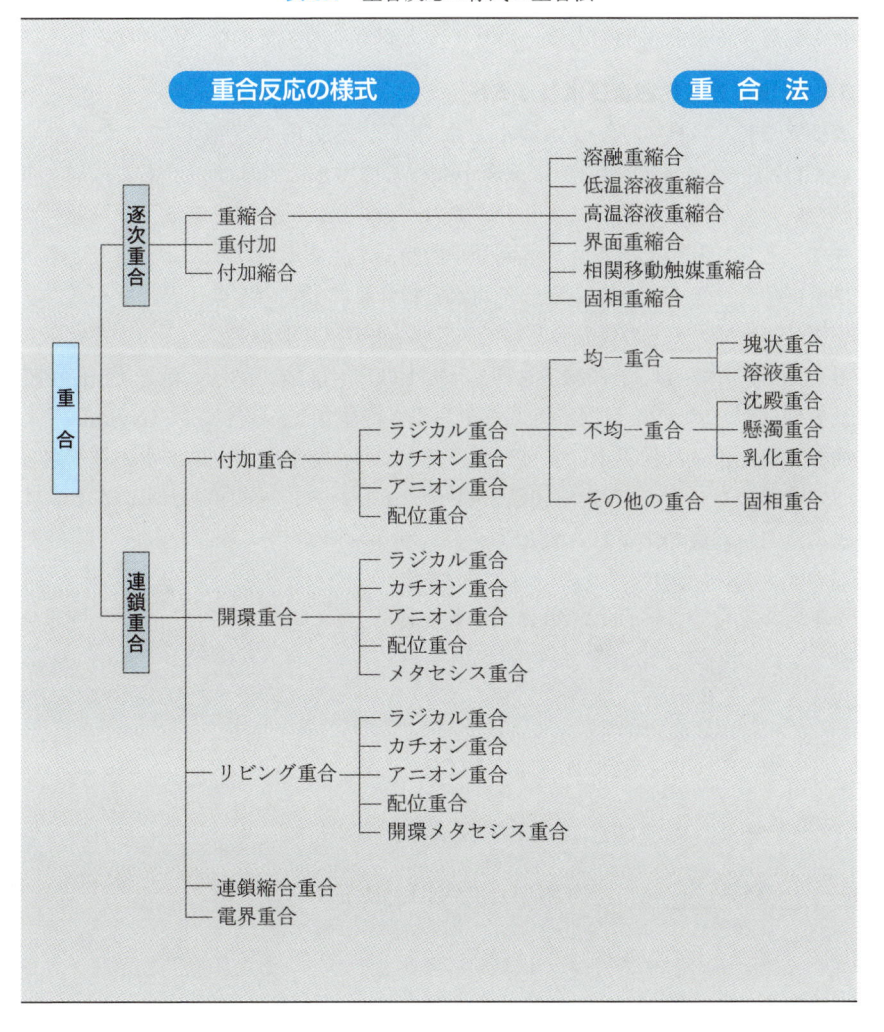

重合反応の様式			重合法	
逐次重合	重縮合		─ 溶融重縮合 ─ 低温溶液重縮合 ─ 高温溶液重縮合 ─ 界面重縮合 ─ 相関移動触媒重縮合 ─ 固相重縮合	
	重付加			
	付加縮合			
連鎖重合	付加重合	ラジカル重合 カチオン重合 アニオン重合 配位重合	均一重合	塊状重合 溶液重合
			不均一重合	沈殿重合 懸濁重合 乳化重合
			その他の重合 ─ 固相重合	
	開環重合	ラジカル重合 カチオン重合 アニオン重合 配位重合 メタセシス重合		
	リビング重合	ラジカル重合 カチオン重合 アニオン重合 配位重合 開環メタセシス重合		
	連鎖縮合重合			
	電界重合			

5.2 重縮合

重縮合（縮合重合）は，H_2O あるいは小さな分子が逐次的に脱離して重合が進行する重合反応である．ポリアミドやポリエステルなどが挙げられる．

5.2.1 ポリアミドおよびポリイミド

ポリアミド　H_2O あるいは小さな分子が逐次的に脱離して**アミド結合**（—CONH—）を形成しながら重合が進行してできたポリマーである．アミド結合間の分子間水素結合により分子間力が大きいため，ポリアミドは耐熱性ポリマーとして有用である．天然高分子の絹，羊毛あるいはたんぱく質などもペプチド結合（アミド結合）と分子間水素結合を有している点は同じである．

　脂肪族ポリアミドの代表例として，ポリヘキサメチレンアジパミドが挙げられる．このポリマーは，合成繊維材料として1930年代に米国のデュポン（DuPont）社のカロザーズ（W. H. Carothers）により開発され，ナイロン（Nylon®）の商標名で上市され世界中に広まった．現在では，脂肪族ポリアミドの慣用名として**ナイロン**を用いており，ポリヘキサメチレンアジパミドを**ナイロン 66** とよぶ．二塩基酸のアジピン酸とジアミンのヘキサメチレンジアミンとのナイロン 66 塩を予め合成して，ナイロン 66 塩の溶融重縮合（5.1.3 項参照）によりナイロン 66 を合成する．

モノマーのヘキサメチレンジアミンの炭素数
ナイロン**66**
モノマーのアジピン酸の炭素数

$$n\,HOOC(CH_2)_4COOH + n\,H_2N(CH_2)_6NH_2$$
アジピン酸　　　　　　　ヘキサメチレンジアミン

$$\longrightarrow n\,{}^-OOC(CH_2)_4COO^- \cdot {}^+H_3N(CH_2)_6NH_3{}^+$$
ナイロン 66 塩

$$\xrightarrow[280°C]{脱水重縮合} \{OC(CH_2)_4CONH(CH_2)_6NH\}_n$$
ポリヘキサメチレンアジパミド（ナイロン 66）

　ナイロン 610 はヘキサメチレンジアミンとセバシン酸との脂肪族ポリアミドを意味する．

　ナイロン 6 は，ε-カプロラクタムの加水分解による**開環重合**（5.9 節参照）で作られる．重合様式は付加重合である．

$$n\,\text{NH(CH}_2)_5\text{CO} \xrightarrow{\text{開環重合}} \text{+NH(CH}_2)_5\text{CO+}_n$$

ε-カプロラクタム　　　　　　　　　　　ナイロン6

1960年代になると，より高い耐熱性およびより高強度・高弾性率の繊維材料を求め脂肪族の代わりに芳香環を導入した**全芳香族ポリアミド（アラミド）**が開発された．デュポン社からケブラー（Kevlar®）の商標でポリパラフェニレンテレフタルアミド（**PPTA**）繊維やノーメックス（Normex®）の商標でポリメタフェニレンイソフタルアミドが上市された．パラフェニレンテレフタルアミド（**PPTA**）は，テレフタル酸ジクロリドとパラフェニレンジアミンとの脱塩化水素縮合である．N-メチルピロリドン（**NMP**）あるいはN,N-ジメチルホルムアミド（**DMF**）などの極性溶媒中の低温溶液重縮合（5.2.3項参照）で合成される．PPTAはある濃度の硫酸溶液中で液晶状態（**リオトロピック液晶**）を示す．それを利用した液晶紡糸により高強度・高弾性率繊維が製造される．

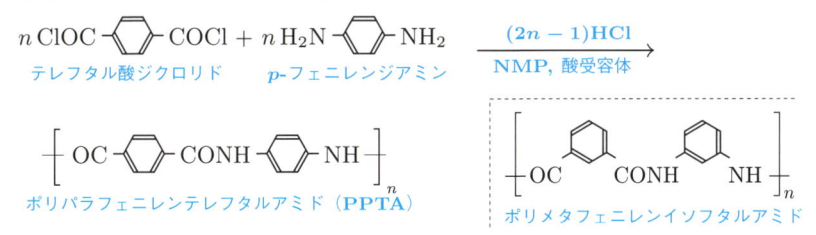

$$n\,\text{ClOC}-\bigcirc-\text{COCl} + n\,\text{H}_2\text{N}-\bigcirc-\text{NH}_2 \xrightarrow[\text{NMP, 酸受容体}]{(2n-1)\text{HCl}}$$

テレフタル酸ジクロリド　　　　　　p-フェニレンジアミン

$$\text{+OC}-\bigcirc-\text{CONH}-\bigcirc-\text{NH+}_n$$

ポリパラフェニレンテレフタルアミド（**PPTA**）

$$\text{+OC}-\bigcirc-\text{CONH}-\bigcirc-\text{NH+}_n$$

ポリメタフェニレンイソフタルアミド

ポリイミド　　1970年代になると，さらにより高い耐熱性を求めて，芳香族テトラカルボン酸二無水物とジアミノジフェニルエーテルとからカプトン（Kapton®）の商標で全芳香族ポリイミドが上市されている．この全芳香族ポリイミドはガラス転移温度410°C，融点450°C以上の耐熱性を有している（合成法は7.2.2項参照）．

5.2.2　ポリエステル

二塩基酸と二価アルコールとの縮合反応により**エステル結合**（—COO—）を形成しながら合成されるポリマーを**ポリエステル**という．ここでは，二塩基酸のテレフタル酸（**T**）と二価アルコールのエチレングリコール（**EG**あるいは**2G**）との脱水縮合によるポリエチレンテレフタレート（**PET**）の合成法を示す．次項で後述するように，ポリエステルの平衡定数は小さいために，触媒存在下での反応やエステル交換を利用する方法がとられる．PETは，次のエステル交換法および直接重縮合法で合成される．

エステル交換法　　Tあるいはテレフタル酸ジメチル（**DMT**）と過剰のEGと

の反応で両端に EG が結合したエステルを合成し，引き続きエステル交換反応により PET を合成する．

$$n\,H_3COOC-\underset{テレフタル酸ジメチル}{\bigcirc}-COOCH_3 + 2n\,HO(CH_2)_2OH \atop エチレングリコール（過剰）$$

$$\rightleftharpoons HO(CH_2)_2OOC-\bigcirc-COO(CH_2)_2OH$$

$$\xrightarrow[280°C,\ 触媒]{エステル交換} \left[OC-\bigcirc-COO(CH_2)_2O\right]_n + n\,HO(CH_2)_2OH$$

ポリエチレンテレフタレート（**PET**）

直接重縮合法　等モルの T と EG とから金属酸化物触媒を用いて重合する方法．

$$n\,HOOC-\bigcirc-COOH + n\,HO(CH_2)_2OH$$

$$\xrightarrow[280°C,\ 触媒]{脱水重縮合} \left[OC-\bigcirc-COO(CH_2)_2O\right]_n$$

PET は結晶化速度が遅く，強度などが要求されるエンジニアリングプラスチックスには T とブチレングリコール（**4G**）とのポリエステルであるポリブチレンテレフタレート（**PBT**）が主に用いられている．また，2G と 4G の間にトリメチレングリコール（**3G**）がある．

$$\left[OC-\bigcirc-COO(CH_2)_4O\right]_n \qquad \left[OC-\bigcirc-COO(CH_2)_3O\right]_n$$

ポリブチレンテレフタレート（**PBT**）　　　ポリトリメチレンテレフタレート（**PTT**）

[注釈]　近年では，3G をとうもろこしなどの穀物の醗酵で合成し，T と 3G とのポリトリメチレンテレフタレート（**PTT**）繊維や材料がバイオベースポリマーとして注目されている．

全芳香族ポリエステルの最もシンプルな構造は，ヒドロキシ-*p*-安息香酸の脱水縮合物であるポリパラヒドロキシベンゾエート（**PHB**）である．

$$\left[O-\bigcirc-CO\right]_n$$

ポリパラヒドロキシベンゾエート（**PHB**）

5.2.3 重 合 法

重合法の代表例として，溶融重縮合法，溶液重縮合法，界面重縮合法，固相重縮合法および相間移動触媒重縮合法がある．

溶融重縮合法　モノマーを融点以上の温度に加熱し溶融状態で反応させ，重合後半には生成ポリマーの融点以上まで温度を上げ重合を完了させる．融点が 300°C までのポリマーの合成に用いられる．

[注釈]　ポリエステルの合成では，平衡定数が小さくモノマー濃度を高くする方が有利なので，この方法が用いられる．

溶液重縮合法　融点が 300 °C 以上の全芳香族ポリマーを極性溶媒中で重合する．反応性の高い全芳香族ポリアミドの合成で用いられる．この重合には**低温溶液重縮合**と**高温溶液重縮合**がある．

注釈　低温溶液重縮合の例として，先のポリパラフェニレンテレフタルアミド（**PPTA**）の合成が挙げられる．

界面重縮合法　有機溶媒相と水相との界面で重合を行う．ジカルボン酸塩化物を有機相に求核剤のジアミンを水相に溶解させて，それらの界面で重合を行う．

固相重縮合法　モノマーの結晶中で縮合反応が進行し，結晶の構造を徐々に変化させながら進む重合法．適用できるモノマー結晶は限られている（5.10.3 項参照）．

相間移動触媒重縮合法　第四級アンモニウム塩のような両親媒性の触媒を用いて液－液，固－液の二相系の反応を進行させる．

5.2.4　重合物の分子量と分子量分布の考察

重縮合は式 (5.1) と (5.2) に示される可逆反応である．平衡定数 K が大きいほど，また ab 分子（H_2O あるいは低分子化合物）を反応系外に除去することによって，大きな分子量が得られる．200 °C 付近で，ポリアミドは $K = 400$，ポリエステルは $K \leq 10$ である．ポリアミドおよびポリエステルともに高分子量を得るためには ab 分子を十分に反応系外に除去することが肝要である．特にポリエステルでは，系内の残存水分量を非常に少なくすることが重要である．これらのことは 5.2.5 項で考察する．

$$n\,(\text{a--R--a}) + n\,(\text{b--R}'\text{--b}) \underset{}{\overset{K}{\rightleftarrows}} \text{a}\!-\!\!(\text{R--R}')_n\!\!-\!\text{b} + (2n-1)\,\text{ab} \quad (5.1)$$

$$n\,(\text{a--R--b}) \overset{K}{\rightleftarrows} \text{a}\!-\!\!(\text{R})_n\!\!-\!\text{b} + (n-1)\,\text{ab} \quad (5.2)$$

例題 1　2 官能性モノマーの反応度と重合率と数平均重合度の関係を求めよ．

解　**数平均重合度**（number-average degree of polymerization）$\overline{x_n}$ は，重合開始前に存在するモノマーの分子数 N_0 と反応時間 t 後に残存する分子数 N との比

$$\overline{x_n} = N_0/N \quad (5.3)$$

で表される．また，モノマーの**反応度**（extent of reaction）p は N_0 と N を用いて

$$p = (N_0 - N)/N_0 \quad (5.4)$$

と表される．式 (5.3) と (5.4) より，$\overline{x_n}$ は

$$\overline{x_\mathrm{n}} = 1/(1-p) \qquad (5.5)$$

と表される．反応度と重合率ならびに数平均重合度の関係を表 5.2 に示す． □

2 種類の 2 官能性モノマーが重縮合するとき，仕込みのモルバランスが最終重合物の重合度に影響を与える．

表 5.2 反応度と重合率ならびに数平均重合度の関係

反応度 p	重合率 [%]	数平均重合度 $\overline{x_\mathrm{n}}$
0	0	1
0.50	50	2
0.75	75	4
0.80	80	5
0.90	90	10
0.95	95	20
0.99	99	100
0.995	99.5	200
0.999	99.9	1000
1	100	∞

例題 2 等モル性の重要性を，等モル性と重合度の関係から考察せよ．ここで 2 官能性モノマー A, B のそれぞれの初期の官能基の総数を N_A および N_B ($N_\mathrm{A} < N_\mathrm{B}$) とする．

解 N_A と N_B の比 r は $r = N_\mathrm{A}/N_\mathrm{B}$ ($r < 1$) と表される．それぞれのモノマー 1 個は 2 個ずつの官能基をもっているので反応前のモノマーの総数 N_0 は，

$$N_0 = \frac{N_\mathrm{A} + N_\mathrm{B}}{2} = \frac{N_\mathrm{B}(1+r)}{2} \quad \text{と表される．}$$

反応後の未反応のモノマー A の官能基の個数 $= N_\mathrm{A} - pN_\mathrm{A} = rN_\mathrm{B}(1-p)$
反応後の未反応のモノマー B の官能基の個数 $= N_\mathrm{B} - pN_\mathrm{A} = N_\mathrm{B}(1-rp)$

であるので

$$N = \frac{N_\mathrm{B}(1+r-2rp)}{2}$$

となり，数平均重合度 $\overline{x_\mathrm{n}}$ は式 (5.3) より

$$\overline{x_\mathrm{n}} = \frac{1+r}{1+r-2rp}$$

となる．反応度が $p = 1$ のとき

$$\overline{x_\mathrm{n}} = (1+r)/(1-r)$$

となり，モノマー B が 1% 過剰にあるとポリマーの $\overline{x_\mathrm{n}}$ は 200 程度となる．5% 過剰では，$\overline{x_\mathrm{n}}$ は 40 程度となる．高重合度のポリマーを得るためには，A と B 両モノマーの量比を厳密に等しくすることが条件となる． □

分子量分布 重縮合では，種々の分子量のポリマーの混合物となることが予想される．重合度 x のポリマーが生成する確率 $P(x)$ を考える．反応終了時の反応度 p はモノマーが反応してポリマー形成に寄与した確率を，$(1-p)$ は反応していない確率を表す．従って，確率 p で反応が $(x-1)$ 回連続して起こり最後

5.2 重縮合

に $(1-p)$ の確率で反応が起こらないとき，重合度 x のポリマーが生成したことになる．よって $P(x)$ は

$$P(x) = (1-p)p^{x-1}$$

と記述できる．時刻 $t=0$ のときのモノマーの数を N_0，時刻 t のときのポリマー全体の数を N および重合度 x のポリマーの数を N_x とすると

$$N_x = N(1-p)p^{x-1} \tag{5.6}$$

となる．$N_0/N = \overline{x_\mathrm{n}} = 1/(1-p)$ より式 (5.6) は

$$N_x = N_0(1-p)^2 p^{x-1} \tag{5.7}$$

と書ける．重合度 x のポリマーの重量分率 w_x は，

$$w_x = \frac{\text{重合度}\,x\,\text{のポリマーの総質量}}{\text{全ポリマーの総質量}}$$

である．従って，モノマーの分子量を M_0 とすると，w_x は

$$w_x = \frac{N_x(xM_0)}{N_0 M_0} = \frac{xN_x}{N_0} \tag{5.8}$$

となる．式 (5.7) と (5.8) より $w_x = x(1-p)^2 p^{x-1}$ となる．この分布はランダムな縮合反応によりポリマーが生成していく最も確かな分布である．この分布を**最確分布**（most probable distribution）といい，これより分子量分布が求まる．

例題 3 数平均分子量 $\overline{M_\mathrm{n}}$ と重量平均分子量 $\overline{M_\mathrm{w}}$ および多分散度を求めよ．

解 $\overline{M_\mathrm{n}}$ は

$$\overline{M_\mathrm{n}} = \sum P(x)M_x = \sum P(x)xM_0 = \sum(1-p)p^{x-1}xM_0 = M_0(1-p)\sum xp^{x-1}$$

となる．ここで $\sum_{x=1}^{\infty} xp^{x-1} = \dfrac{1}{(1-p)^2}$ （$p<1$ に対して）を用いると

$$\overline{M_\mathrm{n}} = \frac{M_0}{1-p}$$

$$\overline{x_\mathrm{n}} = \frac{\overline{M_\mathrm{n}}}{M_0} = \frac{1}{1-p} \tag{5.9}$$

となる．式 (5.5) と (5.9) は同じである．式 (5.9) は統計的に導出した式である．
$\overline{M_\mathrm{w}}$ は

$$\overline{M_\mathrm{w}} = \sum w_x M_x = \sum x(1-p)^2 p^{x-1} xM_0 = M_0(1-p)^2 \sum x^2 p^{x-1}$$

となる．ここで $\sum_{x=1}^{\infty} x^2 p^{x-1} = \dfrac{1+p}{(1-p)^3}$ （$p<1$ に対して）を用いると

$$\overline{M_\mathrm{w}} = M_0 \frac{1+p}{1-p}, \quad \overline{x_\mathrm{w}} = \frac{\overline{M_\mathrm{w}}}{M_0} = \frac{1+p}{1-p}$$

となる．多分散度は $\overline{M_\mathrm{w}}/\overline{M_\mathrm{n}} = 1+p$ となり，$p \to 1$ では $\overline{M_\mathrm{w}}/\overline{M_\mathrm{n}} \to 2$ となる．□

5.2.5 反応速度論

二塩基酸のジカルボン酸と二価アルコールとのエステル化反応をモデルとして，重縮合の速度論を考えてみる．

例題 4 触媒を用いたエステル化反応
$$-R-COOH + HO-R' + Catalyst \xrightleftharpoons{K} -R-COO-R' + H_2O + Catalyst$$
の反応速度を解け．

解 COOH 基あるいは OH 基の減少速度 ($=-d[COOH]/dt = -d[OH]/dt$) に等しいので，反応速度式は

$$-d[COOH]/dt = k'[COOH][OH][Catalyst] \qquad (5.10)$$

と表される．ここで [ ] はそれぞれの官能基および触媒の濃度を表す．k'：速度定数である．この速度式では，反応によって生成した H_2O は速やかに系外に出るものと考える．触媒は反応前後で量の変化がないので，式 (5.10) は次のように書き直せる．

$$-d[COOH]/dt = k[COOH][OH] \quad (k = k'[Catalyst]) \qquad (5.11)$$

カルボキシル基と水酸基とがそれぞれ濃度 C の等モルで反応する場合，式 (5.11) より反応速度式は

$$-dC/dt = kC^2$$

となる．これを時刻 $t=0$（初期濃度 C_0）から時刻 t（濃度 C）まで積分すると

$$kt = 1/C - 1/C_0$$

が得られる．この式は

$$C_0 kt = C_0/C - 1$$

と変形でき，$C_0/C = N_0/N = 1/(1-p)$ であるので次のように書き直せる．

$$C_0 kt = 1/(1-p) - 1$$

よって，触媒のある系では，反応時間 t と $1/(1-p)$ が比例することが分かる．　□

例題 5 カルボン酸自身が触媒となる自己触媒でエステル反応が進行する場合の反応速度を解け．

解 このときの反応速度式は

$$-d[COOH]/dt = k''[COOH][OH][COOH]$$

となり，例題 4 と同様にして計算すると

$$-\frac{dC}{dt} = k'C^3, \quad 2k''t = \frac{1}{C^2} - \frac{1}{C_0^2}, \quad 2C_0^2 k''t = \frac{1}{(1-p)^2} - 1$$

が得られる．自己触媒系では，反応時間 t と $1/(1-p)^2$ が比例することが分かる．　□

5.2 重縮合

例題6 次に反応時間と共に生成した H_2O を系外に除去せず系内に溜まった場合を考える．反応の後期には，加水分解による逆反応を考慮することが必要であり，重合が進行しないことを示せ．

解 加水分解による逆反応を考慮した触媒存在下のエステル化反応の反応速度式は

$$-d[COOH]/dt = k[COOH][OH] - k_{-1}[-COO-][H_2O]$$

となる．ここで k_{-1}：加水分解による逆反応の速度定数，[−COO−]：生成したポリマーの繰返し単位の濃度である．

時刻 t の平衡状態では $-d[COOH]/dt = 0$ であるので，$k[COOH][OH] = k_{-1}[-COO-][H_2O]$ となり

$$K = \frac{k}{k_{-1}} = \frac{[-COO-][H_2O]}{[COOH][OH]}$$

が成り立つ．このときのそれぞれの濃度は，$[COOH] = [OH] = C_0(1-p)$，$[-COO-] = [H_2O] = C_0 p$ となるので，平衡定数 K と反応度 p は

$$K = \left(\frac{p}{1-p}\right)^2, \quad p = \frac{\sqrt{K}}{1+\sqrt{K}}$$

と書ける．従って，数平均重合度 $\overline{x_n}$ は $\overline{x_n} = 1 + \sqrt{K}$ となる．縮合で脱離した H_2O を系外に除去しない場合，$K \leq 10$ のポリエステルでは数量体程度，K が 400 ほどのポリアミドでも 20 量体程度しか重合が進行しないことが分かる． □

例題6より，重合度を高めるためには H_2O の系外への除去が重要であることが分かる．次にどの程度までの除去が必要か考えてみる．時刻 t の平衡状態で系内に残存する H_2O モル分率を n_{water} としたとき

$$K = \frac{k}{k_{-1}} = \frac{[-COO-][H_2O]}{[COOH][OH]} = \frac{pn_{water}}{(1-p)^2}$$

が成り立つ．反応度 p と数平均重合度 $\overline{x_n}$ は

$$p = 1 + \frac{1}{2}\frac{n_{water}}{K}\left(1 - \sqrt{4\frac{K}{n_{water}} + 1}\right)$$

$$\overline{x_n} = \frac{2K/n_{water}}{\sqrt{4K/n_{water}+1}-1} \tag{5.12}$$

と書ける．$K/n_{water} \gg 1$ であるので，式 (5.12) は簡単になって

$$\overline{x_n} = \sqrt{\frac{K}{n_{water}}}$$

が得られる．$K \leq 10$ のポリエステルで，$\overline{x_n} \geq 100$ の分子量をもつポリマーを得るためには，$n_{water} \leq 1 \times 10^{-4}$ にする必要がある．

5.3 重付加

2官能性モノマーが分子を脱離することなく逐次的に結合してポリマーを合成する反応を**重付加**とよぶ．エポキシ樹脂，ポリウレタンおよびポリ尿素がこの範疇に入る．

2官能性のエポキシ化合物と1級アミンとの反応でエポキシ樹脂が合成される．

$$n\, H_2C-CH-R-CH-CH_2 + n\, H_2N-R'-NH_2$$
$$\underset{O\qquad\qquad O}{}$$
$$\longrightarrow -(H_2C-\underset{OH}{CH}-R-\underset{OH}{CH}-CH_2-HN-R'-NH)_n$$

イソシネート基（–N=C=O）とアルコール（–OH）またはジアミン（–NH$_2$）との付加反応で，ウレタン結合（–NHCOO–）または尿素結合（–NHCONH–）を形成して，ポリウレタンまたはポリ尿素を合成する．ヘキサメチレンジイソシアネートとテトラメチレングリコールとからポリウレタンが合成される．

$$n\, \text{OCN}(CH_2)_6\text{NCO} \;+\; n\, \text{HO}(CH_2)_4\text{OH}$$

　　　　ヘキサメチレンジイソシアネート　　　　テトラメチレングリコール

$$\longrightarrow \;+\!\text{OCNH}(CH_2)_6\text{NHCOO}(CH_2)_4\text{O}+\!_n$$

ポリウレタン

4,4-ジフェニルメタンジイソシアネートと m-フェニレンジアミンとからポリ尿素が合成される．

$$n\, \text{OCN}\text{–}\phi\text{–CH}_2\text{–}\phi\text{–NCO} + n\, \underset{H_2N\qquad NH_2}{\phi}$$

4,4-ジフェニルメタンジイソシアネート　　m-フェニレンジアミン

$$\xrightarrow{80°C,\,DMAc} (\text{OCNH}\text{–}\phi\text{–CH}_2\text{–}\phi\text{–NHCONH}\text{–}\phi\text{–NH})_n$$

ポリ尿素

重付加も逐次重合で進行するので，重縮合と同じような反応速度論的扱いをすることができる．平衡定数 K は

$$K = \frac{p}{C_0(1-p)^2}$$

となり，時刻 t の平衡状態での反応度 p は

$$p = 1 + \frac{1-\sqrt{4C_0K+1}}{2C_0K}$$

となる．ここで C_0：モノマーの初期濃度である．生成したポリマーの数平均重合度 $\overline{x_\mathrm{n}}$ は

$$\overline{x_\mathrm{n}} = \frac{1}{1-p} = \frac{2C_0 K}{\sqrt{4C_0 K + 1} - 1}$$

と表される．重付加では一般に K が大きいので，$\sqrt{4C_0 K} \gg 1$ の条件では，$\overline{x_\mathrm{n}} = \sqrt{C_0 K}$ となる．重合度は K および C_0 に依存する．

5.4 付加縮合

ホルムアルデヒドは反応性が高く，フェノール類，尿素およびメラミンに容易に付加する．生成した付加体はさらにフェノール類，尿素およびメラミンと縮合する．

$$\text{X-H} \xrightarrow[\text{付 加}]{CH_2=O} \text{X-CH}_2\text{OH} \xrightarrow[\text{縮 合}]{\text{X-H} \atop -H_2O} \text{X-CH}_2\text{-X}$$

（ホルムアルデヒド）

フェノール　　尿素　　メラミン

この付加と縮合の反応が繰り返し起こることによってフェノール樹脂，尿素樹脂，およびメラミン樹脂が生成する．これらの付加と縮合の繰返しによる反応を**付加縮合**とよぶ．

反応は逐次的に進行し，重合度は時間と共に増加する．フェノールはパラ位と 2 個のオルト位が**反応活性**（**3 官能性**）であり，ネットワーク（三次元網目）構造を形成する．尿素も 4 官能性，メラミンも 3 官能性であり，いずれもネットワーク構造を形成する．ネットワーク構造形成後は不溶・不融となって成形困難である．そこで成形可能なプレポリマー（前駆体）の段階で成形後さらに重合を進めてネットワーク構造のポリマーを得る．これらの樹脂は，**熱硬化性樹脂**に分類される（詳細は 6.4.3 および 6.4.5 項参照）．

5.5 ラジカル重合

5.5.1 ラジカル重合

　ラジカル重合（radical polymerization）は，反応性の高いラジカルを活性種とする連鎖反応により進行する重合である．多くの場合，**開始剤**（initiator）によりラジカルを発生させて重合を開始させる．他にも熱，光や放射線などのエネルギー照射でもラジカルは生成し重合を開始させる．重合は，**開始**（initiation），**生長**（propagation），**停止**（termination），および**連鎖移動**（chain transfer）の4つの素反応から成り立つ．

開始反応： $\quad \mathrm{I} \xrightarrow{k_\mathrm{d}} 2\mathrm{R}\cdot, \quad \mathrm{R}\cdot + \mathrm{M} \xrightarrow{k_\mathrm{i}} \mathrm{R-M}\cdot$ (5.13)

生長反応： $\quad \mathrm{M}_n\cdot + \mathrm{M} \xrightarrow{k_\mathrm{p}} \mathrm{M}_{n+1}\cdot$ (5.14)

停止反応： $\quad \mathrm{M}_n\cdot + \mathrm{M}_n\cdot \xrightarrow{k_\mathrm{td}} \mathrm{M}_n + \mathrm{M}_n \quad$ または $\quad \mathrm{M}_n\cdot + \mathrm{M}_n\cdot \xrightarrow{k_\mathrm{tc}} \mathrm{M}_{2n}$ (5.15)

連鎖移動反応： $\mathrm{M}_n\cdot + \mathrm{T} \xrightarrow{k_\mathrm{tr}} \mathrm{M}_n + \mathrm{T}\cdot$ (5.16)

ここで I, R, M, M_n および T：それぞれ開始剤，開始剤から生成したラジカル種，モノマー，生成ポリマーおよび連鎖移動剤である．R・：重合開始ラジカル，$\mathrm{M}_n\cdot$：生長ラジカルである．$k_\mathrm{d}, k_\mathrm{i}, k_\mathrm{p}, k_\mathrm{td}, k_\mathrm{tc}$ および k_tr は各反応過程の速度定数である．

開始反応　　ラジカル重合は，開始剤からのラジカル生成で重合が開始する．開始剤には，過酸化 *tert*-ブチルや過酸化ベンゾイル（**BPO**）などの結合エネルギーが低い−O−O−結合を含む過酸化物がある．また**アゾ結合**（−N=N−）を含む 2,2-アゾビスイソブチロニトリル（**AIBN**）ならびに**酸化還元系**（**Redox**）開始剤がある．過酸化 *tert*-ブチルや BPO の −O−O− 結合のエネルギーは 130〜170 kJ mol^{-1} で C−H や C−C の結合エネルギーに比べて著しく低い．種々の開始剤の分解速度に係るパラメータを表 5.3 に示す．

生長反応　　この反応でモノマーからポリマー鎖（高分子鎖）ができていく．モノマーがラジカル中心（活性中心）に連鎖的に付加反応を繰り返すことによってポリマー鎖が**生長**する．このときラジカルは活性を保ったままポリマー鎖の末端に**生長ラジカル**として存在する．付加反応では，次の**頭−尾**（head-to-tail）付加反応が優先的に進行し，反応に要する時間はミリ秒のオーダーである．従って数千の付加が数秒間に起こる．

5.5 ラジカル重合

表 5.3 ラジカル重合の開始剤の分解速度に係るパラメータ

開始剤	活性化エネルギー [kJ mol^{-1}]	頻度因子	10 時間半減期温度 [°C]
$tert$-ブチルヒドロペルオキシド	174.2	7.97×10^{15}	168
ジ-$tert$-ブチルペルオキシド	152.7	2.16×10^{15}	125
過酸化ベンゾイル (BPO)	139.0	9.34×10^{15}	78
過硫酸カリウム	148.0	7.09×10^{17}	69
過酸化ラウロイル	125.3	3.93×10^{14}	66
アゾビスイソ酪酸ジメチル	124.0	2.48×10^{14}	66
2,2′-アゾビスイソブチロニトリル (AIBN)	128.9	1.58×10^{15}	65
2,2′-アゾビスジメチルバレロニトリル	121.0	6.98×10^{14}	50

$$\text{R-CH}_2\text{-}\overset{\cdot}{\text{C}}\text{H} + \text{CH}_2=\text{CH} \longrightarrow \text{R-CH}_2\text{-CH-CH}_2\text{-}\overset{\cdot}{\text{C}}\text{H}$$
(X 下付き)

X が共鳴によりラジカルを安定化する能力が小さい場合

$$\text{R-CH}_2\text{-}\overset{\cdot}{\text{C}}\text{H} + \text{CH}=\text{CH}_2 \longrightarrow \text{R-CH}_2\text{-CH-CH-}\overset{\cdot}{\text{C}}\text{H}_2$$

の**頭-頭** (head-to-head) 付加反応および

$$\text{R-CH-}\overset{\cdot}{\text{C}}\text{H}_2 + \text{CH}_2=\text{CH} \longrightarrow \text{R-CH-CH}_2\text{-CH}_2\text{-}\overset{\cdot}{\text{C}}\text{H}$$

の**尾-尾** (tail-to-tail) 付加反応が起こる．少量ではあるがこのような不規則な構造がポリマー連鎖中に存在する．この不規則な構造は，高分子の結晶構造の乱れの原因ともなる．

停止反応　ポリマー生長の停止には 2 種類ある．一つは生長ポリマー鎖ラジカル同士の再結合による反応停止である．

$$\sim\sim\text{CH}_2\text{-}\overset{\cdot}{\text{C}}\text{H} + \overset{\cdot}{\text{C}}\text{H-CH}_2\sim\sim \longrightarrow \sim\sim\text{CH}_2\text{-CH-CH-CH}_2\sim\sim$$

この場合，**頭-頭**結合が生成し，2 本鎖のポリマーから 1 本鎖のポリマーが生成して連鎖は停止する．

もう一つは，いわゆる**不均化反応** (disproportionation) によって水素原子が 1 本の生長鎖からもう 1 つの生長鎖へ引き抜かれ，反応が停止する．

$$\sim\sim\text{CH}_2\text{-}\overset{\cdot}{\text{C}}\text{H} + \overset{\cdot}{\text{C}}\text{H-CH}_2\sim\sim \longrightarrow \sim\sim\text{CH}_2\text{-CH}_2 + \text{CH}=\text{CH}\sim\sim$$

連鎖移動反応　　生長ラジカルは，モノマー以外の他の分子から水素原子やハロゲン原子を引き抜くことがある．これを**移動反応**とよぶ．この場合，移動反応を受けた分子が新たなラジカルとなり，この活性種から重合が始まる．ラジカル数は変わらないが，このラジカルが活性かつ安定であると，重合速度は低下し，平均重合度も低下する．

　重合が進んで反応系中のポリマー濃度が高くなると，ポリマー鎖への移動反応が起こるようになる．すると，ポリマー鎖中からの水素原子やハロゲン原子の引抜きが起こる．そこから新たなラジカル反応が進行して分岐をもつポリマーが生成する．

　一般に，水素の引抜き反応の活性化エネルギーは生長反応のそれよりも大きい．よって，重合温度が高いほど分岐の多いポリマーが得られやすい．

重合の禁止と抑制　　生長ラジカルと反応して，より安定なラジカルまたは安定な化合物を生じさせる物質がある．その物質との反応が非常に効率よく，重合を妨げる（停止させる）とき，この物質を**禁止剤**（inhibitor）とよぶ．それに対して，生長ラジカルの活性を低下させる物質を**抑制剤**（retarder）とよぶ．

　キノン類は大半のモノマーの重合に対し禁止剤として働く．酸素は禁止剤あるいは抑制剤として働くので，重合系内を窒素雰囲気あるいは脱気雰囲気にして酸素を取り除いた状態で重合を行う．

(注釈)　保管中の重合を禁止するために，モノマーに少量の禁止剤が入れてある．従って，重合前にはモノマーの精製を行う必要がある．

5.5.2　反応速度論

　素反応（式 (5.13)～(5.16)）に基づいて重合の速度論を考えることができる．このときに速度論を簡略化するために 3 つの重要な仮定が置かれる．

① 同一モノマーから生じた生長ラジカルの反応性は，生長鎖の長さに無関係に一定である．
② 平均鎖長が十分に長い．
③ 重合中の生長ラジカルの濃度は一定である．

開始剤からラジカル種 R· が生成する速度 R_d は

$$R_d = k_d[\mathrm{I}] \tag{5.17}$$

である．ここで k_d：速度定数である．生成したラジカル種のうち重合に関わる割合（**開始効率**）f は

$$f = R_\mathrm{i}/2R_\mathrm{d} \tag{5.18}$$

と表される.ここで R_i:重合の開始速度である.ラジカルの全濃度が増加する速度は重合の開始速度に等しい.式 (5.17) と (5.18) より

$$\left(\frac{d[\mathrm{M}_n\cdot]}{dt}\right)_\mathrm{p} = R_\mathrm{i} = 2fk_\mathrm{d}[\mathrm{I}] \tag{5.19}$$

が得られる.**重合速度** R_p と**停止速度** R_t は

$$R_\mathrm{p} = k_\mathrm{p}[\mathrm{M}_n\cdot][\mathrm{M}] \tag{5.20}$$

$$\left(-\frac{d[\mathrm{M}_n\cdot]}{dt}\right)_\mathrm{t} = R_\mathrm{t} = 2(k_\mathrm{td} + k_\mathrm{tc})[\mathrm{M}_n\cdot]^2 = 2k_\mathrm{t}[\mathrm{M}_n\cdot]^2 \quad (k_\mathrm{t} = k_\mathrm{td} + k_\mathrm{tc}) \tag{5.21}$$

と表せる.重合開始後,短時間内に生長ラジカル濃度 $[\mathrm{M}_n\cdot]$ が一定となるときを定常状態という.すなわち正味の $[\mathrm{M}_n\cdot]$ の生成速度が 0 になる(重合の開始速度と停止速度が等しくなる)とき,式 (5.19)〜(5.21) より

$$R_\mathrm{p} = k_\mathrm{p}\left(\frac{fk_\mathrm{d}}{k_\mathrm{t}}\right)^{1/2}[\mathrm{I}]^{1/2}[\mathrm{M}]$$

が成立する.重合速度は開始剤の濃度 $[\mathrm{I}]$ の 1/2 乗および $[\mathrm{M}]$ に比例する.

生成したポリマーの動力学的連鎖長 P_n は

$$P_\mathrm{n} = \frac{\text{単位時間内に消費されたモノマー数}}{\text{単位時間内に生成したポリマー数}}$$

$$= \frac{\text{生成速度}}{\text{停止速度}} = \frac{\text{生成速度}}{\text{開始速度}}$$

と定義される.従って

$$P_\mathrm{n} = \frac{R_\mathrm{p}}{R_\mathrm{i}} = \frac{k_\mathrm{p}}{2(fk_\mathrm{t}k_\mathrm{d})^{1/2}}\frac{[\mathrm{M}]}{[\mathrm{I}]^{1/2}}$$

が得られる.開始剤の濃度 $[\mathrm{I}]$ が低いか k_d が小さいほど P_n が大きくなることが分かる.

数平均重合度 $\overline{x_\mathrm{n}}$ は

$$\overline{x_\mathrm{n}} = \frac{k_\mathrm{p}[\mathrm{M}][\mathrm{M}_n\cdot]}{k_\mathrm{tc}[\mathrm{M}_n\cdot]^2 + 2k_\mathrm{td}[\mathrm{M}_n\cdot]^2}$$

$$= \frac{k_\mathrm{p}[\mathrm{M}]}{(1+p)k_\mathrm{t}^{1/2}(R_\mathrm{i}/2)^{1/2}} \quad \left(p = \frac{k_\mathrm{td}}{k_\mathrm{t}}\right)$$

となる.

- $p = 0$ すなわち $k_{dt} = 0$ のとき，ラジカル同士の再結合により停止し，$\overline{x_n} = 2P_n$ となる．
- $p = 1$ すなわち $k_{td} = k_t$, $k_{tc} = 0$ のとき，不均化反応で停止し，$\overline{x_n} = P_n$ となる．

実際の重合では，さらにモノマー，溶媒，開始剤への連鎖移動が起こるために数平均重合度は小さくなる．

$$\overline{x_n} = \frac{k_p[M][M_n\cdot]}{k_{tc}[M_n\cdot]^2 + 2k_{td}[M_n\cdot]^2 + k_{tr,M}[M_n\cdot][M] + k_{tr,S}[M_n\cdot][S] + k_{tr,I}[M_n\cdot][I]}$$

$$\frac{1}{\overline{x_n}} = \frac{(1+p)k_t^{1/2}(R_i/2)^{1/2}}{k_p[M]} + C_M + C_S\frac{[S]}{[M]} + C_I\frac{[I]}{[M]}$$

$$= \frac{(1+p)k_t^{1/2}(R_i/2)^{1/2}}{k_p[M]} + C_M + C_S\frac{[S]}{[M]} + C_I\frac{k_t R_p^2}{fk_p^2 k_d}\frac{1}{[M]^3}$$

ここで $C_M = k_{tr,M}/k_p$, $C_S = k_{tr,S}/k_p$, $C_I = k_{tr,I}/k_p$ である．従って，高重合度のポリマーを得るためには，C_S の小さい溶媒中で，C_I の小さい開始剤（例えば，AIBN など）を用いて重合させることが肝要である．モノマーとしてのプロピレンは C_M が大きく，これらのモノマーのラジカル重合では高重合度のポリマーを得ることができない．

5.5.3 重合物の分子量と分子量分布の考察

不均化反応で停止する場合 逐次重合での分子量分布の統計解析と同じ手法でラジカル重合で得られるポリマーの分子量分布を考察することができる．ただし，解析を簡素化させるために，モノマーおよび開始剤の濃度は一定とし，反応効率は数％の重合初期の場合を考える．

例題 7 不均化反応で停止する場合の多分散度を求めよ．

解 再結合は起こらず不均化反応のみで反応が停止するとき，重合が進行する確率 p は

$$p = \frac{R_p}{R_p + R_t} = \frac{N_0 - N}{N_0}$$

と表される．ここで N_0：重合したモノマーの総数，N：でき上がったポリマー分子の総数である．i 個の繰返し単位からなる連鎖が生成する確率は

$$P(i) = p^{i-1}(1-p) \tag{5.22}$$

となる．これは逐次重合の分子量と分子量分布の統計解析と同類の取扱いであり，多分散度は

$$\overline{M_w}/\overline{M_n} = 1 + p$$

となる．長い連鎖が形成される場合，$p \to 1$ で $\overline{M_w}/\overline{M_n} \to 2$ となる． □

5.5 ラジカル重合

再結合で停止する場合　停止反応で 2 つの生長した連鎖同士の再結合が起こる場合は，やや複雑になる．鎖長 j の生長鎖が鎖長 $i-j$ の生長鎖と再結合で停止して活性ラジカルを失った鎖長 i のポリマーが生成する場合を考える．鎖長 i のポリマーが生成する確率 $P(i)$ は

$$P(i) = \sum_{j=1}^{i-1} P(j)P(i-j) \tag{5.23}$$

である．式 (5.22) を式 (5.23) に代入すると次のようになる．

$$P(i) = \sum_{j=1}^{i-1} p^{j-2}(1-p)^2 = (i-1)(1-p)^2 p^{i-2} \tag{5.24}$$

> **例題 8**　再結合で停止する場合の数平均分子量 $\overline{M_\mathrm{n}}$，重量平均分子量 $\overline{M_\mathrm{w}}$ および多分散度を求めよ．

解　$\overline{M_\mathrm{n}}$ は (5.24) を用いて

$$\overline{M_\mathrm{n}} = \sum_{i=1}^{\infty} P(i)M_i = M_0 \sum_{i=1}^{\infty} iP(i) = M_0(1-p)^2 \sum_{i=1}^{\infty} i(i-1)p^{i-2} = \frac{2}{1-p}M_0$$

となる．ここで $\sum_{i=1}^{\infty} i(i-1)p^{i-2} = \dfrac{2}{(1-p)^3}$（ただし $p<1$）を用いた．

鎖長 i のポリマーの数 N_i は

$$N_i = P(i)N \tag{5.25}$$

となる．再結合で停止するときの重合の進行する確率 p は

$$p = \frac{R_\mathrm{p}}{R_\mathrm{p} + R_\mathrm{t}} = \frac{N_0 - 2N}{N_0} \quad \text{あるいは} \quad \frac{N}{N_0} = \frac{1-p}{2} \tag{5.26}$$

である．ここで R_p：重合速度，R_t：停止速度である．鎖長 i のポリマーの重量分率 w_i は，式 (5.24)～(5.26) より

$$w_i = \frac{iN_i}{N_0} = \frac{1}{2}(1-p)^3 p^{i-2} i(i-1)$$

となる．$\overline{M_\mathrm{w}}$ は

$$\overline{M_\mathrm{w}} = \sum_{i=1}^{\infty} w_i M_i = M_0 \sum_{i=1}^{\infty} iw_i = \frac{1}{2}(1-p)^3 M_0 \sum_{i=1}^{\infty} i^2(i-1)p^{i-2} = \frac{p+2}{1-p}M_0$$

となる．ここで $\sum_{i=1}^{\infty} i^2(i-1)p^{i-2} = \dfrac{2(P+2)}{(1-p)^4}$（ただし $p<1$）を用いた．よって，多分散度は

$$\overline{M_\mathrm{w}}/\overline{M_\mathrm{n}} = (p+2)/2$$

となる．長い連鎖が形成される場合，$p \to 1$ で $\overline{M_\mathrm{w}}/\overline{M_\mathrm{n}} \to 1.5$ となる．　□

5.5.4 重合法

ラジカル重合法には大きく分けて**均一重合法**と**不均一重合法**とに分けられる．均一重合法には，塊状重合法および溶液重合法が含まれる．不均一重合法には，沈殿重合法（分散重合法），懸濁重合法，乳化重合法が含まれる．その他の重合法に固相重合法がある（表 5.4）．

表 5.4　様々なラジカル重合法と特徴

均一重合法	塊状重合 (bulk polymerization)	【方法】液状モノマーに少量の開始剤を加え，加熱あるいは光・放射線など照射．【特徴】高純度・高分子量のポリマーが得られる．重合後期は粘度上昇により反応系の流動性が低下．重合熱の除去が難しい．
	溶液重合 (solution polymerization)	【方法】モノマーと少量の開始剤を適当な溶媒に溶解．【特徴】塊状重合に比べて反応速度が遅い．温度の制御は容易だが，得られるポリマーの分子量は小さい．反応速度論や反応機構の研究に用いられる．
不均一重合法	沈殿重合 (分散重合) (precipitation polymerization)	【方法】モノマーは可溶だが生成したポリマーは不溶となる溶媒を用いる．【特徴】開始時は溶液中で均一だが，進行と共にポリマーが微粒子状で析出・沈殿し，系外へ出て不均一系になる．重合後のポリマーの単離が容易．
	懸濁重合 (suspension polymerization)	【方法】水に溶けないモノマーを水中で強く撹拌して粒子状（直径 0.1～1 mm）に懸濁し，モノマーに可溶な開始剤を加える．【特徴】温度の制御が容易で高分子量のポリマーが得られる．重合後のポリマーの単離が容易．塊状重合と溶液重合の利点を併せもっている．
	乳化重合 (emulsion polymerization)	【方法】せっけんなどの乳化剤を水に溶かすとミセルが形成される．ミセル内でモノマーと水溶性の開始剤を加えて，モノマーを拡散させる．【特徴】ミセル数が生成するラジカル数より大きいと，1 個のミセル内には 1 個のラジカルしか存在しないために，次のラジカルがミセル内に拡散するまで重合は停止せず，高分子量のポリマーが生成．重合後，微粒子状（直径 0.1～1 μm）のポリマーが得られる．反応溶液は乳濁液（ラテックス）として使用可．
その他の重合	固相重合 (solid phase polymerization)	【方法】結晶化した固体モノマーに加熱あるいは光・放射線など照射．【特長】生成したポリマーの構造はモノマーの分子構造を反映．代表例に重合後にポリマーがそのまま単結晶として得られるトポケミカル重合がある．

5.6 ラジカル共重合♣

2 種あるいはそれ以上のモノマーを混合して重合すると，これらのモノマーを共に含む**共重合体（コポリマー）**が得られる．ここで，モノマー M_1, M_2 の共重合を考える．次の 4 つの生長反応の競争で生成する共重合体の組成が決定される．

$$\sim\!\!\sim\!\!\sim M_1\cdot + M_1 \xrightarrow{k_{11}} \sim\!\!\sim\!\!\sim M_1\cdot \qquad \sim\!\!\sim\!\!\sim M_2\cdot + M_1 \xrightarrow{k_{21}} \sim\!\!\sim\!\!\sim M_1\cdot$$

$$\sim\!\!\sim\!\!\sim M_1\cdot + M_2 \xrightarrow{k_{12}} \sim\!\!\sim\!\!\sim M_2\cdot \qquad \sim\!\!\sim\!\!\sim M_2\cdot + M_2 \xrightarrow{k_{22}} \sim\!\!\sim\!\!\sim M_2\cdot$$

ここで，k_{11}, k_{12}, k_{21} および k_{22} はそれぞれの速度定数である．

モノマー M_1, M_2 の消失速度は

$$-\frac{d[M_1]}{dt} = k_{11}[M_1\cdot][M_1] + k_{21}[M_2\cdot][M_1]$$

$$-\frac{d[M_2]}{dt} = k_{12}[M_1\cdot][M_2] + k_{22}[M_2\cdot][M_2]$$

ここで，ラジカル濃度の定常状態 $-d[M_1\cdot]/dt = k_{12}[M_1\cdot][M_2] - k_{21}[M_2\cdot][M_1] = 0$ を考えて，整理すると

$$\frac{d[M_1]}{d[M_2]} = \frac{[M_1]}{[M_2]} \frac{(k_{11}/k_{12})[M_1] + [M_2]}{[M_1] + (k_{22}/k_{21})[M_2]} = \frac{[M_1]}{[M_2]} \frac{r_1[M_1] + [M_2]}{[M_1] + r_2[M_2]} \tag{5.27}$$

となる．ここで $r_1 = k_{11}/k_{12}, r_2 = k_{22}/k_{21}$ である．これらは**モノマー反応性比**（monomer reactive ratio）とよばれ，生長ラジカルに対する 2 種のモノマーの相対的な反応性を示す値である．代表的なモノマー反応性比を表 5.5 に示す．式 (5.27) は**共重合組成式**とよばれ，仕込みモノマーの組成と生成した共重合体の組成の関係を示す．この式はモノマーの組成比が変化しない重合初期のみ成り立つ．

表 5.5　各種モノマーの反応性比

モノマー 1（M_1）	モノマー 2（M_2）	r_1	r_2
スチレン	無水マレイン酸	0.04	0
	メタクリル酸メチル	0.52	0.46
	アクリル酸メチル	0.75	0.18
	ブタジエン	0.78	1.39
	塩化ビニル	17	0.02
	酢酸ビニル	55	0.01
メタクリル酸メチル	ブタジエン	0.25	0.75
	アクリロニトリル	1.35	0.18
	無水マレイン酸	6.7	0.02
	塩化ビニル	13	0
	酢酸ビニル	20	0.015
酢酸ビニル	アクリロニトリル	0.06	4.05
	アクリル酸メチル	0.1	9
	塩化ビニル	0.32	1.68
	エチルビニルエーテル	3	0

コモノマー中の M_1 のモル分率 f_1 は $f_1 = [M_1]/([M_1]+[M_2])$，$M_2$ のそれは $f_2 = [M_2]/([M_1]+[M_2])$ である．生成した共重合体中の M_1 の繰返し単位のモル分率は $F_1 = d[M_1]/(d[M_1]+d[M_2])$，$M_2$ の繰返し単位のモル分率は $F_2 = d[M_2]/(d[M_1]+d[M_2])$，共重合組成式は

$$F_1 = \frac{r_1 f_1^2 + f_1 f_2}{r_1 f_1^2 + 2f_1 f_2 + r_2 f_2^2} \quad \text{および} \quad F_2 = \frac{r_2 f_2^2 + f_1 f_2}{r_1 f_1^2 + 2f_1 f_2 + r_2 f_2^2}$$

となる．

図 5.2 に種々の r_1, r_2 に対する共重合組成曲線を示す．

- $r_1 r_2 = 1$ のとき，共重合体中のモノマー単位の分布が無秩序になり，ランダム共重合体が得られる．
- $r_1 = 1$ かつ $r_2 = 1$ のとき，生長ラジカルに対するモノマー M_1 と M_2 の反応性比が等しい．生成した共重合体組成比 $d[M_1]/d[M_2]$ は仕込みモノマー組成比 $[M_1]/[M_2]$ に等しくなり，理想共重合体が得られる．
- $r_1 = 0$ または $r_2 = 0$ のとき，一方のモノマーの単独重合性はない．また共重合体中にそのモノマー単位が連続して重合することはなく，その組成は 50% を越えることはない．

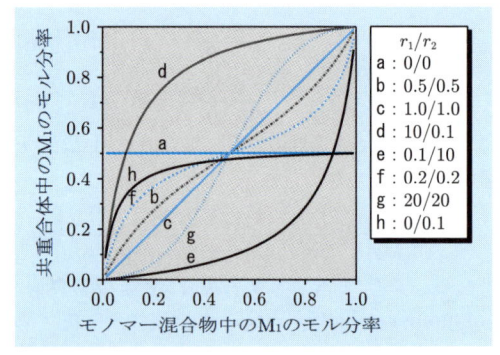

図 5.2 種々の r_1, r_2 に対する共重合組成曲線

- $r_1 = 0$ かつ $r_2 = 0$ のとき，$k_{11} = 0, k_{22} = 0$ である．どちらのモノマーも同種のモノマーとは連続して重合しない．よって共重合体中の繰返し構造は，コモノマー組成に無関係に必ず交互共重合となる．無水マレイン酸と α-オレフィンとの共重合がその例の一つである．

表 5.5 から分かるように，多くのラジカル共重合では，$r_1 r_2$ 値は 0 から 1 の間をとることが多い．r_1, r_2 のそれぞれの値が 0 に近いほど交互共重合性が高くなる．$r_1 \gg 1, r_2 \ll 1$ あるいは $r_1 \ll 1, r_2 \gg 1$ のように反応性比に大きな差がある組合せでは，組成にかなり偏りのある共重合体が得られる．図 5.2 中の曲線 g は $r_1 \gg 1, r_2 \gg 1$ の場合であるが，ラジカル重合ではこのような例は見当たらない．

モノマーの反応性はビニル基に結合している置換基の共鳴安定化や極性の効果に依存する．これらを経験的なパラメータとして

$$k_{12} = P_1 Q_2 \exp(-e_1^* e_2)$$

が提案された．ここで P_1, Q_2：それぞれラジカル $M_1 \cdot$ とモノマー M_2 の反応性を表す尺度，e_1^*, e_2：それぞれラジカル $M_1 \cdot$ とモノマー M_2 に係る静電的電荷量を表す尺度である．そこで，ラジカルとモノマーに係る電荷量が等しいと仮定して

$$r_1 = (Q_1/Q_2)\exp\{-e_1(e_1 - e_2)\},$$
$$r_2 = (Q_2/Q_1)\exp\{-e_2(e_2 - e_1)\}$$

と定量化したのが **Q-e スキーム** である．

スチレンに対する Q, e を基準（$Q = 1.0, e = -0.8$）として，それぞれのモノマーに対する Q と e を表 5.6 に示す．一般に，置換基の共鳴安定化が大きいと Q 値は大きくなる．電子供与性の置換基では負の e 値が，電子受容性の置換基では正の e 値となる．

$$r_1 r_2 = \exp\{-(e_1 - e_2)^2\}$$

$e_1 = e_2$ のとき，$r_1 r_2 = 1$ となり理想共重合体となる．$(e_1 - e_2)^2$ が大きいほど，$r_1 r_2$ は小さくなり 0 に近づき，交互共重合性が大きくなることが分かる．

表 5.6 ビニルモノマーの Q と e 値

モノマー	Q 値	e 値
無水マレイン酸	0.86	3.69
シアン化ビニリデン	14.2	1.92
テトラフルオロエチレン	0.032	1.63
アクリロニトリル	0.48	1.23
α-シアノアクリル酸メチル	4.91	0.91
アクリル酸メチル	0.45	0.64
アクリルアミド	0.23	0.54
メタクリル酸メチル	0.78	0.40
塩化ビニル	0.056	0.16
エチレン	0.016	0.05
ブタジエン	1.70	-0.50
イソプレン	1.99	-0.55
スチレン	1.0	-0.8
α-メチルスチレン	0.97	-0.81
酢酸ビニル	0.026	-0.88
イソブテン	0.023	-1.20
イソブチルビニルエーテル	0.030	-1.27

5.7 イオン重合

付加重合で，生長活性種がイオンであるときを**イオン重合**（ionic polymerization）とよぶ．イオン重合では，生長鎖末端のイオン対が重合に関与し，活性化エネルギーの低さから低温での重合が可能である．反応は溶媒の極性に敏感で，極性が大きいほど反応速度が大きくなる．生長活性種がカチオン（cation）のとき**カチオン重合**（cationic polymerization）といい，アニオン（anion）のとき**アニオン重合**（anionic polymerization）という．

5.7.1 カチオン重合

電子供与性の置換基を有するモノマー類のイソブテン，ビニルエーテル，スチレン，ブタジエン，N-ビニルカルバゾールなどが**カチオン重合**しやすい．モノマーと開始剤とから開始炭素カチオンが生じる．これが別のモノマーの二重結合に付加を繰り返し分子鎖が生長する．カチオン重合では，生長鎖がすべて同じ正の電荷を有している．従って生長鎖間の反応による停止はなく，生長鎖末端に対イオンが付加して中性分子となり重合が停止する．あるいは，移動反応により連鎖の生長は停止して，新たな連鎖の生長が始まる．

開始反応 $HClO_4$，H_2SO_4，CCl_3COOH などの強いプロトン酸や BF_3，$SnCl_4$，$AlCl_3$ などのルイス酸と水，アルコールやハロゲン化アルキルなどの共触媒との組合せ（例えば H_2O/BF_3，$AlCl_3/RCl$）が開始剤としてよく用いられる．

$$H_2O + BF_3 \rightarrow H^+(BF_3OH)^-, \quad AlCl_3 + RCl \rightarrow R^+(AlCl_4)^-$$

などが開始時に起こる．引き続きこれらの開始イオン対（A^+B^-）がモノマーを攻撃して開始炭素カチオンが生じる．

$$\underset{\text{モノマー}}{CH_2=CHR} + \underset{\text{開始イオン対}}{A^+B^-} \longrightarrow \underset{\text{開始炭素カチオン（生長鎖）}}{A-CH_2-\overset{+}{C}HRB^-}$$

生長反応 生長鎖末端へのモノマーの優先的な頭−尾付加の繰返しによって重合が進行する．

$$A-CH_2-\overset{+}{C}HRB^- + n\,CH_2=CHR \longrightarrow A\!-\!\!(CH_2-CHR)_n\!\!-\!CH_2-\overset{+}{C}HRB^-$$

停止反応 生長鎖末端のイオン対が消失して生長が停止する．一つにはイオン対が1分子的に反応して，再結合により生長が停止する．

$$\underset{\text{生長炭素カチオン}}{A\!-\!\!(CH_2-CHR)_n\!\!-\!CH_2-\overset{+}{C}HRB^-} \longrightarrow A\!-\!\!(CH_2-CHR)_n\!\!-\!CH_2-CHRB$$

ラジカル重合では，2分子間反応によって活性種が失活して重合が停止するが，カチオン重合ではイオン対の1分子的に活性種が失活して生長が停止する．
　もう一つは，移動反応により生長が停止する（**不均化反応**）．

$$A\!-\!\!(CH_2-CHR)_n\!\!-\!CH_2-\overset{+}{C}HRB^- \longrightarrow A\!-\!\!(CH_2-CHR)_n\!\!-\!CH=CHR + H^+B^-$$

生長反応の活性化エネルギーは停止反応や移動反応の活性化エネルギーより小さいので，低温ほど重合度が高くなる．

反応速度論

例題 9 次の素反応を基に反応速度を考えよ．

開始反応： $R^+B^- + M \xrightarrow{k_i} RM_1^+B^-$

生長反応： $RM_n^+B^- + M \xrightarrow{k_p} RM_{n+1}^+B^-$

停止反応： $RM_n^+B^- \xrightarrow{k_t} RM_n + H^+B^-$

連鎖移動反応： $RM_n^+B^- + M \xrightarrow{k_{tr,M}} RM_n + HM_1^+B^-$

解 開始速度 R_i，重合速度 R_p，停止速度 R_t は

$$R_i = k_i[R^+B^-][M]$$
$$R_p = k_p[RM_n^+B^-][M]$$
$$R_t = k_t[RM_n^+B^-]$$

である．定常状態では $R_i = R_t$ である．これを用いて R_p は次のように書き表せる．

$$R_p = \frac{k_i k_p}{k_t}[R^+B^-][M]^2$$

□

例題 10 上記の例題 9 の結果を基に数平均重合度 $\overline{x_n}$ を求めよ．

解 数平均重合度 $\overline{x_n}$ は

$$\overline{x_n} = \frac{R_p}{R_t + R_{tr,M}}$$
$$= \frac{k_p[RM_n^+B^-][M]}{k_t[RM_n^+B^-] + k_{tr,M}[RM_n^+B^-][M]}$$

である．ここで $R_{tr,M}$：モノマーへの連鎖移動速度である．

$R_t > R_{tr,M}$ の場合： $\overline{x_n} = \dfrac{R_p}{R_t} = \dfrac{k_p[M]}{k_t}$

$R_t < R_{tr,M}$ の場合： $\overline{x_n} = \dfrac{R_p}{R_{tr,M}} = \dfrac{k_p}{k_{tr,M}}$

□

5.7.2 アニオン重合

強い電子求引性基を置換基にもつシアノアクリル酸エステル，シアン化ビニリデン，アクリロニトリル，アクリル酸エステル，メタクリル酸エステルなどがアニオン重合し易い．スチレン，ブタジエンなどはアニオン重合でも重合する．開始剤には，アルカリ金属，アルキルアルカリ金属，グリニヤール試薬，アルカリ金属アルコキシド，ならびにピリジン，アミン，水などの塩基類が用いられる．

アニオン重合も開始，生長からなる連鎖反応で重合が進行する．

開始反応および生長反応　アルキル金属などの求核性化合物が開始剤となる．モノマーに付加して炭素アニオン（carbanion）を発生させ重合が開始し引き続き生長反応が進行する．n-ブチルリチウムを開始剤とする例を示す．

$$n\text{-}C_4H_9Li + CH_2=CHR \longrightarrow n\text{-}C_4H_9-CH_2-\bar{C}HR\cdots Li^+$$
$$n\text{-}C_4H_9-CH_2-\bar{C}HR\cdots Li^+ + n\,CH_2=CHR$$
$$\longrightarrow n\text{-}C_4H_9\text{-}(CH_2-CHR)_n\text{-}CH_2-\bar{C}HR\cdots Li^+$$

アルキルリチウムは無極性溶媒への溶解性がよいので，開始剤としてよく用いられる．

テトラヒドロフラン中で金属ナトリウムとナフタレンを反応させると緑色のアニオンラジカル（式 (5.28)）が生じる．この系にモノマーを加えるとアニオン重合が開始する（式 (5.29)）．この活性種はラジカルとアニオンの両方の活性を有する．二量化反応によりジアニオンが形成され，生長反応は両末端で進行する（式 (5.30)）．

$$\dot{Na} + \text{[naphthalene]} \longrightarrow Na^+ \text{[naphthalene]}^{\cdot -} \tag{5.28}$$

$$Na^+ \text{[naphthalene]}^{\cdot -} + CH_2=CHR \longrightarrow \dot{C}H_2-CHR^-\cdots Na^+ + \text{[naphthalene]} \tag{5.29}$$

$$2\dot{C}H_2-\bar{C}HR\cdots Na^+ \longrightarrow Na^+RH\bar{C}-CH_2-CH_2-\bar{C}HRNa^+ \tag{5.30}$$

生長鎖の濃度が増加すると生長速度定数の低下が起こる．

停止反応　アニオン重合の特徴は，ラジカル重合やカチオン重合で起こるような停止反応が起こらないことである．炭素アニオンは安定で，生長アニオン同士の反応による停止反応や対イオンの付加による停止反応は起こらない．しかし，求核性化合物とは容易に反応するので，それを利用してポリマーの末端に官能基を導入できる．

$$\sim\sim\overline{C}HR\cdots Na^+ + H_2 \longrightarrow \sim\sim CH_2R + NaOH$$

$$\sim\sim\overline{C}HR\cdots Na^+ + CO_2 \longrightarrow \sim\sim CHRCOO^-Na^+$$

5.8 配位重合

　チーグラー（K. Ziegler）は炭化水素溶媒中で $TiCl_4$ と $AlEt_3$ との反応生成物を触媒として常温・常圧下でエチレンの重合が進行することを見出した．さらにナッタ（G. Natta）は同種の触媒を用いて，高い立体規則性のアイソタクチック（イソタクチック）プロピレンを重合させることに成功した．

[注釈] これらの研究成果に対して1963年に両者にノーベル化学賞が与えられた．その後の高分子化学の研究と工業に対して大きな貢献をしている．

　それ以降，遷移金属化合物とアルキル金属化合物との種々の組合せの触媒を用いて，スチレンやプロピレンなどの α-オレフィンの立体規則性ポリマーの合成が報告された．これらの遷移金属触媒は一般に**チーグラー-ナッタ触媒**とよばれる．次式に示すようにオレフィンが遷移金属に配位してから生長鎖と反応することを繰り返して重合が進行する．

$P = -(CH_2-CHX)_n-R$

　これらを用いる重合は**配位重合**（coordination polymerization）あるいは**配位アニオン重合**とよばれる．

5.9 開環重合♣

反応しやすい小員環（三～九員環）化合物が開環し、それらが互いに付加してポリマーとなる反応が**開環重合**（ring-opening polymerization）である。開環重合は一般式

$$n\,(\mathrm{CH_2})_m\mathrm{X} \longrightarrow \{(\mathrm{CH_2})_m\text{-}\mathrm{X}\}_n$$

で表される。ここで $-\mathrm{X}-$ として、エーテル基（$-\mathrm{O}-$）、スルフィド基（$-\mathrm{S}-$）、アミン基（$-\mathrm{NH}-$）、エステル基（$-\mathrm{COO}-$）、アミド基（$-\mathrm{NHCO}-$）、$-\mathrm{CH}=\mathrm{CH}-$ などがある。
環状化合物の開環重合性は、モノマーの環ひずみに大きく依存する。従って、環ひずみの小さな五員環や六員環モノマーの重合性は低い。いくつかの開環重合の例を次に示す。

ポリエチレンオキシド　　三員環エーテルであるエチレンオキシドは、カチオン重合、アニオン重合でも合成される。一方、高分子量のポリエチレンオキシドは配位アニオン重合で合成される。エチレンオキシドにアルミニウムや亜鉛の有機金属化合物に水あるいはアルコールのような活性水素化合物を加えて反応させると、式 (5.31) のようにエチレンオキシドがアルミニウム原子に配位して重合が進行する。これにより、分子量が数百万の高分子量のポリマーが生成する。

$$\underset{\mathrm{RO}}{\overset{\mathrm{RO}}{\mathrm{Al}}}\!\!\!\!\!\!\!\underset{\mathrm{O}\text{-}\mathrm{CH_2}}{\overset{\mathrm{O(CH_2)_2OR}}{}}\;\;\longrightarrow\;\;\underset{\mathrm{RO}}{\overset{\mathrm{RO}}{\mathrm{Al}}}\text{-}\mathrm{O(CH_2)_2O(CH_2)_2OR} \tag{5.31}$$

水酸化ナトリウムを開始剤とするエチレンオキシドの**アニオン重合**を式 (5.32) に示す。

$$\mathrm{CH_2\text{-}CH_2} \overset{\mathrm{Na^+OH^-}}{\longrightarrow} \mathrm{HO\text{-}(CH_2CH_2O^-)Na^+}$$
$$\searrow\!\!\!\!\mathrm{O}\!\!\!\swarrow$$
エチレンオキシド

$$\overset{\mathrm{CH_2\text{-}CH_2}}{\underset{\mathrm{O}}{}}\longrightarrow \mathrm{HO\text{-}CH_2CH_2OCH_2CH_2O^-Na^+}$$

$$\overset{\mathrm{CH_2\text{-}CH_2}}{\underset{\mathrm{O}}{}}\Longrightarrow \{\mathrm{CH_2CH_2O}\}_n$$
ポリエチレンオキシド \tag{5.32}

生成ポリマーの分子量はそれほど大きくならない。

5.9 開環重合

ポリカプロラクトン　式 (5.33) に示すように，ε-カプロラクトンなどのラクトン類も容易にアニオン重合する．

$$\varepsilon\text{-カプロラクトン} \longrightarrow \text{ポリカプロラクトン} \quad \text{―}[O(CH_2)_5C(=O)]_n\text{―} \tag{5.33}$$

ナイロン 6　式 (5.34) に示すように ε-カプロラクタムに少量の水を加えて加熱する加水分解重合法で合成される．

ε-カプロラクタム $\xrightarrow{H_2O}$ $HOC(=O)(CH_2)_5NH_2$

$\longrightarrow$ $HOC(=O)(CH_2)_5N(H)C(=O)(CH_2)_5-NH_2$

$\Longrightarrow$ $-[C(=O)(CH_2)_5N(H)]_n-$ ナイロン6 (5.34)

ポリ（L-乳酸）　生分解性高分子として知られているポリ乳酸はオクタン酸スズなどの金属塩の触媒存在下でラクチドの開環重合により合成される．L-乳酸はデンプンの発酵により合成する．L-乳酸をそのまま重縮合してもオリゴマー程度のものしかできない．そこで，オリゴマーから環化して合成したラクチドの開環重合で高分子量のポリ（L-乳酸）を合成する．式 (5.35) に合成スキームを示す．

L-乳酸 $\xrightarrow{-H_2O}$ オリゴマー $\longrightarrow$ ラクチド $\Longrightarrow$ L-ポリ乳酸 高分子量ポリマー (5.35)

ポリノルボルネン　開環メタセシス重合で，環状オレフィンはモノマーの二重結合が切断し，新たな二重結合を形成して環状ポリオレフィンとなる．開始剤に Ru 錯体を用いるノルボルネンの重合例を式 (5.36) に示す．

$$(5.36)$$

注釈　環状ポリレフィンは，優れた透明性，高耐熱性，低屈折率，高周波特性を活かして，精密光学製品，医療機器，デジタル家電，通信機器などの様々な分野で用いられている．

5.10　重合による構造制御 ♣

　本章で重合は，ある化学構造をもつモノマーをつなぎ合わせてでき上がる分子構造をまさに作製する過程であることを学んだ．その分子構造ができ上がる材料を大きく特徴付ける．分子構造は，重合度や鎖長などの分子量，その分布（分子量分布），立体構造（立体規則性），分岐構造，末端基など 1 本の分子鎖のもつ多彩な構造である．
　さらに，分子構造は粘度や溶解性といったポリマーの溶液物性や結晶構造，相構造，相分離構造，それらの界面構造などの集合体としての高次構造に大きく影響する．
　従来ポリマーの物性や特性はバルク特性を基準として考えることが多かった．しかし近年では，ナノテクノロジーを支えるナノ材料としてポリマーが活用されている．そのために，分子設計された通りの高度な機能や性能を有するポリマーを作り上げていくことが求められてきている．また，ポリマーの分子構造を制御する精密合成技術に基づく精密重合の開発が盛んになっている．

5.10.1 リビング重合

リビング重合（living polymerization）は分子量と分子量分布が制御できる重合法である．1956 年にシュヴァルク（M. Swarc）がスチレンのアニオン重合中に見出した．リビング重合は連鎖重合の一種であるが，開始反応速度が生長反応速度より十分速く，連鎖移動反応も停止反応も起こらない．生長鎖末端が生きている（living）ために，リビング重合とよばれ，リビングポリマーが得られる．

リビング重合の特徴
① 生成ポリマーの数平均分子量 M_n はモノマーの重合率に比例して増加する．
② 当初のモノマーが消費した後も生長鎖末端が常に活性を保ったままの状態が続き，モノマーを再び加えるとさらに重合が続く．
③ 分子量分布が**ポアソン分布**（Poisson distribution）に従う $M_w/M_n = 1$ の分子量の揃ったポリマー鎖が得られる．

リビング重合の種類　当初は生長末端が比較的安定な無極性炭化水素系モノマーのアニオン重合に限られていた．スチレン，ブタジエン，イソプレンなどの炭化水素系モノマーから生成する炭素アニオンは比較的安定であり，水などの酸性物質や酸素などの重合を阻害する物質を重合系から厳密に除去することによってリビング重合させることができる．

1980 年代以降になると重合の精密制御による構造を制御する新規ポリマーの合成が求められるようになり，その視点から新たなリビング重合が開発されてきた．

不安定な生長末端（P*）をより安定で副反応を起こさない共有結合末端（P−Y）に一時的に変換し，これから活性な生長末端を可逆的に少量生成させる，という考えを基にいままで制御困難な種々の連鎖重合でリビング重合を可能としてきた．準安定な末端（P−Y）自体はモノマーと反応しないが，適切な条件下で活性種 P* を生成する．このような末端（P−Y）を**休止種**（ドーマント種，dormant species）とよぶ．ドーマント種と活性種は相互変換平衡であるが，平衡はドーマント種に偏っている（[P−Y] ≫ [P*]）．ある時刻に少量の活性種末端のみが生長する．ドーマント種は再生され，別のドーマント種が新たに活性種末端へと変換する．開始剤初濃度 ≒ ドーマント種濃度 となる．このようにして，各時刻で極めて低濃度の活性種のみが生長するために副反応が抑制される．相互変換が生長より十分に速いと，それぞれのドーマント種はほぼ同じ確率で同じ鎖長のポリマーへと生長する．リビング重合の特徴をもつポリマーが生成する．ドーマント種を用いるリビング重合を次にまとめる．

リビングアニオン重合　成長末端の炭素アニオンがカルボニル基と停止反応を起こすために，アクリル酸エステルやメタクリル酸エステルはリビング重合が困難であった．メタクリル酸メチルエステル（**MMA**）のアニオンをドーマント種へ変換して，リビング重合させることが可能となった．トリメチルシリル基を脱離基，求核性フッ素アニオンを触媒とする**グループトランスファー重合**（group transfer polymerization）を用いる MMA のリビング重合が開発された．

[反応機構図: MMAのリビング重合]

リビングカチオン重合 通常のカチオン重合では連鎖移動反応が起こりやすく，分子量の制御は困難である．ハロゲンやカルボン酸アニオンなどを脱離基とするドーマント種を生成させ，弱いルイス酸（I_2 や $ZnCl_2$）を触媒とするリビングカチオン重合が開発された．これを用いて，ビニルエーテルやスチレン誘導体などがリビング重合されている．ビニルエーテルに HI を加えると，炭素カチオンが安定して重合は進行しない．弱いルイス酸の I_2 を添加すると電子求引性により炭素カチオンが活性化されて重合が進行し，リビングポリマーが生成する．

[反応式: ビニルエーテル + HI → CH₃-CHI-OR, I_2 により活性化 → ポリマー生成]

リビングラジカル重合 通常のラジカル重合では，生長末端同士が停止反応を起こすので，分子量制御が困難である．種々のドーマント種を用いることによってリビング重合が可能となる．安定ラジカル種（ニトロキシドなど）を脱離基とする方法や，ハロゲンを脱離基とし遷移金属錯体を触媒とする方法などが開発されている．

5.10 重合による構造制御

[反応式: 安息香酸ラジカルとスチレン, TEMPO系ニトロキシドによるリビングラジカル重合]

[反応式: CH₃-C(CH₃)(COOR)-Cl とメタクリル酸メチルの MLn 触媒による原子移動ラジカル重合]

MLn：RuCl₂(PPh₃)₃
M　：Ru, Cu, Fe, Ni, Pdなど

リビング開環メタセシス重合　5.9 節の開環メタセシス重合の例を参照.

　リビング重合の仲間に，イニファーターを用いるラジカル重合やイモータル重合がある. **開始剤－連鎖移動剤－停止剤**（<u>ini</u>tiator-chain trans<u>fer</u> reagent-termina<u>tor</u>）の 3 つの役割を有する化合物を**イニファーター**（inifertor）とよぶ．イニファーターには，フェニルアゾトリフェニルメタンやテトラエチルチウラムジスルフィドなどが挙げられる．モノマー（M）とイニファーター（AB）とから A–M_n–B のポリマーが合成される.

[構造式: フェニルアゾトリフェニルメタン, テトラエチルチウラムジスルフィド]

フェニルアゾトリフェニルメタン　　テトラエチルチウラムジスルフィド

　イモータル重合は，Al ポルフィリン錯体（開始剤）によるエポキシドの開環重合において見い出された．**イモータル**（immortal）は不死身の意味で，開始剤のユニークな反応性に起因している．イモータル重合でも分子量の揃ったポリマーが得られるが，連鎖移動剤を加えることにより分子数を増やすことができる点がリビング重合と異なっている.

これは，連鎖移動反応が可逆で，かつ高分子の成長反応よりもずっと速く起こるためである．現在では，亜鉛やマンガンのポルフィリン錯体もイモータル重合の開始剤になることが確認されており，モノマーの適用範囲も環状エステルや環状チオエーテルにまで広げられている．

リビング重合の応用　リビング重合を利用することによって従来の連鎖重合では不可能であった様々なポリマーを精密重合できる．

- **ブロック共重合体**：活性な生長鎖末端を利用して，添加するモノマーの種類を変えることにより任意の鎖長を有する AB 型や ABA 型ブロック共重合体の合成．
- **末端官能性ポリマー**：全ての開始末端あるいは停止末端に特定の官能基を有するポリマー．両方の末端に官能基を有するテレケリックポリマーなど．
- **星型ポリマー**：中央の核から複数本のポリマー鎖が伸びた長鎖分岐ポリマー．多官能性開始剤を用いる方法，線状のリビングポリマーを多官能性停止剤で停止させる方法，およびリビングポリマーに少量の 2 官能性モノマーを添加して架橋反応でミクロゲルを作る方法などがある．

5.10.2　連鎖縮合重合

フェノール類の酸化重合によるポリフェニレンオキシドの合成や 4-ハロチオフェノキシドからのポリフェニレンスルフィドの合成では，重縮合でありながらその生長は連鎖的に進行することが見出されている．フローリー（P. J. Flory）の理論によると，重縮合では「モノマー，オリゴマーの反応性は等しく同じ確率で反応する」はずである．しかし，先のポリマーの合成では，モノマーの一つの反応性基が反応するともう一つの反応性基の反応性が高くなり，逐次的ではなく連鎖的に反応が進行するようになる．その結果，重縮合においてもリビング重合と同様な重合挙動を示す．さらに分子量はモノマー転嫁率に比例して増加し，生成ポリマーの分子量は開始剤量によって制御でき，分子量分布も狭い．

5.10.3　固相重合

トポケミカル重合　固相反応において，原系と生成系の結晶構造が変わらないで構造組成だけが変わるような反応を**トポケミカル反応**とよぶ．原系をモノマー，生成系をポリマーとする場合のトポケミカル反応が，ジアセチレン誘導体での固相反応において 1969 年にウェグナー（G. Wegner）によって見出された．ウェグナーはジアセチレン誘導体の結晶状態での色の変化を 1,4-重合に基づくものとし，これを**トポケミカル重合**とよんだ．ジアセチレンモノマーは結晶中でおよそ 5Å（0.5 nm）の距離（d_s）で約 45° 傾いてスタッキングして整列している．この構造は重合に適した構造であり，次式に示すように 1,4-重合体が合成される．

ムコン酸エステルなどの 1,3-ジエンモノマーの結晶に，紫外線，γ 線，X 線を照射すると 1,4-トランス繰返し構造をもつポリマーが得られる．モノマーが同じ方向を向いてスタッキングするとアイソタクト型ポリマーが，向きが交互になるようにスタッキングするとジシンジオタクト型ポリマーが生成する．トリエンやトリアセチレンおよびキノジメタン結晶中で同様にトポケミカル重合が進行する．このときスタッキング距離は 7.4 Å が重合に最適であることが見出されている．

固相重縮合　結晶固体モノマー内での重縮合反応と低分子の拡散により進行する固相重合．結晶構造が徐々に変化しながら重合が進行するので，非トポケミカル反応に分類される．1,3-ビス（ヒドロキシフェニルメチル）ベンゼンの結晶内で融点以下の温度で脱水縮合が進行してポリエーテルが合成できる．

重合反応中にポリマーがウィスカー結晶として析出して重合が進行するポリエステルなどもある．

5.10.4 電界重合

ポリピロールやポリチオフェンなどの導電性ポリマーの合成法として**電界重合法**を挙げる．フェノール類も電界重合で合成できる．支持電解質とモノマーとを溶解させた溶液に二電極法あるいは三電極法を用いて所定電圧（通常 $1\sim2$ V）の電圧を印加して重合を進行させる．

- **二電極法**では電位の制御は行えないが，ポテンショスタットやガルバノスタットを必要としないで簡便に行える．
- **三電極法**ではポテンショスタットで電位を制御しながら行う．

演習問題 第5章

1. 逐次重合と連鎖重合のそれぞれの特徴を挙げ，両者を比較せよ．

2. (1) 反応度の重縮合において Z 平均分子量が $M_z = \dfrac{1+4p+p^2}{(1+p)(1-p)}M_0$ となることを示せ．ここで M_0：繰返し単位の分子量．

   (2) 例題 3 の結果と合わせて，$p \to 1$ のときの $M_n : M_w : M_z$ を求めよ．

第6章

高分子反応

　高分子材料は人間生活にとって欠かせない存在である．新規な性質や機能を求めて，天然高分子をはじめとする既存の高分子材料を基に，化学的な改質を行うことが古くからなされてきた．また同時に，高分子材料の劣化の原因を探り，安定性を向上させることも重要である．現在では，高分子の反応性そのものを機能とする材料も幅広く展開されており，高分子材料のリサイクルに対しても応用されつつある．高分子反応は，基本的には低分子反応と同様の素反応からなる．しかし，高分子量であるがために特別な傾向や結果を示すことがほとんどである．本章では高分子が示す特徴的な反応の事例をまとめてみた．

本章の内容

6.1　高分子の反応
6.2　官能基の変換
6.3　架橋反応
6.4　分解反応
6.5　感光性樹脂
6.6　触媒作用
6.7　高分子のリサイクル

6.1 高分子の反応

6.1.1 高分子反応の特徴

　高分子が示す化学反応に対する性質は，基本的には低分子化合物の場合と同じである．しかし，分子量が大きいことや，鎖状の繰返し構造であることにより，表 6.1 に示すような要因によって大きな影響を受ける点が，高分子反応の特徴といえる．実際の高分子反応は，これらの効果が複雑に絡み合って起こる．最も体系的に組み合わさった例が，生体高分子である酵素の働きである．

　また高分子反応は形態の変化からみて，① 分子量が（あまり）変化しない場合，② 分子量が増大する場合，③ 分子量が減少する場合，に分けられる．

表 6.1　高分子反応に影響をおよぼす要因

分子間力	分子内あるいは分子間における，水素結合，疎水性相互作用，静電的相互作用，あるいは電荷移動相互作用が強い影響を及ぼす．また，反応前後において官能基が変化することによって，分子間の親和性や相溶性が複雑に変わる．
高分子反応場	高分子鎖が作り出す反応空間は，疎水性あるいは親水性の静電的に特異な場となり，反応の遷移状態に大きな影響を与える．
立体効果	高分子鎖による立体遮蔽や排除体積効果によって反応が，促進あるいは抑制される．
結晶性	結晶部位と非結晶部位とでは，反応速度が著しく異なる．
コンフォメーション	高分子鎖の形態の違いは，反応の特異性や選択制を高める．
隣接基効果	反応する官能基が数多く近接していると協同的な反応が起こることがある．
多官能基効果	異なる複数の官能基が協同的に相互作用を及ぼすことで，特異な反応が起こる．

6.2 官能基の変換

6.2.1 高分子－低分子反応

セルロース誘導体　　バイオマス（biomass）とは，動植物から生まれる再生可能な有機物資源のことであり，石油を原料とする従来の材料に代わるものとして近年注目されている．セルロース（cellulose）は主に植物の構造部分や細胞壁

をなす天然高分子であり，地球上に最も多く存在するバイオマスである．セルロースは β 型グルコースの縮重合体からなり，古くから日常的な材料として用いられてきた．しかし，OH 基間の強い水素結合のために多くの溶媒に不溶で，加熱しても溶融せず，そのままではフィルムや成型品への加工が難しい．そこで化学反応を利用して種々の誘導体が合成されてきた．

セルロースからは主に水酸基の反応性を利用して多くの種類の誘導体が作られる．**酢酸セルロース**（アセチルセルロース，cellulose acetate）は水酸基をエステル化したもので，6 位，2 位，3 位の順にアセチル化されやすい．この置換された平均の数（**置換度**）によって溶媒への溶解性などの物性が異なり，繊維やフィルム，浸透膜塗料，成型品など多くの分野で用いられている．

また**ニトロセルロース**（nitrocellulose）は最も古いエステル誘導体で，爆薬や成型品（セルロイド），塗料などに用いられてきた．

エーテル誘導体としては**メチルセルロース**（methylcellulose）や**エチルセルロース**（ethylcellulose）がある他，**カルボキシメチルセルロース**（carboxymethylcellulose）は糊や増粘剤として用いられている．

セルロースはアルカリ処理すると，分子内で水和した Cell-OH・NaOH$(H_2O)_n$ 構造をとり，結晶性や化学反応性，溶解性が大きく変化する．これは上記誘導体や，再生セルロース繊維（**レーヨン**（rayon））やフィルムの前処理としても用いられる．その他，誘導体としてはアミノ基含有セルロース，酸化セルロースなどがある．

> **例題 1** 酢酸セルロースの置換度は，ある重量の酢酸セルロースをケン化して遊離する酢酸の重量%，すなわち**酢化度**で示されることが多い．酢化度 56.2% の酢酸セルロースの置換度はいくらか．

解

$$置換度 = \frac{酢化度\,(\%) \times 162.14}{6005 - 酢化度\,(\%) \times 42.04}$$

と表すことができる．よって，酢化度 56.2% のとき，置換度は 2.5 となる． □

キチン誘導体 カニやエビの甲殻類や昆虫などの外骨格を構成する**キチン**（chitin）は窒素を含む直鎖型多糖で，セルロースにつぐ天然素材として近年注目を集めている．セルロース同様，そのままでは不溶なのでアルカリ処理によって脱アセチル化させて**キトサン**（chitosan）とし，凝集剤や繊維，フィルム，食品・化粧品素材など，多方面へ応用されている．さらにアミノ基を反応させて高機能化させる試みも盛んである．

キチン　　：R=-NHCOCH$_3$
キトサン：R=-NH$_2$

ポリスチレン誘導体 ポリスチレンのベンゼン環は芳香族の低分子化合物と同様に反応性が高く，各種の置換反応を応用することが可能である．得られた誘導体から，さらに 2 次，3 次の誘導体を作り出すことができる．

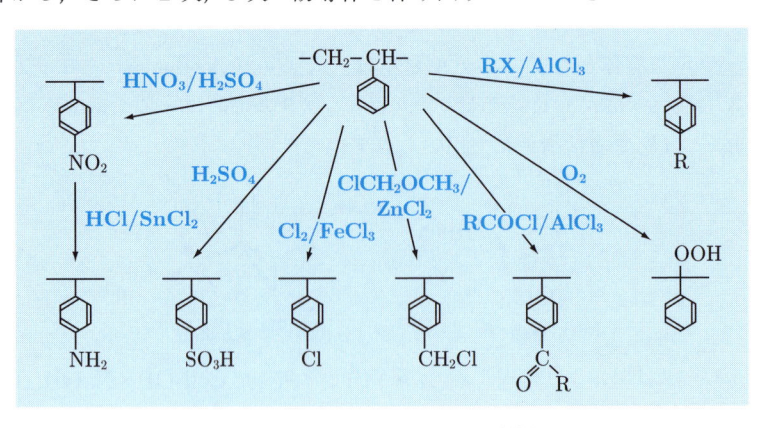

図 **6.1** ポリスチレンからの誘導体

例えば硫酸によってスルホン化されたものは**陽イオン交換樹脂**（cation exchanger resin）として使われる．一方，**陰イオン交換樹脂**（anion exchanger resin）にはクロロメチル化させたものをアミンと反応させて，アンモニウム塩としたものを用いる．

> **例題 2** 上に述べた陰イオン交換樹脂を使って実際に Cl⁻ 交換を行うためには，「再生」処理が必要である．どのような操作を行えばよいか．

解 あらかじめ強塩基の NaOH 水溶液を通すことで，Cl⁻ を OH⁻ に交換しておく． □

ポリビニルアルコール誘導体　ポリビニルアルコール（poly(vinyl alcohol)）はそのモノマー構造であるビニルアルコールが化学的に不安定で単独で存在しない．そのため，まず**ポリ酢酸ビニル**（poly(vinyl acetate)）を重合してから，その側鎖を**ケン化**（saponification）によって加水分解することで合成される．この反応は1つのエステル基が水酸基になることで，隣接エステル基の加水分解が起こりやすくなる**自触媒反応**である．

さらにヒドロキシ基の一部をホルムアルデヒドと反応させてアセタール化すると水に不溶となり、結晶性の**ポリビニルホルマール**（poly(vinyl formal)）が作られる．

$$-CH_2-CH-CH_2-CH-CH_2- \xrightarrow[-H_2O]{H-\overset{O}{\underset{}{C}}-H} -CH_2-CH-CH_2-CH-CH_2-$$
$$\underset{OH}{|}\underset{OH}{|} \underset{O}{|}\underset{O}{|}$$
ポリビニルアルコール　　アセタール化　　ポリビニルホルマール

ポリエチレン誘導体　　ポリエチレン主鎖の水素はもともと反応性に乏しいが、反応性の強い塩素を用いると**塩素化ポリエチレン**（chlorinated polyethylene）が得られる．ポリ塩化ビニルに似た性質を有し、塩素化の度合いによってゴム状から硬いものまで得られる．ポリプロピレンも同様の反応を示す．また塩素と二酸化硫黄の混合ガスによってクロロスルホン化し、さらに橋かけすることで耐候性、耐摩耗性に優れたゴム材料となる．

～CH₂-CH₂-CH₂-CH₂～　ポリエチレン

$\xrightarrow{+Cl_2}$ ～CH₂-CH-CH₂-CH₂-CH₂-CH～
　　　　　　　　　　　　　Cl　　　　　　　Cl

$\xrightarrow{SO_2+Cl_2}$ ～CH₂-CH-CH₂-CH～
　　　　　　　　　　　　Cl　　　　SO₂Cl

6.2.2　高分子内反応

バックバイティング　　低密度ポリエチレン（low density polyethylene）の合成過程では、成長末端が鎖構造の巻戻しによって水素引抜き反応を起こし、途中に短い側鎖を生み出して成長を続けることがある．このバックバイティング（back biting）によって生じた側鎖のことを、例えば C_5 分岐や C_4 分岐といい、ポリエチレンの物性に大きな影響を及ぼす．

炭素繊維　ポリアクリルニトリル（poly(acrylonitrile)）の繊維を減圧下で加熱処理すると，まず隣接するニトリル基が付加反応して，はしご型の構造のラダーポリマー（ladder polymer）となる．これを 1000～1500 °C に加熱すると脱水素が起きて芳香環が平面的につながった**炭素繊維**（carbon fiber）ができる．これをさらに 2000～3000 °C の不活性気体中で処理すると平面構造が発達し，**グラファイト繊維**（graphite fiber）となる．高強度・高弾性率の複合材料素材として，航空機，自動車，スポーツ用具などに利用されている．

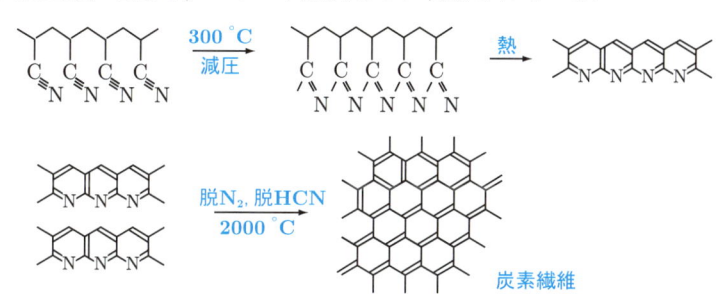

ポリアミドカルボン酸からのポリイミドの生成　芳香族ジアミンと芳香族テトラカルボン酸無水物からポリアミック酸が作られるが，それをさらに 300 °C に熱すると分子内脱水縮合が起き，非常に高い耐熱性をもった高結晶性ポリマーのポリイミド（polyimide）となる（7.2.2 項）．

6.2.3　ブロックまたはグラフトポリマーの合成

ブロック共重合体　あるモノマーが成長してできた高分子鎖の末端に，別のモノマーを重合成長させることで**ブロック共重合体**（block copolymer）を合成することができる．ランダム共重合体（random copolymer）はそれぞれのモノマーのみからなるホモポリマーの中間的な物性を示す．それに対して，ブロック共重合体はそれぞれの分子鎖が独立して分岐しているため，二面的な性質を示す．例えば，親水性ポリマー鎖と疎水性ポリマー鎖とからなるブロック共重合体は，水中において疎水性鎖を核とした球状の**高分子ミセル**（micelle）を形成する．また，始めにスチレンだけをアニオン重合したのち，成長末端にブタジエンを付加させることで AB 型の**スチレンブタジエンジブロック共重合体**（**SB 樹脂**）が得られる．あるいはジアニオン開始剤を用いてブタジエンを二方向に成長させたのちにスチレンを両末端に付加重合すると，ABA 型の**スチレンブタジエンスチレントリブロック共重合体**（**SBS 樹脂**）が得られる．これらの共重合体は熱

可塑性エラストマーの性質を示す（6.3.9項）.

$n\,\mathrm{CH_2{=}CH(C_6H_5)}$ →(アニオン開始剤)→ $\text{-(CH}_2\text{-CH)}_{n-1}\text{CH}_2\text{-CH}^{\ominus}$ →($m\,\mathrm{CH_2{=}CH{-}CH{=}CH}$ ブタジエン)→

$\text{-(CH}_2\text{-CH)}_{\overline{n}}\text{-(CH}_2\text{-CH=CH-CH}_2\text{)}_{\overline{m-1}}\text{CH}_2\text{-CH=CH-CH}_2^{\ominus}$

グラフト共重合体　ポリマー鎖の途中からモノマーを成長させることで，枝分れ構造をもったグラフト共重合体が得られる．ポリブタジエン鎖の存在下でアクリロニトリルとスチレンのラジカル共重合を行うと，**ABS 樹脂**とよばれる**アクリロニトリルブタジエンスチレントリブロック重合体**が得られる．

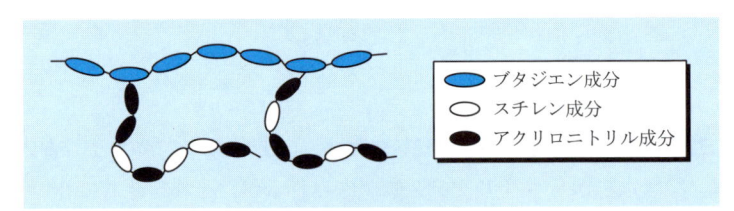

図 6.2　ABS 樹脂の構造

多糖類ではセルロース水酸基へのエチレンイミンの付加，アミド結合へのエチレンオキシドによる付加重合がある．またデンプンのグルコース環をセリウム (IV) イオンによって開環させてラジカル化し，ビニルモノマーをグラフト成長させることで，両親媒性の吸水性ポリマーが得られる．

6.2 官能基の変換

マクロモノマー　分子量が数百以上で，鎖の末端や鎖上にさらに重合できる官能基をもつものを**マクロモノマー**（macro monomer）とよぶ．例えば，リビング重合で成長させた高分子鎖の末端に重合性をもつ官能基を導入すると，末端で重合可能なマクロモノマーを作ることができる．そして別のモノマーと共重合させることでグラフト共重合体が得られる．

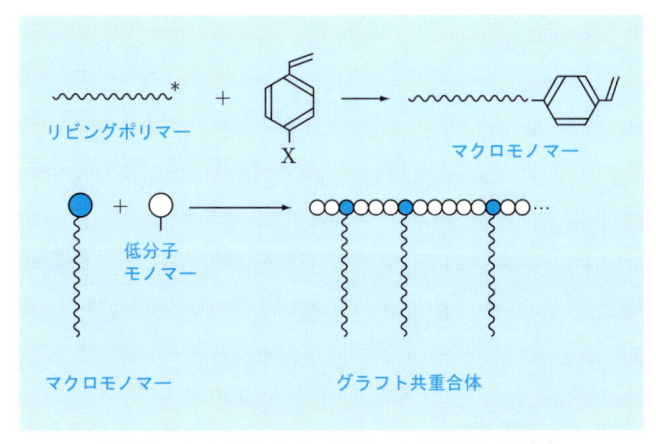

図 6.3　マクロモノマーを用いたグラフト共重合

　マクロモノマーには末端に重合活性基を有するものの他，加熱による熱分解や，紫外線や γ 線などの高エネルギー線による分解を通じてラジカル部位を生成させたものも利用できる．ただしラジカルは高分子鎖中の不特定な部位に生成する．

6.2.4　固相反応
メリフィールド法によるポリペプチド合成　ポリペプチドを人工合成するための代表的な手法がメリフィールド法（Merrifield's method）である．スチレン-ジビニルベンゼンの橋かけ共重合体のベンゼン環をクロロメチル化したものを支持体とし（6.3.6項），これにあらかじめ保護基を付けたアミノ酸誘導体を結合させたのち，保護基をはずす．続いて次の保護基付きアミノ酸を縮合・脱保護させるという操作を順次行い，最後に高分子支持体からペプチドを切り離す反応を行う．純度の高いペプチド鎖を得ることができ，全行程が自動化された装置が市販されている．

6.3 架橋反応

6.3.1 高分子の架橋

　直鎖状高分子の多くは加熱によって可逆的に溶融する物性を有するため，**熱可塑性樹脂**（thermoplastic resin）とよばれる．また，外力によって分子鎖間にすべりが生じると，外力を取り除いても元に戻らない．しかし，高分子鎖同士を反応によって結合させて三次元的な網目構造を作ると，全体として不溶・不融となる．このような**架橋**（橋かけ）**構造**（crosslinking structure）をもつ高分子は**網目高分子**（ネットワークポリマー）（network polymer）とよばれ，特に**ゴム弾性**を示すものを**弾性体**（エラストマー）（elastomer）とよぶ．また，架橋によって高分子は力学的強度や耐熱性が向上したり，良溶媒に対する大きな膨潤性を示して**ゲル化**（gelation）を示したりする．

　網目高分子は，熱的な反応によって合成されるものが多い．しかし光や放射線などで重合が開始される場合もある．また，重合反応と共に架橋する場合と，あとから分子間を架橋させる場合がある．前者の場合，3 以上の官能性をもつ原料を用いればよく，後者の場合は分子鎖 1 本当り平均 2 個以上の架橋が起こればよい．

熱によって架橋するものは，一般によく**熱硬化性樹脂**（thermosetting resin）ともよばれ，耐熱材料や，接着剤，塗料，高吸収性樹脂，分離膜など，高分子材料の化学的改質として広く応用されている．しかし，溶融成型加工ができないため，流動性を示すプレポリマーの段階で成型してから架橋反応を行わなければならない．

一方，イオン的な静電相互作用や配位結合，水素結合など，物理的な結合によって架橋される場合もあり，化学的な結合の場合と同様の性質をもたらす．

例題 3　「熱硬化性」は「熱可塑性」としばしば対比的に使われる語句であるが，厳密には比較のために用いることはできない．なぜか．

解　熱可塑性は可逆な物理的な性質（物性）のことをいう．一方，熱硬化性は加熱以外に酸素や光，酸などによっても起こる不可逆な化学的な性質である．　□

6.3.2　ゴ　ム

ゴムの木から採取した樹液は**天然ゴム**（**生ゴム**）（natural rubber）とよばれ，主に cis-1,4-ポリイソプレンからなるためゴム弾性を示さない．しかし，硫黄を練り込みながら加熱すると，硫黄は熱分解してジラジカルとなり，主鎖の二重結合に隣接する水素を引き抜く．さらに生じた高分子ラジカル鎖に硫黄のジラジカル分子が付加することで橋かけが起こり，三次元網目構造となる．この原理は二重結合を有する他のジエン系合成ゴム，ポリブタジエンやスチレンブタジエンゴムの他，エチレン－プロピレン－ジエン三元共重合体（**EPDM**）などにも有効である．

注釈　硫黄だけでは反応速度が遅いので，酸化亜鉛のような活性化剤や，促進剤を添加する．硫黄を含まない架橋剤としては，セレン，テルル，有機過酸化物，ニトロ化合物，アゾ化合物の他，フェノール樹脂の前駆体も可能である．

また，ゴム架橋は有機過酸化物を用いることでも可能である．この場合，主鎖に生じた炭素ラジカル同士が直接結合するため，耐熱性に優れる．また二重結合をもたないポリエチレンなどにも適用できる．

$$\phi-\underset{\underset{CH_3}{|}}{\overset{\overset{CH_3}{|}}{C}}-O-O-\underset{\underset{CH_3}{|}}{\overset{\overset{CH_3}{|}}{C}}-\phi \xrightarrow{\Delta} 2\,\phi-\underset{\underset{CH_3}{|}}{\overset{\overset{CH_3}{|}}{C}}-O\cdot \longrightarrow 2\,\phi-\underset{\underset{CH_3}{|}}{\overset{\overset{CH_3}{|}}{C}}-OH$$

ジクミルパーオキサイド

$$2-CH_2-CH_2-CH_2-CH_2- \xrightarrow{-H} 2-CH_2-CH_2-CH_2-\overset{\cdot}{C}H-$$

$$\xrightarrow{分子間架橋} \begin{array}{c} -CH_2-CH_2-CH_2-CH- \\ -CH_2-CH_2-CH_2-CH- \end{array}$$

6.3.3 フェノール樹脂

フェノールとホルムアルデヒドを酸性触媒や塩基性触媒と共に加熱すると，付加反応によるメチロール基の生成と脱水縮合反応が繰返し起きて，重合度の低い**ノボラック樹脂**（novolac）や**レゾール樹脂**（resol）が，それぞれ得られる（5.4節）．ノボラック樹脂は，ヘキサメチレンテトラミンなどの塩基性の硬化剤を加えて加熱することで溶剤に不溶な網目状高分子の**フェノール樹脂**となる．またレゾール樹脂はメチロール基が数多く生成するので，これをさらに加熱するだけで十分な架橋反応が起きる．

注釈　ヘキサメチレンテトラミン

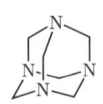

6.3.4 エポキシ樹脂

　エポキシ樹脂は，まずビスフェノール A とエピクロロヒドリンとから直鎖状のエポキシ基末端プレポリマーを作る．そこへアミン系または酸無水物系の硬化剤を加えることで三次元的な架橋を行う（5.3 節）．優れた耐熱性や，耐薬品性，電気絶縁性を示す．

> **注釈** 半導体部品の封止材料としては，金属に対する腐食性が低いノボラック型のエポキシ樹脂に多価フェノールを用いて架橋させたものが使われる．

$$CH_2-CH-CH_2-Cl + HO-\!\!\!\bigcirc\!\!\!-\underset{CH_3}{\overset{CH_3}{C}}-\!\!\!\bigcirc\!\!\!-OH \longrightarrow$$
　　エピクロロヒドリン　　　　ビスフェノールA

プレポリマー：
$$CH_2-CH-CH_2\!-\!(O\!-\!\bigcirc\!-\!\underset{CH_3}{\overset{CH_3}{C}}\!-\!\bigcirc\!-\!O-CH_2-CH-CH_2)_n\!-\!O\!-\!\bigcirc\!-\!\underset{CH_3}{\overset{CH_3}{C}}\!-\!\bigcirc\!-\!O-CH_2-CH-CH_2$$

エポキシ末端＋アミン基：
$$\sim\!\!\sim\!\!O-CH_2-CH-CH_2 + NH_2\!\sim\!\!\sim \longrightarrow \sim\!\!\sim\!\!O-CH_2-\underset{OH}{CH}-CH_2-\underset{H}{N}\!\sim\!\!\sim$$

$$\sim\!\!\sim\!\!O-CH_2-\underset{OH}{CH}-CH_2-\underset{H}{N}\!\sim\!\!\sim + \sim\!\!\sim\!\!O-CH_2-CH-CH_2$$
$$\longrightarrow \begin{array}{c}\sim\!\!\sim\!\!O-CH_2-\underset{OH}{CH}-CH_2\\ N\!\sim\!\!\sim\\ \sim\!\!\sim\!\!O-CH_2-\underset{OH}{CH}-CH_2\end{array}$$

6.3.5 ポリウレアやポリウレタンなど

　ホルムアルデヒドと尿素やメラミンなどのアミン化合物との脱水付加縮合を通して，**ユリア樹脂**（**尿素樹脂**）（urea resin）や**メラミン樹脂**（melamine resin）などの網目構造をもったアミノ樹脂が得られる（5.4 節）．また，イソシアネート基とアミン基やアルコール基との重付加によって**ポリウレア**（polyurea）や**ポリウレタン**（polyurethane）が得られる（5.3 節）．アミン水素の活性が高いため，高温や触媒の存在下で反応させることで，アミンを架橋点とする網目構造を作ることができる．

メラミン樹脂

ポリウレア
（$R_1=R_2=CH_2$のとき
ユリア樹脂）

ポリウレタン

いずれも◯印が架橋点

> **例題 4** ポリウレタンの合成において，少量の水を加えると発泡ポリウレタンが得られる．その仕組みを述べよ．

解 イソシアネート基と水が反応して二酸化炭素が発生するため．
$$-R-NCO + H_2O \rightarrow -R-NHCOOH \rightarrow -R-NH_2 + CO_2 \uparrow$$
ここで生じたアミンはさらに反応して尿素結合を生成し，無駄なく架橋する．
$$-R-NH_2 + -R-NCO \rightarrow -R-NH-CO-NH-R-$$

6.3.6 架橋ポリスチレン

スチレンと共にジビニルベンゼンを混ぜてラジカル共重合を行うと，丈夫な架橋構造が得られる．6.2.1項で述べたポリスチレン誘導体であるイオン交換樹脂や，6.3.2項のペプチドの固相合成など，様々な機能性材料の支持体として用いることができる．

スチレンジビニルベンゼン共重合体

注釈 ホルムアルデヒドは活性水素と反応性が強いので，上で述べた以外にもポリビニルアルコールを脱水架橋する．またアルコキシシリル基（$-Si(OR)_3$）をもつ高分子は，水の存在下で脱アルコールし，さらに脱水縮合によって $-Si-O-Si-$ 結合を作って架橋する．

6.3.7 放射線架橋

ポリマーに高エネルギーのX線，γ線，電子線などの放射線を照射すると，原子間の結合破壊が起き，これによって主鎖の切断や側鎖の解離の他，鎖間の結合による架橋反応が同時に起こる．このとき，どちらの反応が支配的に起こるかは，ポリマーの分子構造に依存することが知られている．一般に主鎖に二置換炭素をもつポリマーは主鎖切断反応が支配的な**崩壊型**（ポリイソブチレン，ポリアクリロニトリル，ポリメタクリル酸メチル）である．そして，その他のポリマーでは**架橋型**（ポリエチレン，ポリスチレン，ポリブタジエン）であるといわれている．

また官能基がもつ放射線に対する反応性を機能として利用することもできる．エポキシ基は電子線に高感度で開環反応して架橋することから，メタクリル酸グリシジルの共重合体はネガ型電子線レジストとして働く（6.5.2項）．

メタクリル酸グリシジル

6.3.8 光硬化反応

ケイ皮酸は波長が約 300 nm の光を吸収して二量体化し，シクロブタン環を作る．例えば，ポリビニルアルコールにケイ皮酸をエステル化したポリマーに光照射すると，分子間の光架橋が起きるために不溶化する．このような性質を利用すれば，ネガ型のフォトレジスト材料となる（6.5.2項）．

注釈 アジド基（$-N_3$）は，光反応によって窒素を放出してナイトレン（$-N:$）となる．ナイトレンは C-H 結合や C=C 結合に付加する．アジド基を2つもつビスアジド化合物は光架橋剤となる．

6.3.9 物理的な架橋構造

　水素結合やイオン結合など，強い分子間力でセグメント同士が強く引き合うと，その部分が架橋点のような挙動を示す．例えば，ABA 型ブロック共重合体の SBS 樹脂（6.2.3 項）は，常温ではスチレン部分同士が寄り集まって**ハードセグメント**（hard segment）である架橋点を形成し，**ソフトセグメント**（soft segment）であるブタジエン部分が変形を担う．しかし，加熱すると全体が溶融して成形が可能となる．このような材料のことを**熱可塑性エラストマー**（thermoplastic elastomer）という．また，アクリル酸やメタクリル酸をエチレンと重合させて，カルボン酸部分をナトリウムや亜鉛の金属イオン塩とすると，金属塩の部分が凝集して架橋点として働く．非常に強靭だが，適度な弾力性と柔軟性を有し，**アイオノマー**（ionomer）とよばれる．

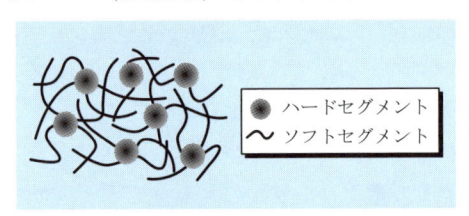

図 6.4　熱可塑性エラストマーの概略図 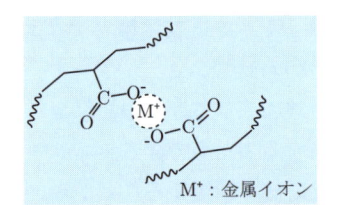　　図 6.5　アイオノマーの概略図

6.4　分 解 反 応

6.4.1　高分子の分解

　高分子材料は熱，光，酸素，化学薬品，微生物などの作用により，分子構造の化学的な分解を徐々に起こる．そして分子量の減少や機械的強度の低下，着色など，化学的あるいは物理的な変質を起こす．このような変化は実用的な観点から**劣化**（degradation）とよばれる．高分子材料の耐熱性や耐光性の向上のために，古くから劣化の防止方法が研究されてきた．

　しかし最近は，地球環境問題に関連して，分解反応を応用した使用済みプラスチックのリサイクル技術の研究・開発が進められている．また分解反応を積極的に利用して，材料表面の化学的な改質や，半導体回路の製作に欠かせないフォトレジスト（6.5.2 項）の開発が行われている．

　高分子材料の分解は，様々な見方によって，次のように分類することができる．

6.4 分 解 反 応   149

表 6.2 高分子分解反応の分類

	分　類
原因	熱分解，光分解，酸化分解，加水分解や酸分解，生分解
様式	ホモリシス（homolysis）→ ラジカル的に起こる ヘテロリシス（heterolysis）→ 結合を形成していた電子対が，一方の原子上に移動してカチオンとアニオンを生じる．
結合	主鎖分解 → 分子量の低下，解重合やランダム切断 側鎖分解 → 低分子の脱離，架橋構造の切断
形態	表面分解（光分解や酵素分解）→ 表面から順次分解 バルク分解（熱分解）→ 試料全体が均等に分解

6.4.2 熱 分 解

主鎖の分解　　熱分解は，高分子材料に加えられた熱によって分子運動が大きくなり，その運動エネルギーによって分子結合が切断されることで起こる．

ビニル系高分子の熱分解の多くはラジカル反応機構で進行するといわれる．

開始反応：　連鎖の末端や主鎖の弱い結合で**ホモリシス**が起こることで始まる．

$$-CH_2\!\!-\!\!\overset{|}{\underset{X}{CH}}\!-\ \xrightarrow{\text{ホモリシス}}\ -\overset{|}{\underset{X}{CH}}\!-\!\dot{C}H_2\ +\ \dot{C}H\!-\!CH_2\!-\\ \underset{X}{|}$$

反応の進行（逆成長）：

　解重合：　ポリマーラジカルが β 切断を起こして，モノマーを生じる．

$$-\overset{|}{\underset{X}{CH}}\!-\!CH_2\!-\!\overset{|}{\underset{X}{\dot{C}H}}\ \xrightarrow{\beta\,切断}\ -\overset{|}{\underset{X}{\dot{C}H}}\ +\ CH_2\!=\!\overset{|}{\underset{X}{CH}}$$

　連鎖移動：　分子内水素引抜き反応により生じたラジカル点から β 切断が起こり，末端二重結合をもつ低分子量オリゴマーが生成する．

$$-\underset{X}{CH}\!-\!CH_2\!-\!\underset{X}{\overset{H}{\underset{|}{C}}}\!-\!\underset{\underset{X}{|}}{\overset{\overset{X}{|}}{\dot{C}H}}\!-\!CH_2\ \longrightarrow\ -\underset{X}{CH}\!-\!CH_2\!-\!\underset{X}{\overset{|}{\dot{C}}}\!-\!CH_2\!-\!\underset{X}{CH}\!-\!CH_2\!-\!\underset{X}{CH}\!-$$

$$\downarrow \beta\,切断$$

$$-\underset{X}{\dot{C}H}\ +\ CH_2\!=\!\underset{X}{\overset{|}{C}}\!-\!CH_2\!-\!\underset{X}{CH}\!-\!CH_2\!-\!\underset{X}{CH}\!-$$

あるいは分子間水素引抜きにより主鎖中にラジカルが生成し，その β 切断によって，末端二重結合をもつ鎖と，新たなラジカル末端鎖が生成する．

$$-CH_2-\overset{\cdot}{\underset{X}{C}}-CH_2-\overset{}{\underset{X}{CH}}- \xrightarrow{\beta\text{切断}} -CH_2-\underset{X}{C}=CH_2 + \cdot CH-\underset{X}{CH_2}-$$

停止反応： 2つのラジカル分子間で再結合または不均化反応を起こすことによって不活性化する．

解重合（depolymerization）は主にビニルポリマーで起こり，α 炭素ラジカルの安定性と β 位結合の切れやすさのバランスで決まる．ポリメタクリル酸メチルやポリ-α-メチルスチレンは，ジッパーが外れるように次々と切断されてモノマーを生じる．この様子を**アンジッピング**（unzipping）とよぶ．重合の逆反応である解重合は温度が高いほど速いため，重合と解重合の速度が等しくなる**天井温度**（ceiling temperature）が存在する．

重縮合系ポリエステルのポリ乳酸などにおいては，安定な六員環構造のモノマー，**ラクチド**（lactide）が生成することで解重合が起こる．

一方，主鎖の各結合が類似した解離エネルギーをもつと，**ランダム切断**（random scission）が起こりやすい．ポリエチレンやポリプロピレンの他，多くの縮合系ポリマーにおいては，モノマーより分子量が大きい種々の分子鎖の混合物が得られる．ポリスチレンやポリイソブチレンは，解重合とランダム切断が競争的に起こるので，中間的な性質を示す．分解しやすい末端二重結合を有すると，主鎖の構造によらず熱安定性を悪くすることがある．

6.4 分解反応

表 6.3 ビニル系高分子の熱分解反応 [1]

反応タイプ		主な素反応	ポリマー（略記号）	分解温度 [°C]*	主生成物
主鎖切断型		解重合	ポリ-α-メチルスチレン (PαMS)	287	モノマー
			ポリテトラフルオロエチレン (PTFE)	509	←→
			ポリメタクリル酸メチル (PMMA)	327	←→
			ポリスチレン (PS)	364	←→
			ポリクロロトリフルオロエチレン (PCTFE)	380	←→
			ポリイソブチレン (PIB)	348	←→
	連鎖移動	分子内	ポリアクリル酸メチル (PMA)	328	←→
			ポリプロピレン (PP)	387	←→
		分子間	ポリエチレン (PE)	406	オリゴマー
側鎖脱離型		脱酢酸	ポリ酢酸ビニル (PVAc)	200-300	酢酸 + ポリエン
		脱 水	ポリビニルアルコール (PVA)	200-300	水 + ポリエン
		脱塩酸	ポリ塩化ビニル (PVC)	200-300	塩酸 + ポリエン
		脱オレフィン	ポリメタクリル酸イソプロピル (PiPMA)	250, 15%	オレフィン + ポリメタクリル酸無水物
			ポリメタクリル酸t-ブチル (PtBMA)	250, 47%	

*主鎖切断型：真空中熱分解における 30 分加熱で重量の半減する温度．
側鎖脱離型：PVAc, PVA, PVC は側鎖反応が起こる温度．PiPMA と PtBMA については真空中熱分解における 250 °C, 100 分加熱での重量減少率も示す．

例題 5
ランダム切断と解重合におけるポリマーの重合度の変化の違いについて述べよ.

解 ランダム切断分解においては分子鎖の途中で切れるので重合度が急激に減少する. 解重合分解においてはモノマー単位で減少していくので, 重合度は時間と共に比較的ゆっくりと減少する. □

側鎖の分解　側鎖に陰性の原子や原子団をもつと, 隣接する水素と反応して, 低分子化合物が脱離が生じやすい. ポリ塩化ビニルでは, いったん脱塩酸が起こると, 主鎖に生じた二重結合が隣接する官能基の反応性を高めるため, 続いて脱塩酸が起こりやすくなる. この反応はポリ塩化ビニルの着色劣化の原因となる.

$$-CH_2-\underset{Cl}{CH}-CH_2-\underset{Cl}{CH}-CH_2-\underset{Cl}{CH}- \xrightarrow{-HCl} -CH_2-\underset{Cl}{CH}-CH=CH-CH_2-\underset{Cl}{CH}-$$

ポリ塩化ビニル

$$\xrightarrow{-HCl} -CH_2-\underset{Cl}{CH}-CH=CH-CH=CH-$$

ポリアクリロニトリルは, 側鎖のニトリル基が反応して, ラダーポリマーとなり, さらに加熱することで炭化を起こして炭素繊維となる (6.2.2 項).

6.4.3 熱酸化分解
高分子材料が酸素にさらされると, 分解が促進される. いったんポリマー主鎖ラジカル ($P\cdot$) が熱や光のエネルギーによって生成すると, 酸素が付加することでペルオキシラジカル ($POO\cdot$) が生成する. このラジカルは水素引抜きによってポリマーラジカルを生成すると共に, ヒドロペルオキシド ($POOH$)

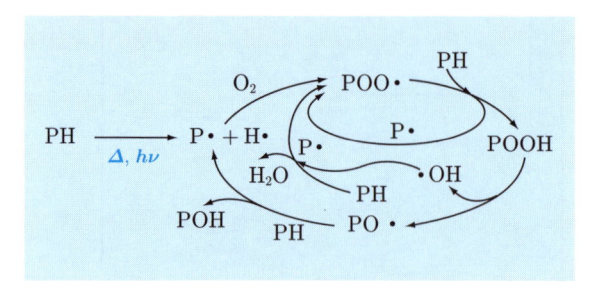

図 **6.6**　高分子の自動酸化反応機構

となるが，ホモリシスによってオキシラジカル（PO·）とヒドロキシラジカル（·OH）を生成して，さらに水素引抜きを起こして新たなポリマー主鎖ラジカルを生み出す．生じたポリマー主鎖ラジカルは β 切断などによって分解する．このような**活性酸素種**（reactive oxygen species）による一連の連鎖反応は**自動酸化反応**（auto-oxiation）とよばれ，最終的には再結合や水酸基，カルボニル基，カルボキシル基といった生成物の形で停止する．

6.4.4 光分解

高分子材料は，一般に戸外で太陽光にさらされると，主鎖切断や架橋の他，酸化などによって劣化する．光化学反応の起こりやすさは，照射された光（光子）のエネルギーと，各結合の解離エネルギーとの大小関係だけで決まるものではない．まず，光を吸収することのできる官能基である**発色団**（chromophore）が分子中に無ければ開始しない．光吸収の起こりやすさは，分子に固有の量子化されたエネルギー準位の特性によって決まり，次の**ランベルト–ベールの法則**（lambert-beer low）におけるモル吸光係数の大きさで表される．

$$A = \log_{10} \frac{I_0}{I} = \varepsilon c l$$

ここで A：吸光度，I_0：入射光強度，I：透過光強度，ε：モル吸光係数（$\mathrm{L\,mol^{-1}\,cm^{-1}}$），$c$：溶質の濃度（$\mathrm{mol\,L^{-1}}$），$l$：光路長（cm）である．

光子を吸収した分子は，高いエネルギー状態に移って**光励起状態**（photoexcited state）となり，**蛍光**（fluorescence）や**燐光**（phosphorescence）を発したり，熱エネルギーを周囲に受け渡す**無輻射失活**（radiationless decay）によって**基底状態**（ground state）に戻る他，化学反応を起こして別の物質となる．各過程の比率は量子収率を調べることによって定量的に比べられる（8.1.1項）．

化学構造からみると，通常の高分子材料は光分解が起きにくいと考えられる．光の波長分布域が 280 nm 以上である太陽光に対して，大きな吸収係数をもたないからである．日常において高分子材料が光劣化を開始する主な原因は，材料中に含まれる微量の不純物や添加剤の他，分子構造の欠陥や酸化によって生じた発色団などであると考えられている．

表 6.4　結合のエネルギー，光のエネルギー，および結合の吸収特性

結合	結合エンタルピー [kJ mol^{-1}]
C–H	410
C–C	350

光の種類	波長 [nm]	エネルギー [kJ mol^{-1}]
可視光（赤）	700	170
可視光（緑）	535	225
可視光（青）	420	285
紫外線	365	328
	200	600

発色団	吸収最大波長 [nm]	エネルギー [kJ mol^{-1}]	ε [l mol^{-1} cm^{-1}]	遷移
C–C	< 180	665	～1000	$\sigma - \sigma^*$
C=C	200	600	～10000	$\pi - \pi^*$
	256	470	～300	$\pi - \pi^*$
C=O	188	635	～1000	$\pi - \pi^*$
	279	430	15	$n - \pi^*$

ポリエチレンなど飽和炭化水素系高分子を構成する C–C 結合は，太陽光による分解は起こらない．しかし分子鎖中に含まれる微量のカルボニル基を反応点として，**Norrish I 型**および **II 型**（Norrish type I, type II）の分解反応を

起こす．また酸素分子が存在すると，光励起されたカルボニル基からのエネルギー移動によって励起一重項酸素が生じ，ヒドロペルオキシドを生成して分解が起こる．これを**光酸化反応**（photooxidation reaction）という（6.4.3項）．

ポリメタクリル酸メチルは，側鎖エステル基が光吸収することによって脱離し，主鎖三級ラジカルが生成する．その後，β 解裂により主鎖切断が起こり，生長末端型の主鎖ラジカルが生成する．側鎖も分解して，CO や CO_2，$\cdot CH_3$，$\cdot OCH_3$ などの低分子の生成物を生み出す．

ポリメタクリル酸メチル

（注釈）また高分子に高エネルギーの X 線，γ 線，電子線の放射線を照射することでも，主鎖切断や側鎖解離が起きる（6.3.7項）．

例題 6 光透過率が 5.0％の試料が示す吸光度はいくらか．

解 $A = \log \dfrac{100}{5} = 1.301$ より，吸光度は 1.3 となる．

（注釈）**劣化防止剤** 上述したように，高分子材料の劣化は，主に光・熱などのエネルギーによって開始され，酸素を介して生成したペルオキシドによる連鎖反応で進む．そこで実際の高分子材料には，劣化防止のために様々な**劣化防止剤**（antidegradant）が添加されていることが多い．最初のきっかけとなる光を遮蔽（反射）したり吸収したりすることによって高分子の分子鎖を保護するものとしては，紫外線遮蔽剤・吸収剤・消光剤（光エネルギー散逸）がある．また，酸素によって生じたペルオキシドを分解して，安定な化合物に変えるヒドロペルオキシド分解剤や，各種のラジカル種をトラップすることで，連鎖反応を断ち切る連鎖禁止剤がよく用いられる．

表 **6.5** 高分子材料の劣化防止剤

役割	化合物
紫外線遮蔽剤・吸収剤・消光剤（光エネルギー散逸）	遮蔽：顔料系（Al 粉末，金属酸化物，カーボンブラック，二酸化チタン） 吸収：フェニルサリシレート系，2-ヒドロベンゾフェノン系，ベンゾトリアゾール系
連鎖禁止剤	フェノール誘導体や，芳香族アミン誘導体，ヒンダードアミン系
ヒドロペルオキシド分解剤	硫黄系化合物や，リン系化合物，金属化合物
金属不活性化剤	ポリプロピレン被覆材の銅接触熱酸化劣化を抑制（キレート化剤）

6.4.5 加溶媒分解

　高分子材料は溶媒中におくことで，溶媒分子と反応して分解を示すことがある．これを一般に**加溶媒分解**（ソルボリシス（solvolysis））という．例えば，重縮合で合成された高分子や天然高分子の一部は，酸やアルカリを触媒として，比較的容易に**加水分解**（hydrolysis）を受ける．また**加アルコール分解**（alcoholysis）や**加アンモニア分解**（ammonolysis）も起こる．ソルボリシス反応は材料に劣化をもたらす大きな原因となるが，高分子を原料とするオリゴマーや低分子化合物の合成，およびケミカルリサイクルという観点からは非常に重要である（6.7.1 項）．

$$\sim\sim CH_2-\underset{\underset{O}{\|}}{C}-O-CH_2\sim\sim \xrightarrow{H_2O} \sim\sim CH_2-\underset{\underset{O}{\|}}{C}-OH \ + \ HO-CH_2\sim\sim$$
ポリエステル

$$\sim\sim CH_2-O-CH_2\sim\sim \xrightarrow{H_2O} \sim\sim CH_2-OH \ + \ HO-CH_2\sim\sim$$
ポリエーテル

$$\sim\sim CH_2-\underset{\underset{O}{\|}}{C}-\underset{\underset{H}{|}}{N}-CH_2\sim\sim \xrightarrow{H_2O} \sim\sim CH_2-\underset{\underset{O}{\|}}{C}-OH \ + \ H_2N-CH_2\sim\sim$$
ポリアミド

$$\sim\sim CH_2-O-\underset{\underset{O}{\|}}{C}-\underset{\underset{H}{|}}{N}-CH_2\sim\sim \xrightarrow{H_2O} \sim\sim CH_2-OH + CO_2 + H_2N-CH_2\sim\sim$$
ポリウレタン

6.4.6 生 分 解

　生分解性高分子（biodegradable polymer）とは，使用中は目的とする十分な機能や物性をもつが，不用となった後は生物化学的な反応によって，モノマー単位や，最終的には二酸化炭素，メタン，水にまで分解される高分子材料のことを指す．生分解性高分子の多くは，自然環境への負荷の低減を狙ったものであるが，体内分解性を目的とする材料もある．生分解反応は，酵素によって分解される**酵素分解**（enzymatic degradation），微生物によって二酸化炭素や水へ代謝される**微生物分解**（microbial degradation）の他，非酵素的な反応を含む加水分解によって体内で代謝される**生体内吸収**（bioresorption）などに分類される．

　分解酵素（degradation enzyme）は特定の分解反応を，特定の分子構造に対してのみ起こす．これを**反応選択性**や**基質特異性**という．エステル結合は**リパーゼ**（lipase），アミド結合は**プロテアーゼ**（protease），1,4-グリコシド結合は**アミラーゼ**（amylase）や**セルラーゼ**（cellulase）によって特異的に分解される．

また，分解に最適な温度やpHがある（6.6.2項）．微生物分解は，酸素を必要とする**好気性微生物分解**と，必要としない**嫌気性微生物分解**に分けられる．

生分解性高分子には，動植物由来の**天然物系**や，微生物がエネルギー貯蔵物質として体内合成する**微生物系**の他，飽和エステルなどの**化学合成系**がある．

- 天然物系：多糖を中心とし，植物由来のセルロースやデンプンの他，エビやカニの甲羅から得られるキチンやその誘導体のキトサンなど
- 微生物系：ポリヒドロキシ酪酸共重合体が良い材料特性を示す
- 化学合成系：近年ポリ乳酸を初めとする各種材料の開発が進み，再生可能な材料として注目を浴びている．

天然物系と微生物系については自然界に分解酵素が多く存在するが，材料の改質が必要な場合が多い．一方，化学合成系は分解酵素が限定されているが，適度な物性をもたせられる．

近年ポリ乳酸関連材料の開発が進み，再生可能な材料として注目を浴びている．

表 6.6　主な生分解性プラスチック

分類	名称
天然物系	デンプン（アミロース），セルロース，キトサン（キチン）
微生物系	ポリヒドロキシ酪酸／ヒドロキシ吉草酸共重合体，バクテリアセルロース，プルラン，カードラン，ポリグルタミン酸，
化学合成系	ポリカプロラクトン，ポリ乳酸，ポリブチレンサクシネート，ポリアミノ酸，ポリビニルアルコール，ポリエチレングリコール

注釈　酵素分解における酵素と基質の間の選択的な関係のことは，よく「鍵と鍵穴」の関係に例えられる．

6.5 感光性樹脂

6.5.1 感光性樹脂

高分子は加熱や光照射により，架橋反応（6.3節）や分解反応（6.4節）を通して分子量の増減や官能基の変化を起こす．そのため，溶解性や粘度など，様々な物性を変化させることができる．一方，光照射による処理は加熱と比較して，反応速度が比較的速い，レンズなどの光学系を用いて反応を起こす範囲を限定できる，熱に弱い材料に適用できる，などの特徴をもつ．そこで，光架橋や光

重合による不溶化，光分解による可溶化，発色団部位の光反応による溶解性の変化など，高分子の光反応をうまく利用した高分子材料が，リソグラフィー，各種製版，インキ，塗料，コーティング，接着，フォトファブリケーション，光造形，歯科治療など，様々な用途に応用されている．このような目的で使用される高分子材料を，総称して**感光性樹脂**（photopolymer）と呼ぶ．

6.5.2 フォトレジスト

基板に感光性樹脂を塗布してからパターンマスクを通して**露光**（exposure）し，樹脂の不用部分を除去し，さらに**エッチング**（etching）処理を行うことで，基板にパターンの彫刻画を描く手法のことを**フォトリソグラフィー**（photolithography）という．使われる感光性樹脂は耐エッチング性能が求められることから，一般に**フォトレジスト樹脂**（photoresist resin）ともよばれる．光照射部が除去されるタイプを**ポジ型**（posi-type），残るタイプを**ネガ型**（nega-type）という（図**6.7**）．

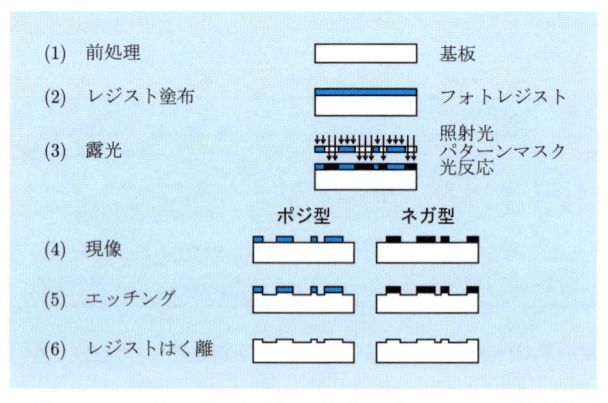

図 **6.7** フォトレジストを用いたリソグラフィーの概略図

フォトレジストは印刷用の各種製版（凸版，凹版，PS版（平版），スクリーン版（孔版）など）の他，各種平面型ディスプレイパネル製造における微細加工，電気カミソリ刃などの金属精密加工に用いられている．また，昨今のコンピュータにおける半導体素子や電子回路の急速な超高密度化は，フォトリソグラフィー技術の最先端である．加工の解像度は光の**回折限界**（diffraction limit）で限定されるため，照射光として高圧水銀ランプのg線（436 nm），i線（365 nm）から，エキシマレーザーによるKrF（248 nm），ArF（193 nm）へと発展し，それぞれの波長に対応するフォトレジストが次々と利用されてきた．g線やi線向けには溶解抑制作用をもつ発色団分子を光照射によって溶解型へ変化

させるポジ型レジストが，KrF や ArF 向けには光酸発生剤を開始種として起こる連鎖反応を利用する**化学増幅型レジスト**（chemically amplified resist）が主に用いられてきた．照射光の波長が短くなるとレジストの過剰な光吸収が大きな問題となる．そのため不飽和結合がなく吸収係数が小さい脂環構造やフッ素化構造をもつものが次々と開発された．

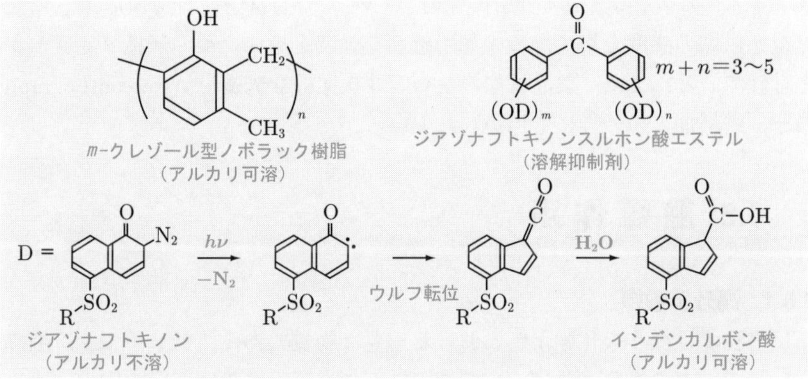

図 6.8 溶解抑制剤を用いた g 線，i 線向けポジ型レジストの例

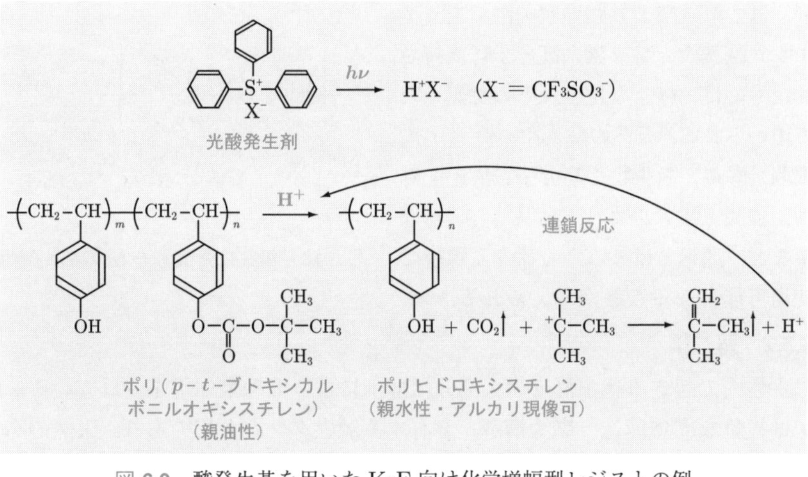

図 6.9 酸発生基を用いた KrF 向け化学増幅型レジストの例

注釈 さらに短波長の**極端紫外光**（**EUV**：extreme ultra violet，13.5 nm）や，X 線，電子線などの応用が研究されており，約 20 nm 幅のパターン加工が実用化段階にある．これは高分子 1 つと同等の大きさであり，分子サイズレベルでの材料設計が必要である．また用いる溶剤等も，環境に優しい物質や使い方が求められている．

6.5.3　光硬化反応の応用

　光硬化反応を応用した感光性材料は，基本的に溶剤が不要で低温でも硬化させられるという特徴がある．オリゴマーを主成分とする紫外線硬化型の UV 塗料，UV インキ，光接着剤は，建材塗装，ガラス光ファイバ・光学ディスク・プラスチック製品・鋼管の保護コーティング，溶剤を吸収しない材質表面への印刷，光学ディスクの接着など様々な目的に適している．歯科材料の充填剤には，安全な可視光領域の感度を増すための光増感剤や強度を増すための無機フィラーが加えられている．また，製品試作のための 3 次元的な光造形（stereolithography）など，成型加工の分野にも用いられている．

6.6　触 媒 作 用

6.6.1　高分子触媒

　反応触媒は様々な化学反応における重要な物質である．低分子である触媒を高分子の一部に導入すれば，安定性の向上や，反応後の回収率の向上，凝集防止，分子ふるい効果，反応溶媒の選択の拡大など，様々なメリットが生まれる．
　例えば，濃硫酸より強い超強酸であるスルホン酸基を，フッ素系高分子に支持させたものは，様々な化学反応の触媒として用いられる．天然の酵素やバクテリア，細菌，酵母，微生物を高分子に固定すれば，強酸・強アルカリ，高温，有機溶媒中など，通常とはまったく異なる環境で使用可能となることが考えられる．

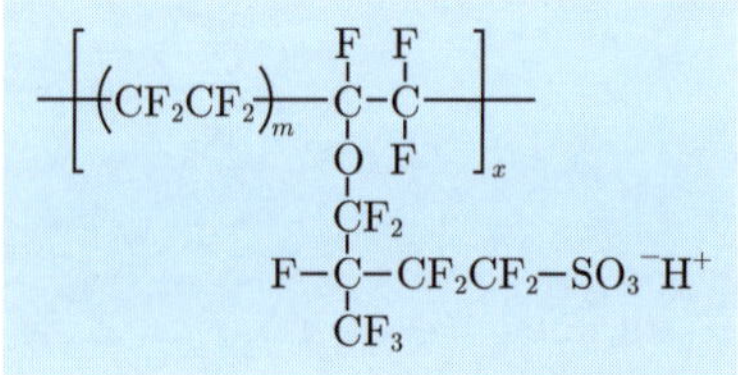

図 6.10　側鎖に強酸基をもつ高分子触媒

6.6.2　酵　素

　生体内で起きる化学反応の大部分は酵素によって触媒作用を受けている．酵素は複雑な立体構造（高次構造）を有する触媒タンパク質であり，天然の高分子化合物である．酵素は触媒機能を有する活性部位と，反応物質（基質）を認識して吸着する基質結合部位を有し，それ自身は反応の前後で変化しない．酵素には最適な分子構造があり，最大の活性を示す最適温度（多くは 35～40 °C）や，最適水素イオン濃度（多くは pH = 5～8）以外では，ほとんど機能しない．

6.6 触媒作用

[注釈] 生体酵素の反応例として，タンパク質分解酵素である α キモトリプシンの働きを示す．キモトリプシンは，241 個のアミノ酸残基からなり，3 本のポリペプチド鎖が 5 本のジスルフィド結合 (-S-S-) によって結合した，分子量約 25,000 の球状高分子である．基質結合部位は疎水性を示す深い孔であり，特定の分子構造としか結合しない．触媒部位は，加水分解反応の担い手となる OH 基をもつセリン残基（Ser_{195}），イミダゾール基をもつヒスチジン残基（His_{57}），およびカルボキシル基をもつアスパラギン酸残基（Asp_{102}）を有する．電子伝達系の働きによって基質が接近し，カルボニル基への攻撃，Ser_{195} のアシル化反応と続き，まず初めにアミンが，続いてカルボン酸が遊離する．

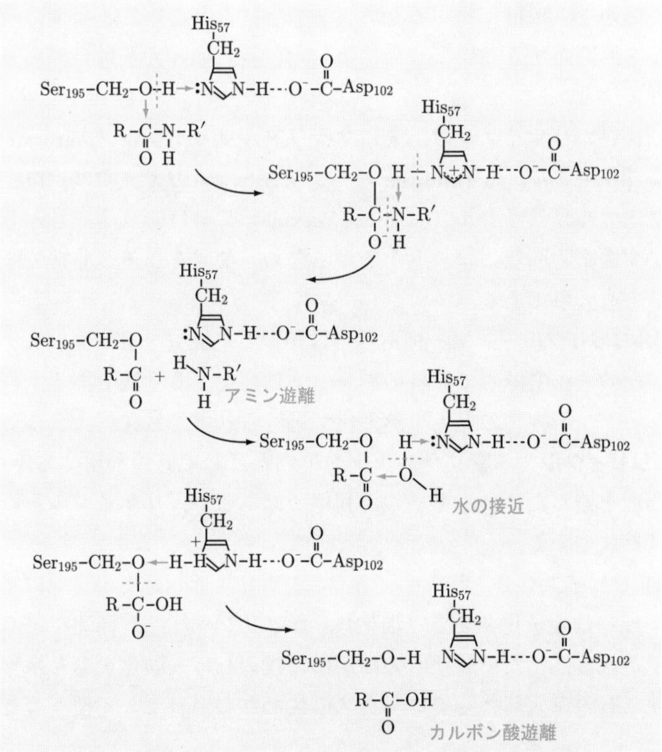

図 6.11 キモトリプシンによるペプチドの加水分解機構

例題 7 人間の体内において中性付近以外の pH で働く酵素を挙げよ．またそれはどの臓器に存在するか．

解 例えば，人間の胃液中に存在するペプシンは $pH = 1.5〜2.5$ で活性である．□

6.7 高分子のリサイクル

6.7.1 高分子の再利用

　6.4 節で取り上げたように，高分子材料は使用するうちに様々な要因によって分解し劣化する．そのため，化学的な改質や劣化防止剤の添加によって，耐久性を著しく向上させることが行われてきた．しかし同時に大量生産や大量消費が進むことで大量廃棄が起こり，いつまでも分解しない性質が，かえって廃棄処理方法の問題や，環境に対する悪影響を引き起こしている．今後に向けて，リサイクルを原則とする循環型社会に適した，新しい高分子材料の開発や利用が求められている．

　高分子材料のリサイクルは，主に**マテリアルリサイクル**（material recycle），**サーマルリサイクル**（thermal recycle），**フューエルリサイクル**（fuel recycle），および**ケミカルリサイクル**（chemical recycle）に分けられる．しかし，いずれにせよまず廃棄物回収にコストがかかるため，製品をなるべく捨てずに長く利用することも大事である．

マテリアルリサイクル　　単一種あるいは類似した性質をもつプラスチックを分別回収したのち，融解して原料のペレットに再生する手法である．再合成する必要がないが，不純物の混入や熱劣化が避けられず，品質が低下しやすい．

サーマルリサイクル　　廃プラスチックを燃料として直接利用する手法である．廃棄物処理を兼ねたエネルギーの再利用ではあるが，リサイクルという基本概念からは外れている．

フューエルリサイクル　　ポリオレフィンのポリエチレンやポリプロピレンは熱分解によって低分子化させて（油化），ガソリンや灯油，軽油などの燃料として再利用される．また，製鉄所の高炉中に投入して一酸化炭素と水素に熱分解させ，鉄鉱石の還元剤としてコークスの代わりの燃料として使うことも行われている．

ケミカルリサイクル　　使用済みの高分子材料を，熱分解や化学反応によって，モノマーや有用な化学原料に変換して再利用する手法である．1,1-二置換モノマーからなるビニルポリマーは解重合しやすく，ポリメタクリル酸メチルはほぼ 100％モノマー回収できる．ポリスチレンは約 60％がモノマー回収できるが，残りは 2,3 量体となる（6.5.2 項）．ポリエステルやポリウレタン，ナイロンなどの縮合系ポリマーは化学反応で分解することが可能である．化学反応に

6.7 高分子のリサイクル

かかる効率を高めてコストを下げることや，あらかじめケミカルリサイクルで分解させやすい分子構造を導入することが重要である．

ポリエチレンテレフタレートはエチレングリコールと反応させて 2-ヒドロキシエチルテレフタレートに変換し，次にエステル交換によりジメチルテレフタラートとする．さらに加水分解すると原料のテレフタル酸を得ることができる．

$$\{OC\text{-}C_6H_4\text{-}COOCH_2CH_2O\}_n \xrightarrow{HOCH_2CH_2OH\ \text{エチレングリコール}}$$

ポリエチレンテレフタレート

$$HOCH_2CH_2OOC\text{-}C_6H_4\text{-}COOCH_2CH_2OH \xrightarrow{CH_3OH}$$

$$CH_3OOC\text{-}C_6H_4\text{-}COOCH_3 \xrightarrow{H_2O} HOOC\text{-}C_6H_4\text{-}COOH$$

テレフタル酸

演習問題 第6章

1. 置換度 2.0 の酢酸セルロースの酢化度はいくらか．
2. 低密度ポリエチレンのバックバイティングはなぜ起こりやすいのか．C_4 分岐について立体構造的な説明をせよ．
3. フェノール樹脂前駆体に関する下記の記述について，ノボラック樹脂およびレゾール樹脂は，それぞれどちらに該当するか．
   (a) 比較的分子量が高く，通常は固体状態である．加熱すると溶けるが，冷ますと元に戻る．
   (b) 比較的分子量が低く，常温では液状である．加熱すると固化し，冷ましても固体のままである．
4. タイヤゴムに含まれるカーボンブラックの役目について述べよ．
5. ケイ皮酸の二量化反応を促進するために，芳香族ケトン，キノン類，ニトロ化合物などを少量加えることがある．どのような効果があるのか説明せよ．
6. 光透過率が 5.0% の試料を 2 枚重ねると，吸光度はいくつになるか．
7. 「回折限界」について説明せよ．
8. 6.8 節で述べた各プラスチックリサイクル手法における問題点をまとめよ．

第7章

高分子材料の高性能化

　1960年代以降，開発の焦点が高分子材料・製品の高付加価値化（高性能化・高機能化）へと進んで，先端高分子材料の開発へとつながってきている．その高性能化の流れの一つに，高耐熱性，高強度・高弾性率高分子材料の開発が挙げられる．これが現在のエンジニアリングプラスチックスの開発の原動力となった．エンジニアリングプラスチックスはもともと機械部品用の高分子材料であり，金属材料の代替品としてその地位を築いてきている．エンジニアリングプラスチックスの呼び名は，1956年にデュポン社がポリアセタールを市場に出したときに始めて用いたものであり，わが国でも「エンプラ」と略称して広く使われている．現在，家電製品の多数の部品や部材，カメラのボディー，OA機器類の構造本体あるいは自動車用部品類などに多数のエンジニアリングプラスチックス製品が使用されている．これらの高分子材料が日常生活を支えているのが分かる．

　本章では，高分子材料の高性能化への分子設計および材料設計を学ぶ．

本章の内容

7.1　高性能高分子材料
7.2　耐熱性高分子材料の分子設計
7.3　高強度・高弾性率高分子材料の分子設計

7.1 高性能高分子材料

7.1.1 汎用エンジニアリングプラスチックス

100 °C 以上の耐熱性，500 kgf cm^{-2}（50 MPa）以上の強度，24,000 kgf cm^{-2}（2.5 GPa）以上の曲げ弾性率を有する高分子材料をエンジニアリングプラスチックス（engineering plastics）の範疇とし，汎用プラスチックスと区別している．汎用エンジニアリングプラスチックスには，ナイロンなどの 5 つの高分子材料が入る．これらを **5 大エンプラ**あるいは **5 大汎用エンプラ**とよんでいる（表 7.1）．さらに表 7.2 にこれらの化学構造式と熱的性質をまとめる．

表 7.1 高分子材料の分類

		種類	略号
汎用プラスチックス		ポリエチレン	PE
		ポリプロピレン	PP
		ポリスチレン	PS
		ポリ塩化ビニル	PVC
エンジニアリングプラスチックス	5大（汎用）エンプラ	ナイロン （ナイロン 66，ナイロン 6）	PA（PA66, PA6）
		ポリアセタール （ポリオキシメチレン）	POM
		ポリカーボネート	PC
		ポリフェニレンオキシド （ポリフェニレンエーテル）	PPO または PPE
		ポリエステル （ポリブチレンテレフタレート， ポリエチレンテレフタレート）	PBT, PET
	スーパーエンプラ	ポリフェニレンスルフィド	PPS
		ポリスルホン	PSU
		ポリエーテルスルホン	PES
		ポリエーテルエーテルケトン	PEEK
		ポリ-p-オキシベンゾエート	POB
		ポリアリレート （全芳香族ポリエステル）	PAR
		ポリテトラフルオロエチレン （テフロン）	PTFE
		ポリイミド	PI
		ポリアミドイミド	PAI
		ポリエーテルイミド	PEI

7.1 高性能高分子材料

表 7.2 各種エンジニアリングプラスチックスなどの化学構造とガラス転移温度 (T_g) および融点 (T_m)

種類	化学構造	$T_g[°C]$	$T_m[°C]$
<u>ナイロン 6</u>	$+OC(CH_2)_5NH+_n$	48	220
<u>ナイロン 66</u>	$+OC(CH_2)_4CONH(CH)_6NH+_n$	50	260
ポリアセタール	$+CH_2O+_n$	−60	178
<u>ポリカーボネート</u>	(構造式)	150	(非晶性)
<u>ポリフェニレンオキシド</u>	(構造式)	210	(非晶性)
<u>ポリブチレンテレフタレート</u>	$+OC-\bigcirc-COO(CH_2)_4O+_n$	22	224
<u>ポリエチレンテレフタレート</u>	$+OC-\bigcirc-COOCH_2CH_2O+_n$	69	256
ポリフェニレンスルフィド	$+\bigcirc-S+_n$	85	285
ポリスルホン	(構造式)	190	(非晶性)
ポリエーテルスルホン	(構造式)	220	(非晶性)
ポリエーテルエーテルケトン	(構造式)	143	334
ポリ-p-オキシベンゾエート	$+O-\bigcirc-CO+_n$	−	>600
ポリテトラフルオロエチレン	$+CF_2CF_2+_n$	27	327
ポリイミド	(構造式)	410	>450
ポリアミドイミド	(構造式)	290	(非晶性)
ポリエーテルイミド	(構造式)	217	(非晶性)
ポリ-p-フェニレンテレフタルアミド	$+OC-\bigcirc-CONH-\bigcirc-NH+_n$	400	560

<u>　　　</u> は 5 大エンプラ

ナイロン（PA） 　カロザーズ（W. H. Carothers）によって 1930 年代に，衣料用合成繊維材料として開発され，現在でも幅広く利用されている（5.2.1 項参照）．また，工業分野からの要求に応えて，エンジニアリングプラスチックスの用途にも用いられている．

ナイロン 6（PA6），ナイロン 66（PA66） 　結晶性ポリアミドが中心であり，アミド基間の強い水素結合力に起因する（合成法は 5.2.1 項参照）．PA6 や PA66 は脂肪族化合物でありながらその結晶相は PA6 で 220 °C，PA66 で 260 °C の高い融点（T_m）を有している．非晶相のガラス転移温度（T_g）はそれぞれ 48 °C および 50 °C である．ポリアミドは機械的強度，耐熱性，耐摩耗性，耐薬品性（アルカリに強い），自己消化性（難燃性）などの特性に優れている．さらに用途別に共重合法による化学的改質や他材料との複合化による物理的改質によって一層の特性の改善が施されている．例えば，PA をガラス繊維で複合化すると，弾性率は元の 3 倍にもなる．さらに熱変形温度は 190 °C に上昇するために耐熱材料として使用できるようになる．

注釈 　3 次元ブロー成形法を用いて自動車用の吸気ダクトや燃料タンクなどが PA6 から製造されている．

ポリアセタール（ポリオキシメチレン）（POM） 　オキシメチレン（$-CH_2O-$）の繰返し単位をもつ結晶性高分子材料である．ホルムアルデヒドをシクロヘキサンなどの溶媒中で，アミン化合物やスズ化合物などの触媒下，アニオン重合で得られる．末端基の OH 基を無水酢酸で置換することによって解重合を防止し，安定化させる．

$$n\,CH_2O \xrightarrow[\text{触媒：アミン化合物 スズ化合物}]{\text{シクロヘキサン}} HO\text{-}(CH_2O)_n\text{-}H$$

$$\xrightarrow{(CH_3CO)_2O} H_3C\text{-}\overset{O}{\underset{\|}{C}}\text{-}O\text{-}(CH_2O)_n\text{-}O\text{-}\overset{O}{\underset{\|}{C}}\text{-}CH_3$$

また，ホルムアルデヒドの 3 量体の環状化合物であるトリオキサンとエチレンオキシドとを三フッ化ホウ素系触媒下でカチオン重合して共重合体を得る．さらに不安定な末端基を分解処理し安定なヒドロキシエチル末端とすることによって安定化させる．

$$CH_2O \xrightarrow{H_2SO_4} \text{（トリオキサン）}$$

$$\text{（トリオキサン）} + \text{（エチレンオキシド）} \xrightarrow{BF_3} \sim O\text{-}CH_2\text{-}O\text{-}CH_2CH_2\text{-}O\text{-}CH_2\text{-}O\text{-}CH_2\text{-}OH$$

$$\xrightarrow[\Delta]{\text{aq.}NH_3} \sim O\text{-}CH_2\text{-}O\text{-}CH_2CH_2\text{-}OH \quad (\Delta : 加熱)$$

結晶構造は，オキシメチレン構造単位 9 個がらせん状に 5 回転したものが最小反復単位（繊維周期 17.3 Å（1.73 nm））（らせん構造は 2.2.3 項の**図 2.9**を参照）からなる三方晶系である．結晶密度は 1.50 g cm^{-3} である．融点は 178 °C と高いと同時に，非晶部分の

7.1 高性能高分子材料

ガラス転移温度は $-60\,°C$ と非常に低い．成形品において 結晶相部分の高強度 と 非晶相部分での衝撃エネルギー吸収能の良さ の特徴が発揮され，高強度と耐衝撃性のバランスのとれた材料となる．結晶化速度が非常に大きく，従って，POM の通常の成形品では，結晶化度が $75\sim85\%$ と高く球晶を形成している．

さらに，曲げ強度などの機械的強度，寸法安定性，耐疲労特性，耐磨耗性などにも優れている．これらの性質を利用して金属機械部品の代替品として広く用いられている．

ポリカーボネート（PC） ガラス転移温度 $150\,°C$ の非晶性高分子であり，透明性が高く，機械的強度，耐熱性，電気絶縁性にも優れている．特に耐衝撃強度は熱可塑性高分子材料の中では最高である．PC の合成は，ビスフェノール A とホスゲンとからの合成法（**ホスゲン法**）が主流である．しかし，作業環境問題と相まってビスフェノール A とジフェニルカーボネートとの溶融重縮合法を用いた**エステル交換法**による合成法が見直されている．

注釈 PC は高温熱処理により融点 $230\,°C$ の結晶相をわずかにもつが，一般的には非晶ポリマーの範疇に入る．

ホスゲン法

エステル交換法

注釈 コンパクトディスク（CD），デジタル多用途ディスク（DVD），ブルーレイディスクなどの光ディスク基板や屋外の耐光性透明材料として広く用いられている．

ポリフェニレンオキシド（ポリフェニレンエーテル）（PPO または PPE）　　2,6-ジメチルフェノールの酸化カップリング法で合成される．

$$n \begin{array}{c} CH_3 \\ \text{-OH} \\ CH_3 \end{array} \xrightarrow[\text{CuCl/ピリジン}]{O_2} \left(\begin{array}{c} CH_3 \\ \text{-O-} \\ CH_3 \end{array} \right)_n$$

PPO（PPE）

PPO はガラス転移温度 210 °C の非晶性高分子である．単独重合体の成形加工には 300〜350 °C の高温が必要である．また溶融粘度も極めて高く，成形加工が困難である．そのために，成形加工性の向上を目的としてポリスチレン（**PS**）とブレンドしたポリマーアロイ（GE 社のノリル樹脂）に変性してから用いられている．この変性 PPO/PS ポリマーアロイは成形収縮率が非常に小さくそのため成形後の寸法安定性が極めて高い．また，酸やアルカリに対しても安定であり，分子構造中に極性基をもたないために吸水率が低く，耐熱水性にも優れている．

ポリエステル　　衣料用合成繊維材料や清涼飲料水用のペットボトルの原材料として幅広く用いられているポリエチレンテレフタレート（**PET**）の方がなじみがある．PET は結晶化速度が小さく射出成形材料に適さず，結晶化速度の大きいポリブチレンテレフタレート（**PBT**）が汎用エンジニアリングプラスチックスとして用いられている．PBT はテレフタル酸ジメチル（**T**）とブチレングリコール（**4G**）とのエステル交換反応，あるいはテレフタル酸とブチレングリコールとの直接重縮合によるエステル化反応によって合成されるポリエステルである．ここでは，テレフタル酸ジメチルを用いるエステル交換反応の例を示す（ポリエステルの合成は 5.2.2 項を参照）．

$$n\, H_3COOC-\bigcirc-COOCH_3 + 2n\, HO(CH_2)_4OH$$

テレフタル酸ジメチル　　　　　ブチレングリコール（過剰）

$$\longrightarrow n\, HO(CH_2)_4OOC-\bigcirc-COO(CH_2)_4OH$$

$$\xrightarrow{280\,°C,\ 触媒} \left(OC-\bigcirc-COO(CH_2)_4O \right)_n + n\, HO(CH_2)_4OH$$

PBT

ポリブチレンテレフタレート（PBT）　　ガラス転移温度 22 °C，融点 224 °C の結晶性ポリマーである．PET に比べて，低温での結晶化速度が大きく射出成形などの成形加工に向いている．PBT は寸法安定性，難燃性，電気絶縁性，耐摩耗性に優れている．

ポリエチレンテレフタレート（PET）　　ガラス転移温度 69 °C，冷結晶化温度 130 °C，融点 256 °C の結晶性ポリマーである．結晶化促進のための核剤の添加により結晶化速度の向上を図り，成形加工性を容易にさせる．ガラス繊維で強化することによって，機械的強度ならびに耐熱性を大きく向上させ，強化 PET としてエンジニアリングプラスチックスに用いられている．

ポリトリメチレンテレフタレート（PTT）　近年では，2G と 4G の間のトリメチレングリコール（**3G**）をとうもろこしなどの穀物の醗酵で合成し，テレフタル酸ジメチル（**T**）と 3G とのポリトリメチレンテレフタレート（**PTT**）繊維や材料がバイオベースポリマーとして注目されている．PTT のガラス転移温度は 40 °C，融点は 230 °C であり，熱的な性質は PET と PBT との中間である．PTT はメチレン鎖がゴーシュ構造をとるために大きな占有断面積をとり，そのために結晶弾性率は 3 GPa と非常に小さい．メチレン鎖長が全トランス構造に近い PET とは対照的である．

7.1.2　スーパーエンジニアリングプラスチックス

150 °C 以上の高温においても連続使用が可能であるエンジニアリングプラスチックスをスーパーエンジニアリングプラスチックス（**特殊エンジニアリングプラスチックス**）と分類している．主なものとしては，ポリフェニレンスルフィド（PPS），ポリスルホン（PSU），ポリエーテルスルホン（PES），ポリエーテルエーテルケトン（PEEK），ポリオキシベンゾエート（POB），ポリアリレート（全芳香族ポリエステル）（PAR），ポリテトラフルオロエチレン（テフロン）（PTFE），ポリイミド（PI），ポリアミドイミド（PAI），ポリエーテルイミド（PEI）などが挙げられる．それぞれの化学構造を表 7.2 に示す．

ポリフェニレンスルフィド（PPS）　ベンゼン環と硫黄原子とからなるフェニレンスルフィド（–⟨ ⟩–S–）を繰返し単位とする高分子である．

$$n\,Cl{-}\langle\ \rangle{-}Cl + n\,Na_2S \xrightarrow[-(2n-1)NaCl]{NMP} {+}\langle\ \rangle{-}S{+}_n$$

ポリフェニレンスルフィド（PPS）

これは斜方晶系の結晶構造を有しており，融点は 280 °C 前後である．非晶相のガラス転移温度は 90 °C 前後である．比較的高い融点ゆえに 200～240 °C での連続使用が可能であり，長期耐熱性に優れている．テフロンに匹敵する耐薬品性を示す．線膨張係数が小さく，そのために寸法安定性に優れている．広い周波数範囲で，優れた絶縁特性，誘電特性を示す．分子内に硫黄原子をもっているため無機充填剤との親和性がよく，流動性にも優れ，成形収縮も小さく，薄肉成形や精密成形に適している．

注釈　優れた電気特性を活かして，電気・電子部品に広く使われている．自動車実装用のコンデンサー材料などにも使用されている．生産量も近年では需要の伸びに比例して増加しており，第 6 番目の汎用エンジニアリングプラスチックスともよばれている．

ポリスルホン（PSU）　スルホン基（SO_2 基）とエーテル構造を有する非晶性高分子である．そのガラス転移温度は高く，広い温度範囲で機械強度を維持できる．化学構造的に加水分解されないため，熱水や加熱スチーム下でも長時間使用できる．この特長を活かし，高温滅菌可能な透明材料として，医療，食品工業分野で用いられている．

$$n\text{Cl}-\phenyl-\underset{\underset{O}{\|}}{\overset{\overset{O}{\|}}{S}}-\phenyl-\text{Cl} + n\text{NaO}-\phenyl-\underset{CH_3}{\overset{CH_3}{C}}-\phenyl-\text{ONa}$$

$$\xrightarrow{-(2n-1)\ \text{Nacl}} \left[-\phenyl-\underset{\underset{O}{\|}}{\overset{\overset{O}{\|}}{S}}-\phenyl-O-\phenyl-\underset{CH_3}{\overset{CH_3}{C}}-\phenyl-O-\right]_n$$

ポリスルホン（PSU）

　上記のポリスルホンはガラス転移温度：190°C を有する.

ポリエーテルスルホン（PES）　　パラフェニレン基にスルホン基とエーテル基とがつながった構造のポリスルホンである.

$$n\text{Cl}-\phenyl-\underset{\underset{O}{\|}}{\overset{\overset{O}{\|}}{S}}-\phenyl-\text{Cl} + n\text{NaO}-\phenyl-\phenyl-\text{ONa}$$

$$\xrightarrow{-(2n-1)\ \text{Nacl}} \left[-\phenyl-\underset{\underset{O}{\|}}{\overset{\overset{O}{\|}}{S}}-\phenyl-O-\phenyl-\phenyl-O-\right]_n$$

ポリエーテルスルホン（PES）

　上記の構造式のポリエーテルスルホンはガラス転移温度：220°C であり，熱変形温度は 204°C に達する.

ポリエーテルエーテルケトン（PEEK）　　主鎖中にエーテル結合とケトン基（カルボニル基）を有するポリエーテルケトンの一つで，結晶性ポリマーである．ポリエーテルケトン類の最大の特徴は，芳香族熱硬化性高分子材料に匹敵する耐熱性と化学安定性を有しながら，熱可塑性高分子材料であるという点である.

$$n\text{F}-\phenyl-\overset{\overset{O}{\|}}{C}-\phenyl-\text{F} + n\text{HO}-\phenyl-\text{OH}$$

$$\xrightarrow[\substack{\text{ジフェニルスルホン} \\ 180 \sim 320°C}]{Na_2CO_3/K_2CO_3} \left[-\phenyl-\overset{\overset{O}{\|}}{C}-\phenyl-O-\phenyl-O-\right]_n$$

ポリエーテルエーテルケトン（PEEK）

　上記の構造式の PEEK はガラス転移温度：143°C，融点：334°C を有する.

ポリアリレート（全芳香族ポリエステル）（PAR）　　メソゲンとよばれる液晶相となる成分（2.3.3 項参照）の導入によって，強度および弾性率が従来のものと比べて 10 倍以上に増加した液晶ポリアリレート（LCP）が開発されている．液晶ポリアリレートは，構造材料（成形材料）用高分子材料の中で唯一高強度・高弾性率材料を有する高分子材料であり，**自己補強型プラスチックス**といわれている（7.3.4 項参照）.

7.2 耐熱性高分子材料の分子設計

7.2.1 分子設計の指針

　金属やセラミックス材料と比較して，高分子材料の最大の弱点は耐熱性である．エンジニアリングプラスチックスにおいても耐熱性はその性質を高めるためにもきわめて重要な性質である．耐熱性の発現を，熱的性質から見ると
　① 軟化温度・溶融温度（融点）が高いこと．
　② 着火点・発火点が高いこと．
　③ 熱分解温度が高いこと．
などが，その要因として挙げられる．また，材料の物理的性質から見ると
　④ 高温において寸法安定性が保たれること．
　⑤ 高温まで電気特性や機械特性が変化しないこと．
　⑥ 高温状態での長時間使用でも諸性質が変化しないこと．
などが，その要因として挙げられる．

　①，④，⑤は可逆的要因であり，ガラス転移温度（T_g）や融点（T_m）がこの要因に基づく耐熱性の目安となる．熱力学的に考察すると，融点において，ギブズ（Gibbs）の自由エネルギー変化 ΔG ($= \Delta H - T_m \Delta S$) が 0 となる．ここで，$\Delta H$ は融点におけるエンタルピー変化，および ΔS は融点におけるエントロピー変化である．よって

$$T_m = \Delta H / \Delta S$$

と定義される．従って，T_m を上げるためには，ΔH を大きくし ΔS を小さくすればよい．

- ΔH は分子間凝集力すなわち分子鎖間の分子間力と密接に関係する因子である．ΔH を高めるためには，極性基による双極子相互作用の導入，水素結合の導入などが挙げられる．
- ΔS は分子の秩序性に関係する因子である．ΔS を小さくするためには，分子の対称性の導入，分子鎖の自由度の減少，剛直な分子鎖の導入などが挙げられる．

従って，分子間力が大きく，対称性で剛直な分子鎖が耐熱性高分子材料の分子設計の指針となる．

　全芳香族ポリアミド（アラミド）のジアミン成分をオルトー，メター，パラーフェニレンジアミンに，ジカルボン酸成分をイソフタル酸（メタ配位）とテレフタル酸（パラ配位）に変えたときの T_g と T_m の変化を表 7.3 にまとめる．オルト＜メタ＜パラ の順に T_g と T_m が増加していくことが分かる．全パラ配位のアラミドが非常に高い T_m を示す．これはパラ配位による分子の対称性ならびに剛直な分子鎖の導入により ΔS が小さくなったことに起因している．分子間相互作用性の大きいアミド基（−NH−CO−），イミド基，エステル基（−COO−），ケトン基（−CO−），スルフィド基（−S−），エーテル基（−O−）などの導入が ΔH を大きくする．T_g は，経験的に非対称性高分子では $T_g = (2/3) T_m$，対称性高分子では $T_g = (1/2) T_m$ となる．

表 7.3 ジアミンとジカルボン酸成分の配位の違いによる T_g と T_m の相違

−NH−⟨⟩−NHCO−⟨⟩−CO−		T_g [°C]	T_m [°C]
ジアミン成分	ジカルボン酸成分		
オルト	メタ	260	300
メタ	メタ	270	410
パラ	メタ	300	410
オルト	パラ	260	300
メタ	パラ	290	470
パラ	パラ	400	560

②,③,⑥は不可逆的要因であり,熱劣化の原因となる熱分解反応の抑制が耐熱性の目安となる.化学結合エネルギーが指針となり,大きな結合エネルギーの導入が,熱分解反応の抑制につながる.表 7.4 に示すように,一重結合＜二重結合＜三重結合 の順に結合エネルギーは大きくなり,多重結合の導入が熱分解反応の抑制につながる.さらに,芳香環や複素環を導入すると表 7.5 に示す非局在化(共鳴)エネルギーが加わり,一層安定化する.

表 7.4 各結合の結合エネルギー [1]

結合	結合エネルギー [kJ mol^{-1}]	結合	結合エネルギー [kJ mol^{-1}]
C−C	348	C−O	351
C=C	682	C=O	732
C≡C	962	C−Si	290
C−H	413	Si−O	369
C−N	292	C−Cl	328
C=N	644	C−F	441
C≡N	937	O−H	463

表 7.5 芳香族環の非局在化(共鳴)エネルギー [2]

芳香族環	非局在化(共鳴)エネルギー [kJ mol^{-1}]
ベンゼン環	150
ピリジン環	180
フラン環	93
ピロール環	102

7.2.2 耐熱性高分子材料

7.2.1 項の分子設計の指針に照らし合わせて,エンジニアリングプラスチックスやスーパーエンジニアリングプラスチックスの化学構造をみる.その中のいくつかは耐熱性高分子材料の分子設計通りの化学構造を有していることが分かる(7.1.1 および 7.1.2 項参照).
ポリテトラフルオロエチレン(PTFE)　デュポン社のテフロン(Teflon®)の商標でなじみがあるが,これは 327°C の融点をもつ結晶性高分子であり,260°C での連続使用にも耐え得る.分子の極性が低いために,幅広い温度範囲および周波数範囲で低誘電率および低誘電正接を示し,高周波用材料としての用途が開けている.また,フッ素原子の特異な性質を反映して,非粘着性・撥水性・低摩擦性・潤滑性・難燃性・耐薬品性・耐溶剤性などに優れている.

7.2 耐熱性高分子材料の分子設計

ポリイミド（PI）　芳香族耐熱性高分子材料の代表格である（5.2.1 項参照）．ポリイミドは芳香族テトラカルボン酸二無水物とジアミンとから製造される．ピロメリット酸とからのポリイミドはガラス転移温度が 410°C の不溶・不融の材料であり，溶融成形は不可能である．このためポリアミド酸（ポリアミック酸）の溶液からキャスト膜を製膜しその後脱水処理反応でポリイミドフィルムとする方法が用いられている．一方，成形品では，金属やセラミックスと類似の焼結成形法を用いてパーツ類を製造している．ポリイミド本来の耐熱性を犠牲にすることなく，成形性の向上を目指して化学構造の改変で溶媒可溶性や熱可塑性などの性質を付与したポリイミドの開発が行われている．ポリアミドイミドやポリエーテルイミドなどがその例として挙げられる．

その他，ポリベンゾイミダゾール，液晶性ポリアリレート，ポリエーテルケトン，ポリエーテルスルホン，ポリフェニレンスルフィド，アラミドなどが代表的な耐熱性高分子材料である．

有機ポリマーの熱分解温度の上限（450°C 程度）を考えると，熱可塑性ポリマー材料の成形温度限界は約 400°C となる．一方，結晶性ポリマーでは融点 350°C 程度，非晶性ポリマーではガラス転移温度 300°C 程度が耐熱性の限界温度と考えられる．

炭素（C）のみから成るダイヤモンドやグラファイトなどは，ガラス（融点：540°C），金属（アルミニウム：660°C，鉄：1500°C）に比べて高い耐熱性を有している．グラファイト構造を有する炭素繊維は 3550°C まで融解しない高耐熱性材料である．これらの仲間には，C_{60} や C_{70} などのフラーレン，カーボンナノチューブ，グラフェンなどが入る．これらは電子機能性材料（4.3.3 項参照）や光機能性材料として注目されている．

7.3 高強度・高弾性率高分子材料の分子設計

7.3.1 分子設計の指針

高分子化学工業は，ナイロン，ポリエステルなどの合成繊維産業の隆盛と共に大きく発展してきている．現在でもその中で繊維材料の占める割合は少なくない．一般に繊維材料といえば，衣料用繊維を指すことが多い．さらに，実際は，1970 年代以降の高強度・高弾性率繊維材料の開発によって，その範囲は産業用資材までに広がっている．スチール鋼線の引張り強度を凌駕する高分子線材も開発されている．

高強度・高弾性率繊維を分子設計するための要因は次のようである．
① 主鎖の分子内結合が大きいこと．
② 分子鎖のコンフォメーションが直線に近いこと．原子価角を比較してみると，平面ジグザグ構造のポリエチレンで $112.6°$，$trans$-ポリアセチレンで $122°$，sp-sp 結合のポリイン型（$\cdots C\equiv C-C\equiv C-C\cdots$）やクムレン型（$\cdots C=C=C=C=C\cdots$）で $180°$ である．
③ 分子の占有断面積が小さいこと．ポリプロピレン結晶のような $3_1 (3/1)$ ヘリックス，$2_1 (2/1)$ ヘリックスなどのらせん構造やバルキーな側鎖は占有断面積を増大させるので，好ましくない．
④ 超高分子量であること．

7.3.2 破断強度および引張り弾性率の理論予測

破断強度の理論値は，共有結合で結ばれている 2 原子間の相互作用エネルギーを原子間距離の関数で記述して，その結合を引き伸ばして切断するのに必要な力を求めることによって予測する．

2 原子間の相互作用エネルギーを考えるときのポテンシャル関数 $V(r)$ として，モース（Morse）関数を考える．

$$V(r) = D\left[1 - e^{a(r_0 - r)}\right]^2$$

ここで D：2 原子間の解離エネルギー（ここでは高分子鎖中の最弱結合エネルギー），a：ポテンシャルの幅，r：2 原子間の結合距離，r_0：2 原子間の平衡結合距離である．いま，2 原子間の結合のばね定数を k_1 とすると，k_1 はポテンシャル関数の二次微分に等しいので次のようになる．

$$a = \sqrt{k_1/2D} \qquad (7.1)$$

結合距離の変化に伴う力は，$F(r) = dV(r)/dr$ である．力 F が最大 $F_{\max}$ のときに結合が切れる．よって，高分子の破断強度 σ_b は

$$\sigma_b = F_{\max}/N_A S \qquad (7.2)$$

と定義できる．ここで N_A：アボガドロ数，S：分子鎖断面積である．$r = r_0 + (\ln 2)/a$ のとき，$F_{\max} = \dfrac{\sqrt{k_1 D}}{2\sqrt{2}}$ となる．従って $\sigma_b = \dfrac{\sqrt{k_1 D}}{2\sqrt{2}\,N_A S}$ が得られる．式 (7.2) を用いて破断強度の理論予測ができる．

7.3 高強度・高弾性率高分子材料の分子設計

例題 1 図 7.1 に示す平面ジグザグ構造モデルを考える．引張り弾性率は式 (7.3) で表されることを示せ．

$$E = \frac{f/(SN_A)}{\delta L/L}$$
$$= \frac{4k_1 k_2 r \cos\theta}{N_A S(4k_2 \cos^2\theta + k_1 r^2 \sin^2\theta)} \quad (7.3)$$

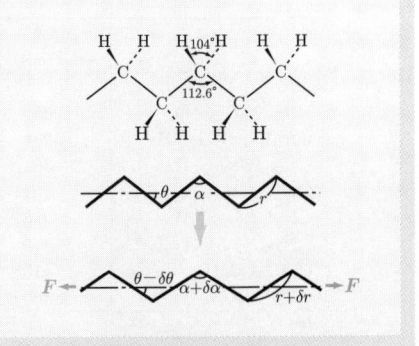

図 7.1 ポリエチレンの引張り変形のモデル図

解 結合間距離 r の結合が n 個繋がって鎖長 L の分子鎖を形成しているので，$L = nr\cos\theta$ となる．鎖長の微小変化 δL は $\delta L = n\delta(r\cos\theta) = n(\delta r\cos\theta - r\delta\theta\sin\theta)$ となる．外力 f に対する結合間距離の微小変化 δr はフックの法則より $\delta r = (f\cos\theta)/k_1$ （ここで k_1：結合のばね定数）となる．原子価角 α に対する微小変形変化 $\delta\alpha$ は $\delta\alpha = (fr\sin\theta)/2k_2$ となり，$\delta\theta = -\frac{1}{2}\delta\alpha = -\frac{fr}{4k_2}\sin\theta$ が得られる．

従って，引張り弾性率 $E = \frac{f/(SN_A)}{\delta L/L}$ は与式 (7.3) で表される． □

式 (7.3) を用いて引張り弾性率の理論予測ができる．表 7.6 に主な化学結合エネルギー（D）を，表 7.7 に主な結合の引張りばね定数（k_1）を，そして表 7.8 に原子価角の曲げのばね定数（k_2）を示す．

例題 2 ポリエチレンの場合の破断強度および引張り弾性率を求めよ．

解 表 7.6 および 7.7 より，$D = 296\,\text{kJ}\,\text{mol}^{-1}$，$k_1 = 2.71 \times 10^{23}\,\text{kJ}\,\text{mol}^{-1}\,\text{m}^{-2}$ ならびに $N_A = 6.02 \times 10^{23}\,\text{mol}^{-1}$，$S = 1.82 \times 10^{-19}\,\text{m}^2$ なので，破断強度
$$\sigma = \frac{\sqrt{k_1 D}}{2\sqrt{2}\,N_A S} = \frac{\sqrt{2.71 \times 10^{23} \times 296}}{2\sqrt{2} \times 6.02 \times 10^{23} \times 1.82 \times 10^{-19}} = 2.88 \times 10^7\,\text{kJ}\,\text{m}^{-3} = 28.8\,\text{GPa}$$
が得られる．

$\theta = 33.7°$（平面ジグザグ構造），$r = 1.54 \times 10^{-10}\,\text{m}$，表 7.8 の $k_2 = 480\,\text{kJ}\,\text{mol}^{-1}\,\text{rad}^{-2}$ より，引張り弾性率 $E = \frac{4k_1 k_2 r \cos\theta}{N_A S(4k_2 \cos^2\theta + k_1 r^2 \sin^2\theta)} = $

$$\frac{4 \times 2.71 \times 10^{23} \times 480 \times 1.54 \times 10^{-10} \cos 33.7}{6.02 \times 10^{23} \times 1.82 \times 10^{-19}\{4 \times 480 \cos^2 33.7 + 2.71 \times 10^{23} \times (1.54 \times 10^{-10})^2 \sin^2 33.7\}}$$

$= 184\,\text{GPa}$ が得られる． □

表 7.6　主な化学結合の結合エネルギー（D）[3]

化学結合	結合エネルギー [kJ mol^{-1}]	化学結合	結合エネルギー [kJ mol^{-1}]
C−C		C−N	
$CH_3-CH_2CH_3$	355	$H_2N-CH_2CH_3$	326
$n\,C_3H_7-CH_2CH_3$	296	$H_2N-C_6H_5$	380
$CH_3-CH_2C_6H_5$	301	$H_2N-COCH_3$	401
$CH_3-CH_2CH=CH_2$	301	$-N=N-C$	(160〜220)
$CH_3CH_2-C_6H_5$	376	C−Si	(290)
$CH_3CH_2-CH=CH_2$	372	C−H	
$C_6H_5-C_6H_5$	418	$H-CH_2CH_2CH_3$	410
CF_3-CF_3	405	$H-CH(CH_3)_2$	397
C=C		$H-C(CH_3)_3$	385
$CH_2=CH_2$	681	$H-C_6H_5$	460
C−O		C−F	(452〜490)
$CH_3O-CH_2CH_3$	334	N−N	(210〜300)
$CH_3O-C_6H_5$	380	Si−O	(369)
$CH_3O-COCH_3$	406	O−O	(130〜213)

表 7.7　主な結合の引張りばね定数（k_1）[3]

化学結合	引張りばね定数 [×10^{21} kJ mol^{-1} m^{-2}]	化学結合	引張りばね定数 [×10^{21} kJ mol^{-1} m^{-2}]
C−C		C−X	
sp^3-sp^3	271	C−H	289
sp^3-sp^2	289	C−Cl	219
sp^3-sp	271	C−O	301
$sp^3-\underset{\underset{O}{\parallel}}{C}-$	289	$C-NH_2$	295
		C=N	631
$sp^2=sp^2$	577		
$sp\equiv sp$	936		
ベンゼン	313〜337		

表 7.8　原子価角の曲げのばね定数（k_2）[3]

化学結合	ばね定数 [kJ mol^{-1} rad^{-2}]
$sp^3-sp^3-sp^3$	4.8×10^2
$sp^3-sp^3-sp^2$	
$sp^3-sp^2-sp^3$	6.6×10^2
sp^3-sp^3-sp	
$sp^3-sp^2=sp^2$	
$H-sp^3-H$	1.9×10^2
$C-C-O$	5.9×10^2

7.3.3 理論予測値と実測値との比較

ポリエチレンを例にとり，理論予測値と成形加工品，延伸糸，ゲル紡糸超延伸糸での実測値との比較を表 7.9 に示す．

成形加工品 理論値に対して引張り弾性率は 1/500，破断強度は 1/1000 以下程度と非常に小さい．

延伸糸 延伸の効果により引張り弾性率と破断強度は共に改善されてはいるが，理論予測値に対して引張り弾性率は 1/20〜1/7 程度，破断強度は 1/60 程度でしかない．超高分子量のポリエチレンをゲル紡糸超延伸法（後述する）で作製したゲル紡糸超延伸糸では，引張り弾性率は 144 GPa になる．これは先に求めた理論予測値の 80% 近い値である．また破断強度は 4.4 GPa と理論予測値の 15% 程度の高い値が得られる．これらは，表 7.9 に示すようなモデルを考えると理解できる．理論予測値の完全結晶は表 7.9（d）のように長さ無限大の**伸びきり鎖**が結晶化したモデルである．それに対して，成形加工品や延伸糸では，分子量がそれほど大きくなく，表 7.9（a）のように大半の分子鎖は**折りたたみ鎖**で結晶化してごく一部の鎖が伸びきり鎖となっている．従って，単位断面積当り貫通する分子鎖は非常に少なく，引張り弾性率，破断強度とも小さい値である．延伸糸では，ある程度延伸方向に分子鎖が並ぶので，成形加工品よりは大きな引張り弾性率および破断強度を示す．しかし，結晶構造自体は折りたたみ鎖結晶であるので，理論予測値には遠く及ばない．

表 7.9 ポリエチレンの成形加工品，延伸系，ゲル紡糸超延伸系での実測値と理論予測値との比較ならびにそれぞれの結晶モデルとその特徴

	(a) 成形加工品		(b) 延伸糸	(c) ゲル紡糸超延伸糸	(d) 理論予測値
	LDPE	HDPE			
引張り弾性率 [GPa]	0.2	1	8〜50	144	180〜340
破断強度 [GPa]	0.013	0.027	0.48	4.4	28.8
結晶モデル	折りたたみ鎖		ラメラ配向	フィブリル	完全結晶
特徴	高分子鎖は折れたたまれ易く，結晶構造も無配向である．弾性率と強度は非常に小さい．		高分子鎖は折りたたみ鎖結晶構造をとるが，分子鎖は延伸方向に配向している．ある程度の弾性率と強度を有する．	分子鎖は伸びきり鎖で，フィブリル化しており，高強度・高弾性率材料となる．	高分子鎖は完全無欠陥の伸びきり鎖結晶である．

ゲル紡糸超延伸糸　分子量が 100 万以上の超高分子量である．超延伸法により伸びきり鎖結晶であり，表 7.9（c）のような構造モデルが考えられる．引張り弾性率は単位断面積当りに貫通する分子鎖の本数のみに依存するので，理論予測値にほぼ近い値が得られる．破断強度は，結晶欠陥，分子鎖の折れ曲がり欠陥などの構造欠陥に支配され，さらに理論では考慮しなかった分子間の**すべり**が重要な鍵となる．実際には，分子間力のすべりを抑えるだけの分子間力を獲得する分子量に達成することは困難である．化学結合のみを考えた理論値の 1/7〜1/10 程度が限界である．

　次項に他の高強度・高弾性率繊維の例を示す．いずれの場合も引張り弾性率は理論予測値の 50％以上の高い値を示すが，破断強度は理論値の 1/10 程度にしかならない．これも，ポリエチレンの場合と同じ理由のためである．

7.3.4　高強度・高弾性率繊維高分子材料

超高強力ポリエチレン　汎用プラスチックスの代表格であるポリエチレンを用いて，破断強度：4.4 GPa，引張り弾性率：144 GPa を有する高強度・高弾性率ポリエチレン繊維が製造されている．これは，分子量 100 万以上の超高分子量ポリエチレンを図 7.2 に示すゲル紡糸超延伸法を用いて 30 倍以上に超延伸して得られる．これらの強度・弾性率は鋼線の強度 1.5 GPa，引張り弾性率 210 GPa を凌駕する．

全芳香族ポリアミド　ケブラー繊維の商標名でなじみのあるポリパラフェニレンテレフタルアミド（**PPTA**）繊維は，全芳香族ポリアミド（アラミド）繊維の一つである．PPTA の溶液中での**リオトロピック液晶**状態（溶液中での液晶状態）を利用した液晶紡糸法で繊維化している．PPTA の硫酸溶液は，ある濃度領域でリオトロピック液晶相を形成し，せん断応力をかけると粘度が急激に低下する．これを利用して，液晶性の PPTA 硫酸溶液から図 7.3 に示す**エアギャップ湿式紡糸法**で，特に延伸工程を加えなくても伸びきり鎖の繊維が得られる．破断強度：3.6 GPa，引張り弾性率：150 GPa の耐熱性高強度・高弾性率繊維が製造される．

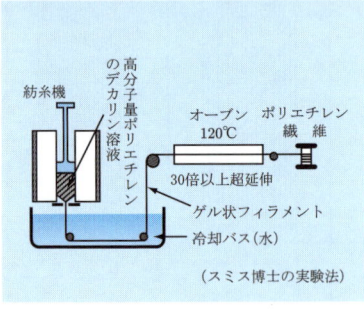

図 7.2　ポリエチレンのゲル紡糸超延伸法[4]

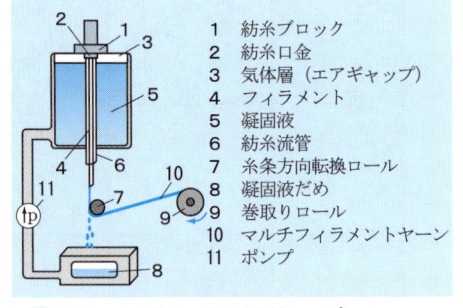

図 7.3　ケブラーのエアギャップ湿式紡糸装置
（特開昭 47-43419，Dupont）

7.3 高強度・高弾性率高分子材料の分子設計

$$n\,H_2N\text{–}\bigcirc\text{–}NH_2 \;+\; n\,Cl\text{–}\underset{O}{C}\text{–}\bigcirc\text{–}\underset{O}{C}\text{–}Cl$$

$$\xrightarrow{-(2n-1)HCl}\; \left[\text{–}\underset{H}{N}\text{–}\bigcirc\text{–}\underset{H}{N}\text{–}\underset{O}{C}\text{–}\bigcirc\text{–}\underset{O}{C}\text{–}\right]_n$$

PPTA

全芳香族ポリエステル　全芳香族ポリエステル（ポリアリレート）のポリヒドロキシベンゾエート（**PHB**）の融点は $T_m > 600\,°C$ と非常に高く，そのままでは溶融成形が困難である．そのため，共重合法を用いて融点を低下させて成形可能にする．図 7.4 に PHB

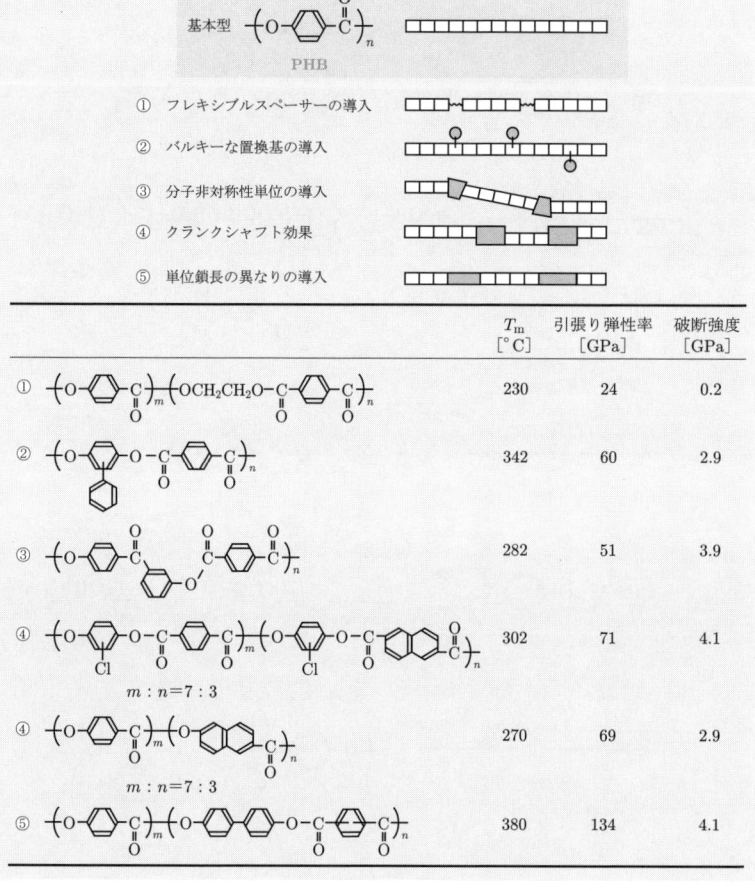

	T_m [°C]	引張り弾性率 [GPa]	破断強度 [GPa]
基本型 PHB			
① フレキシブルスペーサーの導入			
② バルキーな置換基の導入			
③ 分子非対称性単位の導入			
④ クランクシャフト効果			
⑤ 単位鎖長の異なりの導入			
① 構造式	230	24	0.2
② 構造式	342	60	2.9
③ 構造式	282	51	3.9
④ 構造式　$m:n=7:3$	302	71	4.1
④ 構造式　$m:n=7:3$	270	69	2.9
⑤ 構造式	380	134	4.1

図 7.4　PHB の融点降下のための改質方法 [5]

の具体的な融点降下のための改質方法を示す．
　① フレキシブルスペーサーの導入，
　② バルキーな成分（パッキング不整成分）の導入，
　③ 分子非対称性（非直線性）の導入，
　④ ナフタレン環などの導入（形からクランクシャフト効果とよばれている），
　⑤ 単位鎖長の異なる剛直鎖の導入

などが考えられる．これらより ΔS を増大させ，融点を下げる分子設計がなされている．それぞれの設計指針に沿った合成法を以下に示す．

7.3 高強度・高弾性率高分子材料の分子設計

④ $(m+n)$ CH₃-C(=O)-O-[C₆H₃Cl]-O-C(=O)-CH₃ + m HO-C(=O)-[C₆H₄]-C(=O)-OH + n HO-C(=O)-[ナフタレン]-C(=O)-OH

クロロ置換 1,4 フェニレンジアセテート　　　テレフタル酸 (TA)　　　ナフタレンジカルボン酸
　　　　　10　　　　　　　　　　　　　:　　　　7　　　　　　:　　　　3

$\xrightarrow{-\{2(m+n)-1\}\text{CH}_3\text{COOH}}$ (−O−[C₆H₃Cl]−O−C(=O)−[C₆H₄]−C(=O)−)ₘ(−O−[C₆H₃Cl]−O−C(=O)−[ナフタレン]−C(=O)−)ₙ

$m:n = 7:3$

④ m CH₃-C(=O)-O-[C₆H₄]-C(=O)-OH + n CH₃-C(=O)-O-[ナフタレン]-C(=O)-CH₃

ABA　　　　　　　　　　　アセトキシナフト工酸

$\xrightarrow{-(m+n+1)\text{CH}_3\text{COOH}}$ (−O−[C₆H₄]−C(=O)−)ₘ(−O−[ナフタレン]−C(=O)−)ₙ

$m:n = 7:3$

⑤ m CH₃-C(=O)-O-[C₆H₄]-C(=O)-OH + n CH₃-C(=O)-O-[C₆H₄-C₆H₄]-O-C(=O)-CH₃

ABA　　　　　　　　　　　　p,p'-ジアセトキシビエニール
　　　10　　　　　　　　　　　　　:　　　　5

+ $\frac{4}{5}n$ HO-C(=O)-[C₆H₄]-C(=O)-OH + $\frac{n}{5}$ HO-C(=O)-[C₆H₄]-C(=O)-OH

テレフタル酸 (TA)　　　　　　イソフタル酸
　　:　　　4　　　　　　:　　　1

$\xrightarrow{-(m+2n)\text{CH}_3\text{COOH}}$ (−O−[C₆H₄]−C(=O)−)ₘ(−O−[C₆H₄-C₆H₄]−O−C(=O)−[C₆H₄]−C(=O)−)ₙ

$m:n = 2:1$

製造された**液晶性ポリマー**（**LCP**）構造と融点，繊維弾性率および繊維強度を図7.4に示す．①の効果以外では，破断強度：3〜4 GPa，引張り弾性率：50〜140 GPa の繊維が得られている．

全芳香族ポリエステル繊維は，**サーモトロピック液晶**（溶融状態での液晶）状態を利用した液晶紡糸法で製造される．図7.5 に示すように，
① 溶融状態では，通常のポリマーは糸まり状になっており，分子鎖の絡合いや分子間力が粘度を決めている．しかし，**液晶性ポリマー**は，剛直な分子鎖が部分的に配列したドメインを形成しており，ドメイン間のすべりのために低粘度となる．
② せん断応力下では，ドメインはせん断方向に容易に配向し，分子鎖はせん断方向に

	① 溶融状態	② せん断応力のかかった状態	③ 固相状態
通常のポリマー			
液晶性ポリマー	部分的に配列したドメインを形成	せん断方向に配向し，揃った状態で固化	伸びきり鎖結晶構造をとり，高強度・高弾性材料になる．

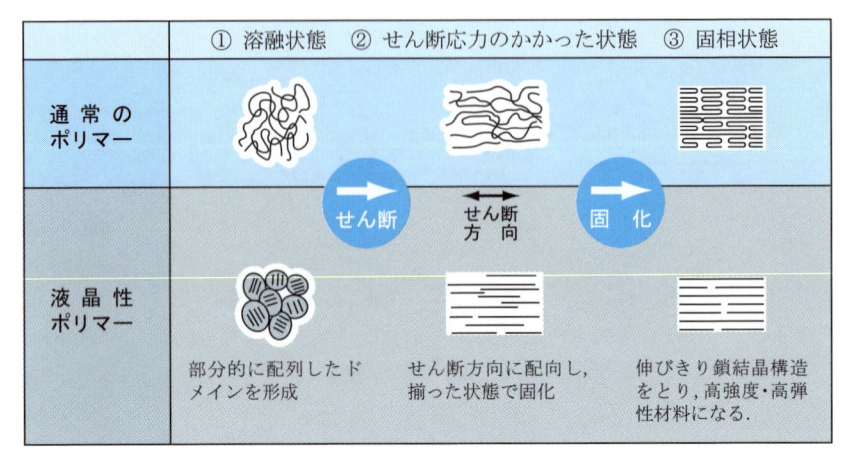

図 7.5 液晶性ポリマーの溶融—固化の状態変化のモデル図

揃った状態で固化する．
③ 固相状態では，液晶性ポリマーは，通常の結晶性ポリマーでは達成し得ない伸びきり鎖結晶構造をとり高強度・高弾性率材料となる．

ヘテロ環含有芳香族ポリマー　アラミドのアミド結合やポリアリレートのエステル結合自身は平面構造をとり剛直であるが，フェニル基との結合部の回転は弾性率の低下を招く．そこで，その欠点を克服するために，より剛直な平面構造をもつヘテロ原子を有する複素環を分子内にもつ芳香族高分子繊維，ポリパラフェニレンベンズビスオキサゾール (**PBO**) やポリパラフェニレンビスチアゾール (**PBT**) が開発されている．これらもリオトロピック液晶を利用して繊維化している．PBO で引張り初期弾性率（理論予測値）は 480 GPa（630 GPa），PBT で 330 GPa（615 GPa）であり，破断強度はそれぞれ 4.1 GPa, 4.2 GPa である．

7.3 高強度・高弾性率高分子材料の分子設計

$$n \underset{\text{HS}}{\overset{\text{H}_2\text{N}}{\bigodot}} \overset{\text{SH}}{\underset{\text{NH}_2}{}} \cdot 2\text{HCl} + n\,\text{HO-}\overset{\text{O}}{\underset{}{\text{C}}}\text{-}\bigodot\text{-}\overset{\text{O}}{\underset{}{\text{C}}}\text{-OH}$$

$$\xrightarrow[100\sim200\,^\circ\text{C}]{\text{ポリリン酸}} \left[\underset{\text{PBT}}{\bigodot}\right]_n$$

炭素繊維　グラファイト構造を有する繊維素材で，超耐熱性を有すると同時に高強力・高弾性率繊維である．**炭素繊維**（carbon fiber，**CF**）は石油ピッチあるいはポリアクリロニトリル（**PAN**）を原料として図 7.6 に示すように緊張下（延伸操作下）で，耐炎化，炭素化，黒鉛化を経て高剛性および高弾性率の繊維材料になっていく．得られた炭素繊維の種類別の引張り性質を表 7.10 にまとめる．密度は $1.7\sim2.0\,\text{g cm}^{-3}$，引張り伸びは

表 7.10　種類別の炭素繊維の引張り性質

	LMCF	HTCF	IMCF	HMCF	UHMCF	理論値
引張り弾性率 [GPa]	200 以下	200～280	280～350	350～600	600 以上	1020
引張り強度 [GPa]	3.5 以下	2.5～5.0	3.5～7.0	2.5～5.0	2.5～4.0	180

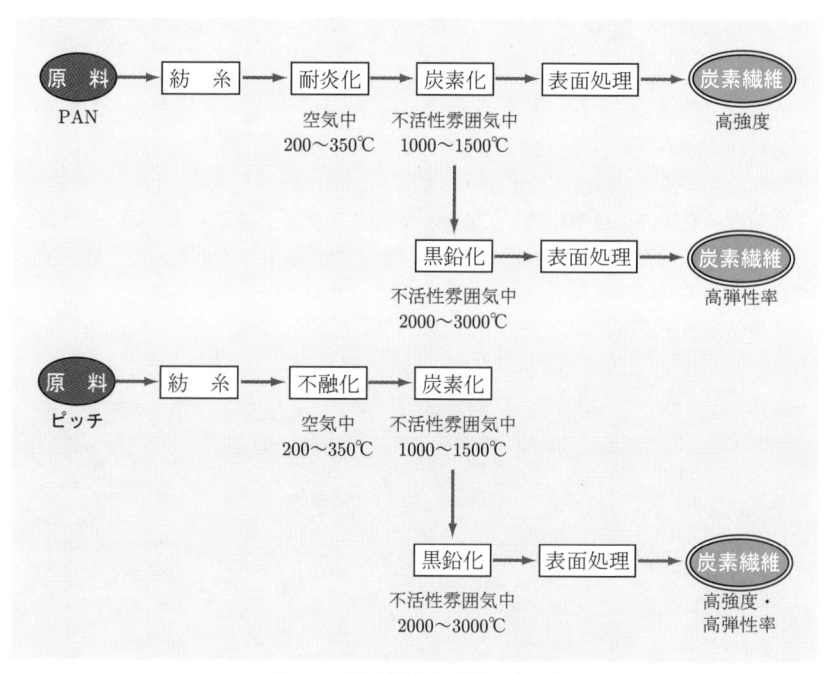

図 7.6　炭素繊維製造法の概要

0.5～1.5％である．高強度繊維は主に PAN 系，高弾性率繊維はピッチ系から製造されている．ピッチ系炭素繊維で引張り弾性率 960 GPa，引張り強度 3 GPa を有する**超高弾性率炭素繊維**（**UHMCF**）が得られている．引張り弾性率は，理論予測値（1020 GPa）に近い値である．これは，シート状のグラファイトが積層した微結晶が繊維方向に配列しているためである．しかし，引張り強度は，**高強度タイプ**（**IMCF**）でも 7 GPa 程度と理論予測値（180 GPa）の 4％程度でしかない．高温焼成時のグラファイト結晶の不完全性や構造中の気泡や亀裂などの欠陥のためと考えられる（炭素繊維のモデル図は図 **4.28** を参照）．

[注釈] 炭素繊維強化プラスチックス（carbon fiber reinforced plastics，**CFRP**）は，構造材料の軽量化を目的として，高速移動車両（新幹線やリニアモーターカー）や航空機機体の構造材料に使用されている．自動車では，動力駆動系のプロペラシャフトなどに用いられている．スポーツ用品などにも幅広く用いられている．

演習問題 第 7 章

1　式 (7.1) を導け．
2　$r = r_0 + \dfrac{\ln 2}{a}$ のとき，式 (7.2) の $F_{\max}$ が $F_{\max} = \dfrac{\sqrt{k_1 D}}{2\sqrt{2}}$ となること示せ．
3　耐熱性高分子の分子設計を熱力学的な立場から考えよ．
4　高強度・高弾性率繊維の分子設計の要因を挙げよ．
5　高強度・高弾性率繊維に関して実測の弾性率は理論予測値の 50％以上の値を有しているのに対して実測の強度は理論予測値の数～数十％である．なぜ高い弾性率が得られるのに対して強度は上がらないのか．その理由を考えよ．
6　液晶紡糸法を説明せよ．

第8章

高分子材料の機能性

　第7章では，高分子材料の外力に対する抵抗が性能を決めることを学んだ（耐熱性や高強度・高弾性率性）．本章では，入力に対して積極的に働きかけをしたり，入力に対して能動的に新たに出力するなど材料が機能性を有するための分子設計ならびに材料設計を考える．具体的には，光機能性高分子材料と電子機能性高分子材料の材料設計の設計指針を取り扱う．

本章の内容
8.1　光機能性高分子
8.2　電子機能性高分子

8.1 光機能性高分子

8.1.1 光物理化学過程

高分子材料は可視域から紫外域にかけての幅広い波長範囲で特徴的な吸収スペクトルを示す．ベンゼン環を有する材料の吸収範囲は 250〜280 nm である．これはこの波長域でベンゼン環の吸収が起こるためである．大半のプラスチックス類は，可視域では透明であり吸収をもたない．光機能性を発現させるためには，光吸収が起こることが大前提である．従って，光の吸収に基づく光物理化学を知っておく必要がある．

図 8.1 に光励起された分子のエネルギー状態と光物理化学過程を示す．光励起により分子のエネルギー状態は一重項励起状態になる．さらに自然放射過程の発光である**蛍光**（fluorescence），**無輻射失活**，三重項励起状態への**項間交差**（intersystem crossing），ならびに励起エネルギー移動，励起錯体形成，電荷移動錯体形成，光イオン化過程，光化学反応などその他の状態への遷移を経る．そして最終的には元の基底状態に戻る．蛍光で戻る過程の量子収率を考えると

$$\phi = \frac{\tau}{\tau_\mathrm{r}} = \frac{k_\mathrm{r}}{k_\mathrm{r} + k_\mathrm{nr} + k_\mathrm{isc} + k_\mathrm{e}}$$

と表せる．ここで k_r：蛍光発光の速度定数，k_nr：無輻射失活の速度定数，k_isc：三重項状態への項間交差の速度定数，k_e：その他の過程への速度定数の和である．

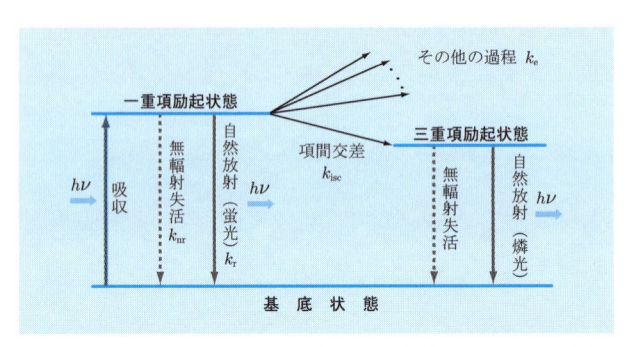

図 8.1 光励起された分子のエネルギー状態と光物理化学過程

8.1.2 光導電性

紫外，可視および近赤外域の光を照射すると電気伝導性を生じる性質を**光導電性**という．光導電性高分子の代表格はポリビニルカルバゾール（**PVCz**）である．PVCz の光導電性は電子写真用感光体材料の開発と相まって 1960〜70 年代に研究が進んだ．2,4,7-トリニトロフルオレノン（**TNF**）との**電荷移動錯体**（charge transfer complex）形成により吸収域を紫外から可視域までに広げることができる．

PVCz を例にして光導電性の光物理化学過程を説明する．光導電性の光物理化学は，

8.1.1 項に示した初期過程の吸収帯の光照射による光励起，励起エネルギー移動，光キャリヤー生成サイトへのエネルギー移動，イオン対形成を経て電界による電荷分離，光キャリヤー（カチオンラジカル）生成，そして光キャリヤーの移動の素過程から成り立つ．素過程はこのように複雑であるが，光導電性は，基本的に光電流 J_p

$$J_\mathrm{p} = \sigma_\mathrm{p} E = en\mu E$$

で記述される．この式は電気伝導の式 (4.37) と同じである．ここで，σ_p：光導電率，e：キャリヤー 1 個の電荷量，n：単位体積当りの光キャリヤー数，μ：光キャリヤーの移動度，E：電界強度である．従って，光導電性の性能を議論するときには，光キャリヤー生成とその輸送（移動）に分けて考えるとその後の光導電性高分子や光導電性有機材料の分子設計に際して都合がよい．実際の電子写真用感光体の開発では，光キャリヤー生成層（**電荷発生剤**）と光キャリヤー移動層（**正孔輸送剤**）は別々に分子設計される．光源に用いるレーザー波長に合わせて光キャリヤー生成層を分子設計する．

[注釈] 近年のコピー機やレーザープリンターの高速化に対応して低分子系感光体が用いられている．電荷発生剤に金属フタロシアニン類を，正孔輸送剤にトリフェニルアミン類などを用いている．研究の潮流を作った高分子有機感光体の貢献度は大きい．

8.1.3 有機 E L

有機材料の**電界発光**の原理は，正電荷と電子との再結合に基づく．光物理化学的には，励起状態からの蛍光発光である．電荷の再結合による励起状態生成か，光励起による励起状態生成かの違いだけである．

有機材料や高分子材料では，電荷の移動に高電界が必要である．それがデバイス化の妨げになっていた．1987 年に 100 nm 以下の積層フィルムによる電界発光が発表（巻末参考文献 [34]）されて以来，様々な有機電界発光（**有機 EL**）用の高分子材料が開発されてきている．例えば携帯電話の有機 EL ディスプレイや有機 EL テレビで実用化されてきている．図 8.2 に有機 EL デバイスの模式図，図 8.3 に有機 EL 用高分子材料を示す．

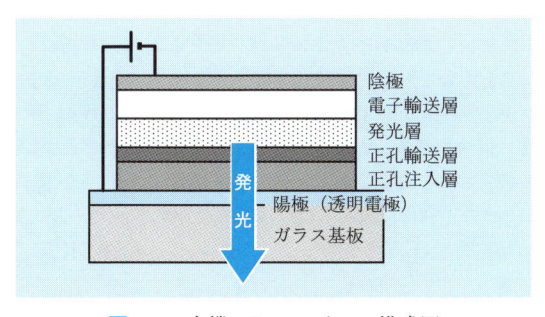

図 8.2 有機 EL デバイスの模式図

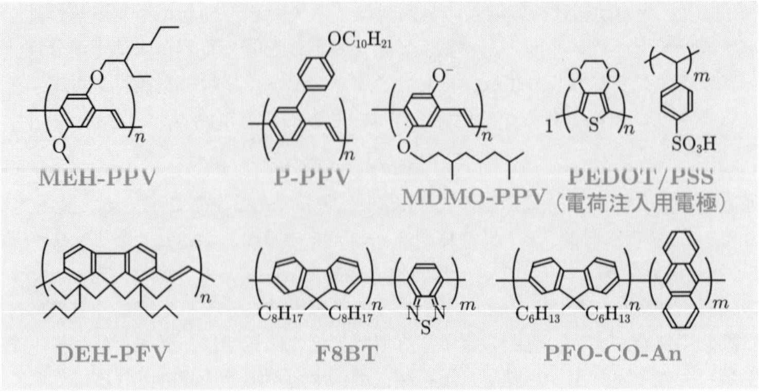

図 8.3 有機 EL 用高分子材料

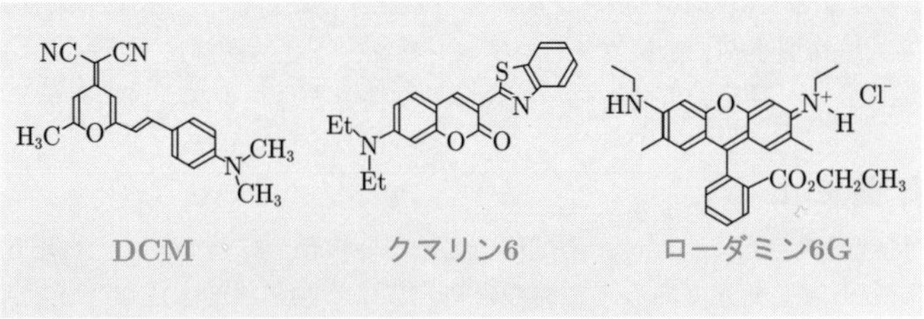

図 8.4 有機固体レーザー用色素材料の例

8.1.4 有機固体レーザー

有機材料や高分子材料を用いた光導波路型レーザー素子の研究が 1990 年代後半以降盛んになってきている．図 8.4 にレーザー用色素を高分子マトリックス（ポリスチレン（**PS**），ポリメチルメタクリレート（**PMMA**），ポリビニルカルバゾール（**PVCz**），ポリビニルブチラール（**PVB**））に分散させた有機色素固体レーザーならびに図 8.3 の有機 EL 用高分子を基盤にした高分子固体レーザーなどがある．有機材料や高分子材料はスピンコーティング法を用いて容易に薄膜成形できる．それを用いて作製した光導波路に分布帰還（distributed feedback, **DFB**）構造や分布ブラッグ反射（distributed Bragg reflection, **DBR**）構造を組み込んだレーザー素子の研究が行われている．図 8.5 に周期的なマイクロキャビティーをもつ表面レリーフ型 DFB レーザーを示す．ここでは，マイクロキャビティー内での光利得変調あるいは屈折率変調のレーザー増幅が選択的に起きる．光導波路内でのそれらの結合により光導波モードのレーザー発振が起こる．発振波長 λ_L は

$$\lambda_L = 2n_{\text{eff}} \Lambda_{\text{th}}/m \tag{8.1}$$

となる．ここで n_{eff}：光導波路内での実効屈折率（導波路のコア厚およびコアとクラッドの屈折率に依存する），Λ_{th}：マイクロキャビティーのピッチ間隔，m：モード次数

8.1 光機能性高分子

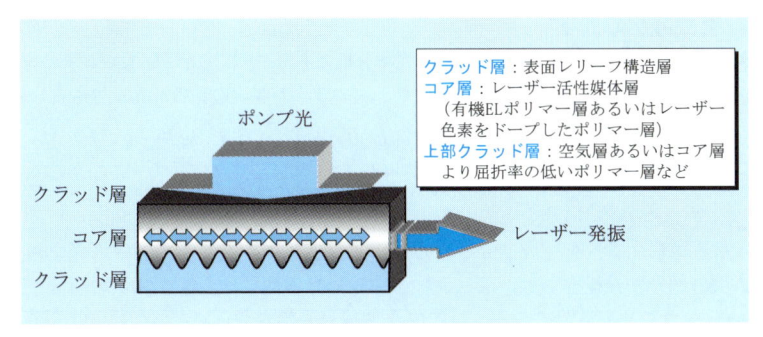

図 8.5 DFB レーザー発振

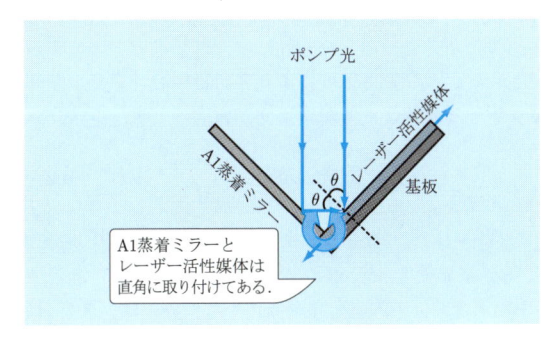

図 8.6 ロイドミラー法

($m = 1, 2, 3, \cdots$) である．単層型素子を図 8.6 に示すロイドミラーに組み込む．パルスホログラフィック干渉露光により光波長オーダーの周期的なマイクロキャビティーを活性層である光導波層内に一時的に作り上げて **DFB レーザー発振**させる．干渉露光によるピッチ間隔 Λ_{th} は

$$\Lambda_{\mathrm{th}} = \lambda_{\mathrm{p}}/2\sin\theta \tag{8.2}$$

である．ここで λ_{p}：パルスレーザー光の波長，θ：干渉光の入射角である．ロイドミラー法を用いたレーザー発振では，式 (8.1) と (8.2) とを組み合わせて

$$\lambda_{\mathrm{L}} = n_{\mathrm{eff}}\lambda_{\mathrm{p}}/m\sin\theta$$

となる．レーザー発振は増幅自然放出光（amplified spontaneous emission, **ASE**）の波長範囲を中心に起こる．よって，ロイドミラー法では，その波長域に合わせてモード次数と入射角を適切に選択することによって，波長可変のレーザー素子を構築できる．

注釈 レーザー色素をドープしたポリマーや有機 EL 用高分子材料を用いて数十 nm の範囲で光励起の波長可変のレーザー発振が達成されている．また，レーザー色素の適切な選択とカスケード型のエネルギー移動を組み合わせることによって，励起波長からかなり離れた任意の波長域のレーザー発振ができる．これも有機レーザー素子の特徴である．

8.1.5 有機非線形光学

高次の光の電界に応答する分極が**非線形光学分極**である．非線形光学応答も電子の原子核に対する変位に基づく．従って1次だけでなく2次や3次の高次の光の電界に対する分極 P は

$$P = P_0 + \chi^{(1)}_{ij} E_j + \chi^{(2)}_{ijk} E_j E_k + \chi^{(3)}_{ijkl} E_j E_k k_l + \cdots$$

と表される．ここで P_0：自発分極，$\chi^{(1)}_{ij}$：1次の非線形感受率，$\chi^{(2)}_{ijk}$：2次の非線形感受率，$\chi^{(3)}_{ijkl}$：3次の非線形感受率である．

大きな非線形光学性を達成させるためには，分子レベルで2次の非線形光学性では大きな2次の超分子分極率 β_{IJK} を，3次の非線形光学性では大きな3次の超分子分極率 γ_{IJKL} をもつことが必要である．巨視的な非線形光学定数（$\chi^{(2)}_{ijk}, \chi^{(3)}_{ijkl}$）は分子レベルの分子超分極率（$\beta_{IJK}, \gamma_{IJKL}$）と配向ガスモデルで関係付けられる．非線形光学応答では分子が一定方向に並ぶ秩序構造が必要である．さらに偶数の次数の応答では巨視的に非対称中心構造をもつことが必要である．一般には，外部電界を印加することにより双極子を一定方向に配向させるポーリング処理により非対称中心性を発現させる．分子の双極子モーメントと遷移双極子モーメントとがほぼ同じ方向のとき，ポーリング処理した未延伸高分子の $\chi^{(2)}_{ijk}$ は

$$\chi^{(2)}_{zzz} = 3\chi^{(2)}_{zxx} = \frac{N f_z^{2\omega} f_z^{\omega} f_z^{\omega} \mu E \beta_z}{5kT} \quad \left(f^{\omega} = \frac{(n^{\omega})^2 + 2}{3} \right) \tag{8.3}$$

となる．ここで f^{ω}：ローレンツ-ローレンス（Lorentz-Lorenz）局所電界因子，μ：双極子モーメント，E：有効電界強度，k：ボルツマン（Boltzmann）定数，T：絶対温度，β_z：2次の超分子分極率である．分子内電荷移動錯体をもつ分子は大きな β_z を有している．大きな β_z を有する分子団を側鎖に有する高分子が数多く合成され，2次の非線形光学性ならびにその温度安定性が検討されている．一般に，ガラス転移温度以上では配向緩和により2次の非線形感受率も緩和する．従って，ガラス転移温度が高い（例えばポリイミドなどの）骨格を有する高分子系がその分子設計に適している．

圧電性を示すポリフッ化ビニリデン（**PVDF**），フッ化ビニリデンとトリフルオロエチレンとの共重合体（**P(VDF-TrFE)**）やナイロン11なども非対称中心構造を有しており，2次の非線形光学応答を示す．ヒドロキシ安息香酸骨格を有する共重合体も2次の非線形光学応答を示す．ポリアセチレンなど共役二重結合を有する高分子では3次の非線形光学応答が研究されている．

非線形光学効果の一つに**ポッケルス効果**がある．これと光導電性とを組み合わせたものが**有機フォトリフラクティブ効果**である．この効果は非線形光学媒体中で電荷の再分布により，ポッケルス効果を介して空間的な屈折率変調を引き起こす効果と定義される．

高分子フォトリフラクティブ材料には，光導電性高分子のPVCzに2次の非線形光学色素，フラーレンやTNFなどの光増感剤および可塑剤を入れた高分子複合材がその代表例として挙げられる．干渉光の光強度の周期分布に対して屈折率の周期分布は位相が $\pi/2$ シフトしている．これにより非対称なエネルギー移動が起こり光増幅効果に基づく光学利得をもたらす．実時間ホログラム記録，体積ホログラム光記録などの応用もある．

8.2 電子機能性高分子

8.2.1 導電性高分子

4.3.3 項に導電性高分子材料の導電機構などをまとめてある．1960 年代に，ポリチアジル $(SN)_x$ が $\sigma \approx 10^4\,\mathrm{S\,cm^{-1}}$ の金属的導電性を示すことが報告され，超伝導性の可能性も指摘された．電気的な素性はよかったが加工性および取扱いの困難さもあり，積極的な研究は大きくは進展しなかった．

図 8.7 に示すように，ポリアセチレン自体の電気伝導度は半導体から絶縁体に近い程度である．合成したポリアセチレンも不溶・不融で粉状のものしか得られてなかった．チーグラー-ナッタ（Ziegler-Natta）触媒（$\mathrm{Ti(OBu)_4}$ - $\mathrm{Et_3Al}$）溶液の極端な高濃度（通常の濃度の 1000 倍）で重合を行う．これにより，高分子鎖の絡み合いがマクロスケールまで発達してフィルム状のポリアセチレンが得られた．ヨウ素や $\mathrm{AsF_5}$ などの電子受容体の添加で，電気伝導度が $\sigma = 10^2 \sim 10^3\,\mathrm{S\,cm^{-1}}$ まで急激に上昇し一気に導電性材料の仲間入りを果した．これによりそれまでは絶縁体かせいぜい半導体程度であった高分子の電気的性質を一気に導電性領域まで広げた．

トランス型ポリアセチレンは単斜晶で黒色光沢のフィルムである．光学吸収端は，未ドープ状態で π-π* 遷移で 1.4 eV，ドープ状態で 0.7 eV である．さらに，触媒を比較的高温で長時間熟成し調製すると，sp^3 欠陥がなく 6 倍程度まで延伸可能で高密度で非常に緻密なフィブリル構造が発達したポリアセチレンが得られる．ヨウ素ドープ系で $10^5\,\mathrm{S\,cm^{-1}}$ の電気伝導度を示した（巻末参考文献 [35]）．このように導電性高分子の一分野を切り開いたポリアセチレンであるが，耐環境性が充分でなく実用化には至っていない（巻末参考文献 [31]）．

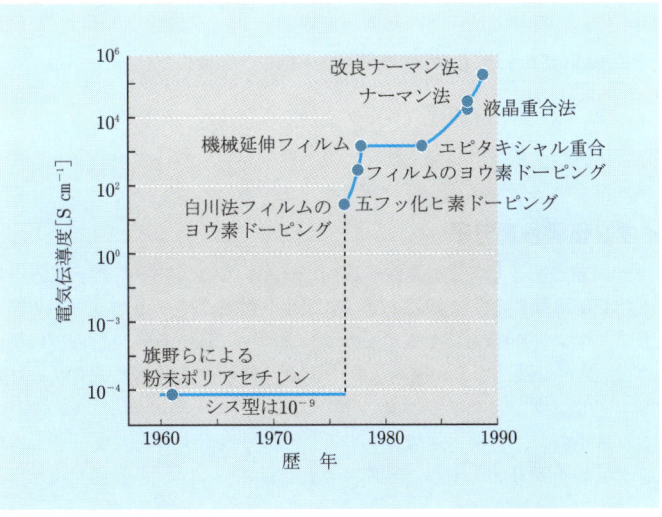

図 8.7 ポリアセチレンの電気伝導度の暦年変化 [2]

ポリアセチレンの導電性の発見以降，数多くの導電性高分子が開発された．複素環を有するポリピロールやポリチオフェンを筆頭にポリパラフェニレン，ポリ（p-フェニレンビニレン），ポリ（チオフェンビニレン）などの金属的電気伝導度を有する高分子が開発されてきている．ポリピロールやポリチオフェンを用いたポリマーコンデンサーは実用化され大きな市場になりつつある（巻末参考文献 [31]）．

8.2.2 強誘電高分子

非対称中心構造をもち自発分極が外部電界により反転する誘電体が**強誘電体**である．ポリフッ化ビニリデン（**PVDF**），フッ化ビニリデン－トリフルオロエチレン共重合体（**P(VDF-TrFE)**），ナイロン7，ナイロン11などが強誘電高分子の代表格である．これらの高分子では結晶双極子が分極反転の起源である．よって，分極は融点近傍まで安定に存在する．強誘電体に交流電界を印加したときに得られる応答電流 $J(t)$ は

$$J(t) = dP/dt + \varepsilon dE/dt + E^n/\rho$$

（自発分極 P の時間微分／電気容量に対応／抵抗 ρ に対応）

である．直流伝導はオーム則に従うので $n = 1$ である．電流が電圧の二乗に比例するチャイルド (Child) 則（4.3.2 項参照）に従う応答では $n = 2$ となる．式 (8.3) を積分することにより電気変位 D または分極変位 P が求められる．図 8.8 に P(VDF-TrFE) (83/17) の分極変位 (P) -電界強度 (E) のヒステリシス曲線を示す．印加電場 E が 0 のときの分極 P から**残留分極**（remanent polarization）P_r，分極 P が 0 のときの電界から**抗電界**（coercive field）E_c が求まる．

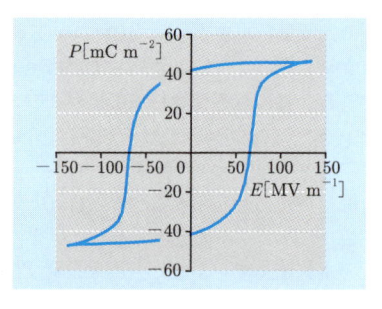

図 8.8　P(VDF-TrFE) (83/17) のヒステリシス曲線（筆者らの測定結果）

注釈　当初は厚みが $50\,\mu m$ 程度のバルク試料での強誘電性の研究からスタートした．現在，薄膜製造技法および原子間力プローブ顕微鏡の発達と共にナノメートルオーダーの薄膜や超薄膜での分極反転測定が主流になってきている．

8.2.3 イオン伝導性高分子

エネルギー問題と関連して燃料電池の開発が盛んになっている．燃料電池用の**高分子電解質膜**（**イオン伝導膜**）として側鎖末端にスルホン酸基を有するフッ素系の膜としてデュポン社のナフィオン（Nafion）や旭硝子のフレミオン（Flemion）ならびに旭化成のアシプリレックス（Aciplex）などが開発されている．最近では耐熱性を上げるために，スーパーエンジニアリングプラスチックスのポリエーテルエーテルケトンにスルホン酸基を，ポリエーテルスルホンにスルホン酸基を導入した分子設計も行われている．さらに，スルホン酸基を導入したポリイミドなども開発されている．

付　　録

付録 1　国際単位系 SI

国際単位系 (International System of Units) は 1960 年の国際度量衡総会で決定されたものである．SI 基本単位として 7 つの単位を下のように定義している．

付表 1　SI 基本単位の名称，記号，定義

物 理 量	記号	SI 単位の記号と名称	定　　義
長　　さ	l	m　メートル	^{86}Kr の橙赤色スペクトル線の真空中における波長の 1,650,763.73 倍に等しい長さ
質　　量	m	kg　キログラム	国際度量衡局にある白金イリジウム合金棒の質量
時　　間	t	s　秒	^{133}Cs 原子の遷移による輻射の振動周期の 9,192,631,770 倍の時間
電　　流	I	A　アンペア	1m の間隔で平行に並んだ 2 本の長い電線に電流を流し，電線 1m あたりに 2×10^{-7}N の力を生じるような電流の大きさ
熱力学的温度	T	K　ケルビン	絶対零度を原点とし，水の三重点を 273.16K とする
光　　量	I_v	cd　カンデラ	101,325N m^{-2} の圧力における Pt の凝固温度で，黒体の表面 1/600,000m^2 から垂直方向に放出される光の量
物 質 の 量	n	mol　モル	^{12}C の 0.012kg に含まれる原子の数と等しい数の構成単位を含む物質量

付表 2　SI 接頭語

大きさ	接　頭　語		記号	大きさ	接　頭　語		記号
10^{-1}	デ　シ	deci	d	10	デ　カ	deca	da
10^{-2}	セ ン チ	centi	c	10^2	ヘ ク ト	hecto	h
10^{-3}	ミ　リ	milli	m	10^3	キ　ロ	kilo	k
10^{-6}	マイクロ	micro	μ	10^6	メ　ガ	mega	M
10^{-9}	ナ　ノ	nano	n	10^9	ギ　ガ	giga	G
10^{-12}	ピ　コ	pico	p	10^{12}	テ　ラ	tera	T
10^{-15}	フェムト	femto	f	10^{15}	ペ　タ	peta	P
10^{-18}	ア ッ ト	atto	a	10^{18}	エ ク サ	exa	E

付表3 セルシウス温度（目盛）

物理量	単位の名称	単位記号	単位の定義
セルシウス温度	セルシウス度 degree Celsius	°C	$t/°C = T/K - 273.15$

付表4 特別の名称をもつSI誘導単位と記号

物理量	SI単位の名称	SI単位の記号	SI単位の定義
力	ニュートン newton	N	$m\,kg\,s^{-2}$
圧力，応力	パスカル pascal	Pa	$m^{-1}\,kg\,s^{-2}\,(=N\,m^{-2})$
エネルギー	ジュール joule	J	$m^2\,kg\,s^{-2}$
仕事率	ワット watt	W	$m^2\,kg\,s^{-3}\,(=J\,s^{-1})$
電荷	クーロン coulomb	C	$s\,A$
電位差	ボルト volt	V	$m^2\,kg\,s^{-3}\,A^{-1}\,(=J\,A^{-1}\,s^{-1})$
電気抵抗	オーム ohm	Ω	$m^2\,kg\,s^{-3}\,A^{-2}\,(=V\,A^{-1})$
電導度	ジーメンス siemens	S	$m^{-2}\,kg^{-1}\,s^3\,A^2\,(=A\,V^{-1}=\Omega^{-1})$
電気容量	ファラッド farad	F	$m^{-2}\,kg^{-1}\,s^4\,A^2\,(=A\,s\,V^{-1})$
磁束	ウェーバー weber	Wb	$m^2\,kg\,s^{-2}\,A^{-1}\,(=V\,s)$
インダクタンス	ヘンリー henry	H	$m^2\,kg\,s^{-2}\,A^{-2}\,(=V\,A^{-1}\,s)$
磁束密度	テスラ tesla	T	$kg\,s^{-2}\,A^{-1}\,(=V\,s\,m^{-2})$
光束	ルーメン lumen	lm	$cd\,sr$
照度	ルックス lux	lx	$m^{-2}\,cd\,sr$
周波数	ヘルツ hertz	Hz	s^{-1}

付表5 その他

物理量	単位の名称	単位記号	単位の定数
長さ	オングストローム	Å	$10^{-10}m,\ 10^{-1}nm$
体積	リットル	l	$10^{-3}m^3,\ dm^3$
力	ダイン	dyn	$10^{-5}N$
エネルギー	エルグ	erg	$10^{-7}J$
エネルギー	電子ボルト	eV	$1.6021917 \times 10^{-19}J$（換算係数）
エネルギー	カロリー	cal	$4.184J$
エネルギー	波数	cm^{-1}	$1.986 \times 10^{-23}J$
濃度	モル／リットル	M	$10^3\,mol\,m^{-3}$
圧力	気圧	atm	$1.01325 \times 10^5\,N\,m^{-2}$（厳密に）
圧力	ミリメートル水銀柱	mmHg	$13.5951 \times 980.665 \times 10^{-2}\,N\,m^{-2}$
質量	電子質量単位	u	$1.660531 \times 10^{-27}kg$（換算係数）
電荷	静電単位	esu	$3.33564 \times 10^{-10}C$
双極子モーメント	デバイ	D	$3.33564 \times 10^{-30}C\,m$
磁場の強さ	エルステッド	Oe	$79.6\,A\,m^{-1}$
磁束密度	ガウス	G	$10^{-4}T$

付録2 数学公式

自然対数
自然対数の底

$$e = 1 + \frac{1}{1!} + \frac{1}{2!} + \frac{1}{3!} + \cdots = 2.718281828\cdots$$

$$e = \lim_{n \to \infty}\left(1 + \frac{1}{n}\right)^n \qquad e^a = \lim_{n \to \infty}\left(1 + \frac{a}{n}\right)^n$$

$$e^{ix} = \cos x + i \sin x$$

自然対数と微積分

$$\ln x = 2.3026 \log x \qquad \log x = \frac{\ln x}{2.3026} = 0.43429 \ln x$$

$$\int \frac{dx}{x} = \ln x + c \qquad \int e^x dx = e^x + c$$

$$d \ln x = \frac{dx}{x} \qquad \ln N! \simeq N \ln N - N \quad (\text{スターリングの公式})$$

ベクトルの内積
a, b の内積またはスカラー積　(a, b) または $a \cdot b$

$(a, b) = |a||b| \cos \theta \quad (\theta \text{ は } a \text{ と } b \text{ のなす角})$

$a = a_1 e_1 + a_2 e_2 + a_3 e_3, \quad b = b_1 e_1 + b_2 e_2 + b_3 e_3$

(e_1, e_2, e_3 は正規直交系)

$(a, b) = a_1 b_1 + a_2 b_2 + a_3 b_3$

$|a| = \sqrt{a_1^2 + a_2^2 + a_3^2}$

$\cos \theta = \dfrac{(a, b)}{|a||b|} = \dfrac{a_1 b_1 + a_2 b_2 + a_3 b_3}{\sqrt{a_1^2 + a_2^2 + a_3^2}\sqrt{b_1^2 + b_2^2 + b_3^2}}$

ベクトルの外積
a, b の外積またはベクトル積　$[a, b]$ または $a \times b$

次の3つの条件を満たすベクトル

(i) a, b と直交　(ii) 大きさ $|a||b| \sin \theta$　(iii) 向きは a を θ だけ回転して b に重ねるとき，右ねじの進む方向 (θ は a, b のなす角)

$$[a, b] = (a_2 b_3 - a_3 b_2)e_1 + (a_3 b_1 - a_1 b_3)e_2 + (a_1 b_2 - a_2 b_1)e_3$$

$$= \begin{vmatrix} e_1 & e_2 & e_3 \\ a_1 & a_2 & a_3 \\ b_1 & b_2 & b_3 \end{vmatrix}$$

微分

$y = f(x)$ の微分

$$\frac{dy}{dx} = \frac{df}{dx} = \lim_{\Delta x \to 0} \frac{f(x+\Delta x) - f(x)}{\Delta x}$$

$u = f(x, y)$ の偏微分

$$\frac{\partial u}{\partial x} = \frac{\partial f}{\partial x} = \lim_{\Delta x \to 0} \frac{f(x+\Delta x, y) - f(x, y)}{\Delta x}$$

$$\frac{\partial u}{\partial y} = \frac{\partial f}{\partial y} = \lim_{\Delta y \to 0} \frac{f(x, y+\Delta y) - f(x, y)}{\Delta y}$$

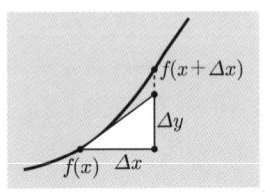

$\dfrac{\partial u}{\partial x}$ は $\left(\dfrac{\partial u}{\partial x}\right)_y, \left(\dfrac{\partial f}{\partial x}\right)_y, f_x, f_x(x, y)$ のようにも表される.

$\dfrac{\partial u}{\partial y}$ は $\left(\dfrac{\partial u}{\partial y}\right)_x, \left(\dfrac{\partial f}{\partial y}\right)_x, f_y, f_y(x, y)$ のようにも表される.

$u = f(x, y)$ の全微分

$\Delta u = f(x+\Delta x, y+\Delta y) - f(x, y) = \dfrac{\partial f}{\partial x}\Delta x + \dfrac{\partial f}{\partial y}\Delta y + \varepsilon_1 \Delta x + \varepsilon_2 \Delta y$ において, $\Delta x, \Delta y \to 0$ に対して, $\varepsilon_1, \varepsilon_2 \to 0$, すなわち $\dfrac{\varepsilon_1 \Delta x + \varepsilon_2 \Delta y}{\sqrt{\Delta x^2 + \Delta y^2}} \to 0$ であるならば, 全微分可能であるといい,

$$du = \frac{\partial f}{\partial x}\Delta x + \frac{\partial f}{\partial y}\Delta y$$

$$du = \frac{\partial f}{\partial x}dx + \frac{\partial f}{\partial y}dy$$

$$du = \left(\frac{\partial u}{\partial x}\right)_y dx + \left(\frac{\partial u}{\partial y}\right)_x dy$$

などを u の**全微分**という.

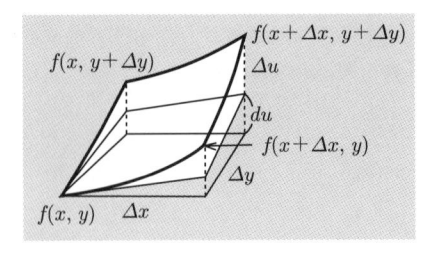

付　　録

公式集

$\ln(1-x) = x$ 　　　　　$(0 < x \ll 1 \text{ に対して})$

$\sum_{x=1}^{\infty} xp^{x-1} = \dfrac{1}{(1-p)^2}$ 　　$(|p| < 1)$

$\sum_{x=1}^{\infty} x^2 p^{x-1} = \dfrac{1+p}{(1-p)^3}$ 　　$(|p| < 1)$

$\sum_{x=1}^{\infty} x(x-1)p^{x-2} = \dfrac{2}{(1-p)^3}$ 　$(|p| < 1)$

$\sum_{x=1}^{\infty} x^2(x-1)p^{x-2} = \dfrac{2(p+1)}{(1-p)^4}$ 　$(|p| < 1)$

$\sum_{x=1}^{\infty} p^x = \dfrac{p}{1-p}$ 　　$(|p| < 1)$

$\sum_{x=1}^{\infty} xp^x = \dfrac{p}{(1-p)^2}$ 　　$(|p| < 1)$

$\sum_{x=1}^{\infty} x^2 p^x = \dfrac{p(1+p)}{(1-p)^3}$ 　　$(|p| < 1)$

$\sum_{x=1}^{\infty} x^3 p^x = \dfrac{p(1+4p+p^2)}{(1-p)^4}$ 　$(|p| < 1)$

$\sum_{x=1}^{\infty} x(x+1)p^x = \dfrac{2p}{(1-p)^3}$ 　$(|p| < 1)$

$\sum_{x=1}^{\infty} x(x+1)(x+2)p^x = \dfrac{6p}{(1-p)^4}$ 　$(|p| < 1)$

$\sum_{x=1}^{\infty} x^3 p^{x-1} = \dfrac{1+4p+p^2}{(1-p)^4}$ 　$(|p| < 1)$

初項 a, 公比 r の等比数列の n 項までの和 S_n

$S_n = \sum_{i=1}^{n} ar^{i-1} = \dfrac{a(1-r^n)}{1-r}$ 　$(r \neq 1)$

$\sum_{i=1}^{n} i = \dfrac{1}{2}n(n+1)$

$\sum_{i=1}^{n} i^2 = \dfrac{1}{6}n(n+1)(2n+1)$

$\sum_{i=1}^{n} i(i+1) = \dfrac{1}{3}n(n+1)(n+2)$

$$\sum_{i=0}^{n-1}\sum_{j=i+1}^{n}1 = \sum_{i=1}^{n}i = \frac{1}{2}n(n+1)$$

$$\sum_{i=0}^{n-1}\sum_{j=i+1}^{n}|i-j| = \frac{1}{6}n(n+1)(n+2)$$

$$\sum_{i=0}^{n-1}\sum_{j=i+1}^{n}\cos^{|i-j|}\theta = \frac{n\cos\theta}{1-\cos\theta} - \frac{\cos^2\theta(1-\cos^n\theta)}{(1-\cos\theta)^2}$$

$$\sum_{i=1}^{n-1}\sum_{j=i+1}^{n}\cos^{|i-j|}\theta = \frac{n\cos\theta}{1-\cos\theta} - \frac{\cos\theta(1-\cos^n\theta)}{(1-\cos\theta)^2}$$

$$e^x = \sum_{n=0}^{\infty}\frac{x^n}{n!} = 1 + \frac{x}{1!} + \frac{x^2}{2!} + \frac{x^3}{3!} + \cdots \quad (|x|<\infty)$$

$$\ln(1-x) = -\sum_{n=1}^{\infty}\frac{x^n}{n} = -\frac{x}{1} - \frac{x^2}{2} - \frac{x^3}{3} - \cdots \quad (|x|\le 1,\, x\ne 1)$$

$$\ln(1+x) = \sum_{n=1}^{\infty}(-1)^n\frac{x^n}{n} = \frac{x}{1} - \frac{x^2}{2} + \frac{x^3}{3} - \cdots \quad (|x|\le 1,\, x\ne -1)$$

不定積分

$$\int e^{ax}dx = \frac{e^{ax}}{a} + c$$

$$\int xe^{ax}dx = \frac{e^{ax}}{a}\left(x - \frac{1}{a}\right) + c$$

$$\int x^2 e^{ax}dx = \frac{e^{ax}}{a}\left(x^2 - \frac{2x}{a} + \frac{2}{a^2}\right) + c$$

$$\int x^3 e^{ax}dx = \frac{e^{ax}}{a}\left(x^3 - \frac{3x^2}{a} + \frac{6x}{a^2} - \frac{6}{a^3}\right) + c$$

$$\int x^n e^{ax}dx = \frac{e^{ax}}{a}\sum_{r=0}^{n}(-1)^r \frac{n!\, x^{n-r}}{(n-r)!\, a^r} + c$$

定積分

$$\int_0^{\infty} e^{-ax^2}dx = \frac{1}{2}\sqrt{\frac{\pi}{a}}$$

$$\int_0^{\infty} xe^{-ax^2}dx = \frac{1}{2a}$$

$$\int_0^{\infty} x^2 e^{-ax^2}dx = \frac{1}{4a}\sqrt{\frac{\pi}{a}}$$

$$\int_0^{\infty} x^3 e^{-ax^2}dx = \frac{1}{2a^2}$$

$$\int_0^{\infty} x^4 e^{-ax^2}dx = \frac{3}{8a^2}\sqrt{\frac{\pi}{a}}$$

$$\int_0^{\infty} x^5 e^{-ax^2}dx = \frac{1}{a^3}$$

$$\int_0^{\infty} x^n e^{-ax}dx = \frac{n!}{a^{n+1}}$$

演習問題略解・解答例

【第 2 章】 1 単位胞の体積 $= 9.23 \times 10^{-23}$ cm^3, モノマー単位 2 個の質量 $= 9.30 \times 10^{-23}$ g, 密度 $\rho = 1.0076$ g cm^{-3}

2 (1) $\overline{M_\mathrm{n}} = 3.3 \times 10^5$, $\overline{M_\mathrm{w}} = 5.12 \times 10^5$, $\overline{M_\mathrm{z}} = 7.3 \times 10^5$
(2) $\overline{M_\mathrm{n}} = 2.3 \times 10^5$, $\overline{M_\mathrm{w}} = 3.3 \times 10^5$, $\overline{M_\mathrm{z}} = 5.12 \times 10^5$

3 (1) $\overline{M_\mathrm{w}} = \dfrac{\int_0^\infty M^2 n(M) dM}{\int_0^\infty M n(M) dM} = \dfrac{2\overline{M_\mathrm{n}}^3}{\overline{M_\mathrm{n}}^2} = 2\overline{M_\mathrm{n}}$

(2) $\overline{M_\mathrm{z}} = \dfrac{\int_0^\infty M^3 n(M) dM}{\int_0^\infty M^2 n(M) dM} = \dfrac{6\overline{M_\mathrm{n}}^4}{2\overline{M_\mathrm{n}}^3} = 3\overline{M_\mathrm{n}}$

4 (1) $\overline{M_\mathrm{n}} = \dfrac{\alpha+1}{\beta}$, $\overline{M_\mathrm{w}} = \dfrac{\alpha+2}{\beta}$, $\overline{M_\mathrm{z}} = \dfrac{\alpha+3}{\beta}$
(2) $\overline{M_\mathrm{n}} = \dfrac{\alpha}{\beta}$, $\overline{M_\mathrm{w}} = \dfrac{\alpha+1}{\beta}$, $\overline{M_\mathrm{z}} = \dfrac{\alpha+2}{\beta}$

【第 3 章】 1 $\ln \eta_\mathrm{r} = \ln(\eta_\mathrm{sp} + 1) = \eta_\mathrm{sp} - \dfrac{\eta_\mathrm{sp}^2}{2} + \dfrac{\eta_\mathrm{sp}^3}{3} - \cdots = \eta_\mathrm{sp} - \dfrac{\eta_\mathrm{sp}^2}{2}$ と式 (3.29) より式 (3.30) が得られる.

2 $[\eta] = \lim_{c \to 0}(\eta_\mathrm{sp}/c) = 0.436$, $[\eta] = \lim_{c \to 0} \ln \eta_\mathrm{r}/c = 0.436$

3 $\phi_{2c} = \dfrac{1}{1+\sqrt{m}}$, $\chi_{12c} = \dfrac{1}{2}\left(1 + \dfrac{1}{\sqrt{m}}\right)^2$

【第 4 章】
1 $\dfrac{d\gamma}{dt} = \dfrac{1}{E}\dfrac{dS}{dt} + \dfrac{S}{\eta} = 0$ より $S = e^{-t/\tau} + c = e^c e^{-t/\tau}$ ($\tau = \eta/E$), $t = 0$ のとき $e^c = E\gamma_0$, 式 (4.8) が得られる.

2 $E\gamma + \eta \dfrac{d\gamma}{dt} = 0$ より $\gamma = C e^{-t/\tau}$. $\gamma = C e^{-t/\tau} + \gamma_0$ とおき, $t = 0$ のとき $\gamma = 0$ より $\gamma = \gamma_0(1 - e^{-t/\tau})$ が得られる. $S = E\gamma + \eta\dfrac{d\gamma}{dt}$ に代入して, $\gamma_0 = S_0/E$ が得られる. よって式 (4.14) が得られる.

3 $D = \varepsilon_0 E + P = \varepsilon E$, $P = N\alpha F$, $F = \dfrac{\varepsilon_\mathrm{r}+2}{3} E$, これらを整理して, $\dfrac{\varepsilon_\mathrm{E} - \varepsilon_0}{\varepsilon_\mathrm{E} + 2\varepsilon_0} = \dfrac{N\alpha_\mathrm{E}}{3\varepsilon_0}$

4 $\langle \cos\theta \rangle = \dfrac{\int_0^\pi \exp\left(-\dfrac{\mu E}{kT}\right) \cos\theta \sin\theta d\theta}{\int_0^\pi \exp\left(-\dfrac{\mu E}{kT}\right) \sin\theta d\theta} = L\left(\dfrac{\mu E}{kT}\right) = \coth\dfrac{\mu E}{kT} - \dfrac{kT}{\mu E} = \dfrac{\mu E}{3kT}$ $\left(L\left(\dfrac{\mu E}{kT}\right): \text{ランジュバン関数}\right)$

5 検光子を通る成分は $E' = \xi \sin\phi - \eta \cos\phi = A \sin 2\phi \sin(\delta/2) \sin(\omega t + \delta') = E_0 \sin(\omega t + \delta')$ となる. $I \propto E_0^2$ であるので, $I = A^2 \sin^2 2\phi \sin^2(\delta/2)$ となる.

6 (1) $\left(1 + \dfrac{E_1}{E_2}\right)\dfrac{d\gamma}{dt} + \dfrac{E_1}{\eta}\gamma = \dfrac{1}{E_2}\dfrac{dS}{dt} + \dfrac{S}{\eta}$

(2) $E'(\omega) = E_1 + \dfrac{E_2 \tau^2 \omega^2}{1 + \tau^2 \omega^2}$, $E''(\omega) = \dfrac{E_2 \tau \omega}{1 + \tau^2 \omega^2}$, $\tan\delta(\omega) = \dfrac{E_2 \tau \omega}{E_1 + (E_1 + E_2)\tau^2 \omega^2}$

【第5章】 1 本文参照
2 (1) $\overline{M_z} = \dfrac{\sum_i w_i M_i^2}{\sum_i w_i M_i} = \dfrac{\sum x(1-p)^2 p^{x-1} x^2 M_0^2}{\sum x(1-p)^2 p^{x-1} x M_0} = \dfrac{\sum x^3 p^{x-1} M_0}{\sum x^2 p^{x-1}} = \dfrac{1+4p+p^2}{(1+p)(1-p)}$
(2) $M_n : M_w : M_z = 1 : (1+p) : (1+4p+p^2)/(1+p)$. $p \to 1$ のとき $M_n : M_w : M_z = 1 : 2 : 3$

【第6章】 1 酢化度 $= \dfrac{60.05 \times 置換度}{162.14 + 42.01 \times 置換度}$

で表されるので,置換度 2.0 のとき,酢化度は 48.8 % となる.
2 分岐鎖が構造的に安定な 6 員環を作ることで末端水素原子がラジカル炭素に近づき,そのために水素引抜きが起こりやすくなると考えられる.
3 (a) ノボラック樹脂:それ自身には架橋を促進する側鎖が少なく,熱硬化させるためには架橋剤が必要である. (b) レゾール樹脂:架橋剤がなくとも熱硬化を起こす.
4 タイヤゴムに含まれるカーボンブラックは,炭素粒子の表面や残留官能基によってゴムの分子鎖と化学的に結合して架橋作用をおよぼし,また,物理的な相互作用によってゴムの物性を大幅に向上させている. 5 ケイ皮酸の吸収波長は 300 nm 以下であり,特殊な光源が必要となってくる.そこで 300 nm 以上の光を吸収して反応を起こす化合物を加えて間接的に架橋反応を起こさせる.このような物質を光増感剤という.
6 2 枚重ねると透過率は 0.25 % となり,吸光度は 2 倍の 2.6 となる.
7 光をどんなに厳密にレンズで集光させても,照射範囲をそれ以上小さくできない物理的な限界のこと.その広さは光の波長程度である.照射する光の波長を短くしたり,集光させるレンズの開口数を大きくしたりすれば,回折限界を小さくすることができる.
8 まず全般的に,廃棄物回収段階においてコストがかからず,エネルギー消費が少ない仕組みが必要である.個別にみると,(a) マテリアルリサイクル:新品原料と比較して品質が劣化しやすく,再生不能となった場合は廃棄物となる,(b) ケミカルリサイクル:原料回収率の向上と,反応による副生成物の処理,(c) サーマルリサイクル:素材排ガスの安全性,また,根本的なリサイクルでないこと,などが挙げられる.

【第7章】 1 $\dfrac{dV(r)}{dr} = 2aDe^{a(r_0-r)}\left[1 - e^{a(r_0-r)}\right]$, $\dfrac{d^2V(r)}{dr^2} = -2a^2De^{a(r_0-r)}\left[1 - 2e^{a(r_0-r)}\right]$, $\dfrac{dV(r)}{dr} = F(r) = k_1 r$ より $\left.\dfrac{d^2V(r)}{dr^2}\right|_{r=r_0} = \dfrac{dF(r)}{dr} = k_1$, 従って $k_1 = 2a^2D$, $\therefore a = \sqrt{\dfrac{k_1}{2D}}$
2 $F(r) = \dfrac{dV(r)}{dr}$ であるので,$\dfrac{dF(r)}{dr} = \dfrac{d^2V(r)}{dr^2} = 0$ のとき F は極大 $F_{\max}$ となり破断する. $\dfrac{dF(r)}{dr} = \dfrac{d^2V(r)}{dr^2} = 0$ より,$2e^{a(r_0-r)} = 1$, $r = r_0 + \dfrac{\ln 2}{a}$ のとき,$F_{\max} = k_1\left(r_0 + \dfrac{\ln 2}{a}\right) = 2aDe^{-\ln 2}(1 - e^{-\ln 2}) = 2aD\dfrac{1}{2}\left(1 - \dfrac{1}{2}\right) = \dfrac{aD}{2}$, 式 (7.1) より $F_{\max} = \dfrac{\sqrt{k_1 D}}{2\sqrt{2}}$ となる. 3 7.2.1 項を参照 4 7.3.1 項を参照
5 7.3.3 項を参照 6 7.3.4 項を参照

図表典拠と参考文献

図 表 典 拠
【2章】
[1] N. G. Gaylord, H. F. Mark, "Linear and Stereoregular Addition Polymers", Interscience, New York, chap.V (1959)
[2] J. E. Mark, "Polymer Data Handbook", Oxford University Press, New York (1999)
[3] H. Tadokoro, Y. Chatani, Y. Yoshihara, S. Tahara, S. Muranishi, "Makromol. Chem.", **73**, 109 (1964)
[4] C. W. Bunn, "Trans. Faraday Soc.", **35**, 482 (1939)
[5] G. Natta, P. Corradini, "Nuovo Cimento Supplemento", **15**, serie 10, 40 (1960)
[6] H. Tashiro, H. Tadokoro, M. Kobayashi, "Ferroelectrics", **32**, 167 (1981)
[7] C. W. Bunn, E. V. Garner, "Proc. Roy. Soc.", **A189**, 39 (1947)
[8] 伊勢典夫，今西幸男，川端季雄，砂本順三，東村敏延，山川裕己，山本雅英著「新高分子化学序論」，化学同人 (1995)
[9] D. H. Reneker, P. H. Geil, "J. Appl. Phys.", 31, 1916 (1960)
[10] A. J. Pennings, J. M. A. A. van der Mark, H. C. Booji, "Kolloid Z. Z. Polymere", **236**, 99 (1970)

【4章】
[1] E. Catsiff, A. V. Tobolsky, "J. Colloid Sci.", **10**, 375 (1955)
[2] M. L. Williams, R. F. Landel, J. D. Ferry, "J. of the Amer. Chem. Soc.", **77**, pp.3701-3707 (1955)
[3] 日本化学会編「改訂3版 化学便覧 基礎編I」，丸善 (1984)
  (一部SI単位系に換算して表記)
[4] 長谷川正木，西敏夫著「高分子基礎科学」，昭晃堂 (1991)
  (一部改変，グラフ中の文章は著者が追加)
[5] J. I. Lauritzen, J. D. Hoffman, "J. Res. N. B. S.", **64A**, 73 (1960)
[6] C. K. Chiang, S. C. Gau, C. R. Fincher, Jr., Y. W. Park, A. G. MacDiarmid, and A. J. Heeger , "Appl. Phys. Lett.", **33**, pp.18 -20 (1978)
[7] 日本化学会編「改訂3版 化学便覧 基礎編I」，丸善 (1984)
  および一部実測値より．

【6章】
[1] 妹尾学，栗田公夫，矢野彰一郎，澤口孝志著「基礎高分子科学」，共立出版 (2000)

【7 章】

[1] （単結合エネルギー）L. Pauling, "Nature of the Chemical Bond", 第3版, Cornell University Press, Ithaca, N. Y. (1960)

（二重結合および三重結合のエネルギー）W. J. Moore, "Basic Physical Chemisty", 第1版, Prentice-Hall Inc., Engle wood, N. J. (1983)

[2] L. F. Fieser, M. Fieser, "Basic Organic Chemistry", D. C. Heath and Company, USA (1959)

[3] 堂山昌男, 山本良一編, 瓜生敏之, 堀江一之, 白石振作著「ポリマー材料」, 東京大学出版会 (1984)

[4] 高分子学会編「ニューポリマーサイエンス」, 講談社 (1993)

[5] 高分子学会編「ニューポリマーサイエンス」, 講談社 (1993)
（上部の図のみ引用, 一部改変）

【8 章】

[1] C. W. Tang, S. A. VanSlyke, "Appl. Phys. Lett.", **51**, 913 (1987)

[2] 高分子学会編「電子機能材料」, 共立出版 (1992)

全体を通しての参考文献

[1] 長谷川正木, 西敏夫著「高分子基礎科学」, 昭晃堂 (1991)

[2] 高分子学会編「基礎高分子科学」, 東京化学同人 (2006)

[3] 高分子学会編「ニューポリマーサイエンス」, 講談社 (1993)

[4] 堂山昌男, 山本良一編, 瓜生敏之, 堀江一之, 白石振作著「ポリマー材料」, 東京大学出版会 (1984)

[5] 伊勢典夫, 今西幸男, 川端季雄, 砂本順三, 東村敏延, 山川裕己, 山本雅英著「新高分子化学序論」, 化学同人 (1995)

[6] 岡村誠三, 中島章夫, 小野木重治, 河合弘迪, 西島安則, 東村敏延, 伊勢典夫著「第2版 高分子化学序論」, 化学同人 (1981)

[7] 中浜精一, 野瀬卓平, 秋山三郎, 讃井浩平, 辻田義治, 土井正男, 堀江一之著「エッセンシャル高分子科学」, 講談社 (1988)

[8] 荒井健一郎, 石渡勉, 伊藤研策, 北野博巳, 功刀滋, 福元光完, 松岡秀樹, 松平光男著「わかりやすい高分子化学」, 三共出版 (1994)

[9] ウォルター. J. ムーア著, 細谷治夫, 湯田坂雅子訳「基礎物理化学（上）」, 東京化学同人 (1985)

[10] L. F. フィーザー, M. フィーザー著, 後藤俊夫訳「フィーザー 基礎有機化学」, 丸善 (1961)

[11]　井上祥平, 宮田清蔵著「高分子材料の化学 (第 2 版)」, 丸善 (1993)
[12]　村橋俊介, 藤田博, 小高忠男, 蒲池幹治著「高分子化学 (第 4 版)」, 共立出版 (1993)
[13]　高分子学会編「高分子科学の基礎 (第 2 版)」, 東京化学同人 (1994)
[14]　妹尾学, 栗田公夫, 矢野彰一郎, 澤口孝志著「基礎高分子科学」, 共立出版 (2000)
[15]　川上浩良著「工学のための高分子材料化学」, サイエンス社 (2001)
[16]　吉田泰彦, 萩原時男, 竹市力, 手塚育志, 米澤宣行, 長崎幸夫, 石井茂著「高分子材料化学」, 三共出版 (2001)
[17]　井上祥平著「はじめての高分子化学」, 化学同人 (2006 年)
[18]　村橋俊介, 小高忠男, 蒲池幹治, 則末尚志著「高分子化学 (第 5 版)」, 共立出版 (2007)
[19]　北野博巳, 功刀滋編, 宮本真敏, 前田寧, 伊藤研策, 福田光完著「高分子の化学」, 三共出版 (2008)
[20]　大澤善一朗著「入門新高分子科学」, 裳華房 (2009)
[21]　山岡亜夫, 森田浩章, 高分子学会編「感光性樹脂」, 共立出版 (1988)
[22]　W. シュナーベル著, 相馬純吉訳「高分子の劣化 -原理とその応用」, 裳華房 (1993)
[23]　大澤善次郎監修「高分子の光安定化技術 (普及版)」, シーエムシー出版 (2000)
[24]　辻秀人著「生分解性高分子材料の科学」, コロナ社 (2002)
[25]　赤松清監修「感光性樹脂が身近になる本」, シーエムシー出版 (2002)
[26]　山内淳著「基礎物理化学 I -原子・分子の量子論-」, サイエンス社 (2004)
[27]　高分子学会編, 伊藤洋著「レジスト材料」, 共立出版 (2005)
[28]　高分子学会編, 木村良晴, 古橋幸子, 望月政嗣, 上田一恵著「天然素材プラスチック」, 共立出版 (2006)
[29]　大勝靖一監修「高分子添加剤と環境対策 (普及版)」, シーエムシー出版 (2008)
[30]　大武義人監修「高分子材料の劣化と寿命予測」, サイエンス＆テクノロジー (2009)
[31]　長谷川悦雄編著「有機エレクトロニクス」, 工業調査会 (2005)
[32]　A. J. デッガー著, 橘口隆吉, 神山雅英訳「固体物理」, コロナ社 (1958)
[33]　キッテル著, 宇野良清, 津屋昇, 森田章, 山下次郎訳「固体物理学入門」, 丸善 (1979)
[34]　P. Debye, "J. Appl. Phys.", **15**, 338 (1944)
[35]　高分子学会編「電子機能材料」, 共立出版 (1992)
[36]　B. Wunderlich, "Macromolecular Physics Vol.3", Academic Press (1980)
[37]　B. W. Roberts et al., "Chem. Phys. Carbon", **8**, 180 (1973)
[38]　三川礼, 艸林成和編「高分子半導体」, 講談社 (1977)

索　引

あ行

アイオノマー　148
アイソタクト型　10, 17
アイソタクト型ポリプロピレン　17, 22
アイソタクト型ポリ-4-メチルペンテン-1　24
アインシュタインの式　47
アインシュタインの粘度式　49
アインシュタイン-ストークスの式　47, 68
アクリロニトリルブタジエンスチレントリブロック重合体　140
麻　2
アセチルセルロース　135
アゾ結合　110
アタクト型　10
頭-頭結合　10
頭-尾結合　10
圧電性　4
圧電体　91
アニオン重合　98, 119
アブラミ指数　75
アブラミ-エロヒーフの速度式　75
アミド結合　100
網目構造　61
網目高分子　142
アミラーゼ　156
アモルファス　19
アモルファス構造　72
アラミド　101
アラミド繊維　5
アルキド樹脂　5
アンジッピング　150
イオン重合　119
イオン性高分子　54
イオン伝導　80, 87
イオン伝導性　194
イオン分極　88, 90
異性体　10
イソシネート基　108
イソタクト型　10, 17
一次構造　10
一重項励起状態　188
1 置換ビニルポリマー　10
1.5 重結合　87
移動因子　69
移動反応　112
糸まり状　32
イニファーター　129
イモータル重合　129
陰イオン交換樹脂　137
インヘレント粘度　48
ウィリアムズ-ランデル-フェリー式　70
ヴォーゲル-タムマン-ファルチャー　87
ウレタン結合　108
エアギャップ湿式紡糸法　180
永久双極子　88
永久伸び　5
液晶構造　19
液晶性ポリマー　183
液晶相　27
液晶紡糸　5, 101
エステル結合　101
エステル交換法　101
枝分かれ鎖　12
エタン分子　13
エチルセルロース　135
エッチング　158
エネルギー障壁　13, 14
エネルギー弾性　60
エポキシ樹脂　108, 145
エボナイト　5
エラストマー　59, 142
遠距離相互作用　15, 34
エンジニアリングプラスチックス　4-6, 166
塩素化ポリエチレン　138
エンタルピー緩和　73
エントロピー弾性　60
応力　58
応力緩和　61, 64
応力-ひずみ曲線　59
オームの法則　81
折りたたみ鎖　179
折りたたみ鎖結晶　4, 24, 25, 27, 76
温度分散　70
尾-尾結合　10

か行

カーボンナノチューブ　2
加アルコール分解　156
加アンモニア分解　156
開環重合　100, 124
開環メタセシス重合　126
開始イオン対　120
開始効率　112
開始剤　110
開始炭素カチオン　120
開始反応　110, 120-122
解重合　150
塊状重合　116
回折限界　158
回転異性体　13, 15
回転異性体モデル　37
回転拡散　47
回転拡散係数　47
回転半径　33
界面重縮合法　103
ガウス鎖　35
ガウス分布　35
下界臨界共溶温度　29
化学結合エネルギー　174
化学合成系　157
化学増幅型レジスト　159
化学ポテンシャル　42
架橋　12
架橋型　147
架橋構造　142
核酸　1, 2
拡散平衡の式　42
核生成　75
重なり型　13
過酸化ベンゾイル　110
過酸化 tert-ブチル　110

索引

加水分解　156
加水分解重合法　125
可塑化　5
カチオン重合　98, 119, 120
活性酸素種　153
価電子帯　82, 84
カパパ　25
加溶媒分解　156
ガラス転移温度　72, 173
加硫　5
ガルバノスタット　131
カルボキシメチルセルロース　135
過冷却度　77
還元鎖長　40
還元粘度　48
感光性樹脂　158
感光体　4
環状分子　12
環状ポリマー　11, 12
管模型　55
緩和時間　64
緩和弾性率　62, 64
緩和弾性率の重合せ　69
基質特異性　156
キチン　136
キチン誘導体　136
基底状態　153
キトサン　136
絹　2
希薄溶液　41
ギブズの自由エネルギー　42
キモトリプシン　161
逆イオン　54
逆イオン凝縮　54
逆反応　107
休止種　127
吸晶　93
球晶　24, 26
球晶構造　19, 26
凝固点　77
凝集　3
共重合組成式　117
共重合体　11
共重合様式　11
凝集体　3

共有結合　3
強誘電高分子　194
強誘電性　4
強誘電体　91, 194
極限伸度　59
極限強さ　59
極限粘度数　48
極端紫外光　159
巨大分子　1, 3
均一核生成　75
均一重合法　116
近距離相互作用　34
禁止剤　112
禁止帯　84
空間電荷　81
空間電荷制限電流　81
屈曲性高分子　32
屈折率のゆらぎ　94
クラウジウス-モソッティの式　89, 90
グラファイト　86
グラファイト構造　185
グラファイト繊維　139
グラフェン　2, 86
グラフト共重合体　140
グラフト鎖　12
クリープ　62, 65
クリープ回復　62
繰返し単位　10
グリコール　5
グループトランスファー重合　127
クレーマー式　48
黒十字　26
クロスニコル　26
蛍光　153, 188
結合交替の構造　84
結合のばね定数　176
結晶化温度　72, 73
結晶核生成　74-76
結晶化速度　75
結晶化のダイナミクス　75
結晶系　20
結晶格子　20
結晶構造　17, 20
結晶成長速度　74

結晶多形　22
ケブラー　5
ケミカルリサイクル　162
ゲル化　142
ゲル浸透クロマトグラフィー　13
ゲル紡糸超延伸　25
ゲル紡糸超延伸法　5, 180
ケン化　137
嫌気性微生物分解　157
検光子　95
原子間の相互作用　16
原子分極　88, 90
懸濁重合　116
検量曲線　53
高圧法　5, 12
高温溶液重縮合　103
光学的誘電率　89
項間交差　188
好気性微生物分解　157
高強度・高弾性率繊維　2, 4, 5, 27, 101, 176
交互共重合　118
交互共重合性　119
交互共重合体　11
格子定数　20
格子点　43
格子モデル　43
合成高分子　1
剛性率　59
酵素　160
酵素分解　156
剛直性パラメータ　39
剛直な分子鎖　173
抗電界　91, 194
降伏応力　59
降伏点　59
高分子　2, 3
高分子イオン　54
高分子液晶　27
高分子結晶　24, 26
高分子構造　4
高分子固体レーザー　190
高分子電解質　54
高分子電解質膜　194
高分子ミセル　139

索 引

ゴーシュ 14
固相重合 116
固相重縮合 131
5大エンプラ 166
5大汎用エンプラ 166
ゴム弾性 60, 142
コモノマー 11
固有粘度 13, 48
固有複屈折 95
コレステリック相 27
コロイド 3
コンフィグレーション 11, 13
コンフォメーション 13, 14
コンプライアンス 62, 66

さ 行

サーマルリサイクル 162
サーモトロピック液晶 28, 183
サーモトロピック高分子液晶 28
最確分布 105
最近接サイト間ホッピング伝導 85
再結合 115
最高被占バンド 84
サイズ排除クロマトグラフィー 52
最低空バンド 84, 87
酢化度 136, 202
酢酸セルロース 135
鎖状ポリマー 12
酸化カップリング 170
酸化還元系開始剤 110
酸化重合 130
三次元網目 109
三斜晶系 20
三重項励起状態 188
三電極法 131
三方晶系 20
散乱 93
残留分極 91, 194

ジアミン 4, 108
シート構造 23
ジカルボン酸 4

時間－温度の重合せの原理 69
色素二色性 96
シクロデキストリン 12
自己触媒 106
自己補強型プラスチックス 172
示差走査熱量法 72
シシ 25
シシカバブ結晶 24, 25
支持電解質 86, 131
自触媒反応 137
自然放射過程 188
持続長 38
実格子ベクトル 20
実在鎖 40
自動酸化反応 153
自発分極 23
シフトファクター 69
ジブロック共重合体 29
ジムプロット 51
斜方晶系 20, 21
自由回転 13
自由回転鎖 36
重合速度 113
集合体構造 19
重合度 104
重合率 103
重縮合 4, 98, 100
自由体積 68
自由体積理論 68
自由電荷 88
焦電体 91
周波数分散 70
重付加 98, 108
重量平均重合度 13
重量平均分子量 13, 49, 105
自由連結鎖 35
縮合重合 4, 98, 100
準希薄溶液 41
硝化度 5
硝酸エステル 5
硝酸セルロース 5
焦電性 91
焦電率 91
ショウノウ 5
初期弾性率 59

ショットキー注入伝導 81
新合繊 4
シンジオタクト型 10, 19
伸張粘度 59
伸張変形 58
浸透圧 13, 45, 50
水素結合 21, 23, 100, 173
水和 87
スーパーエンジニアリングプラスチックス 4, 5, 171
数平均重合度 13, 103
数平均分子量 12, 49, 105
スターポリマー 11
スチレンブタジエンジブロック共重合体 139
スチレンブタジエンスチレントリブロック共重合体 139
ストークスの式 47
スメクチック相 27

正孔輸送剤 189
生体高分子 1, 8
生体内吸収 156
生長反応 110, 120–122
成長様式 75
静電相互作用 16, 21
生分解性高分子 156
生分解性プラスチックス 6
生分解性ポリマー 6
正方晶系 20
精密合成 12
精密重合 126
赤外二色性 96
石油ピッチ 185
セグメント 29, 38
セグメント運動 73
世代 12
絶縁性 80, 82
絶縁体 80
絶対分子量 13
摂動鎖 41
セルラーゼ 156
セルロイド 5
セルロース 5, 23, 134
セルロース誘導体 134
繊維軸 21

索引

繊維周期　17, 18
前駆体　109
全鎖長　32
せん断応力　183
せん断弾性率　59
せん断粘度　59
せん断変形　59
全芳香族ポリアミド　101
全芳香族ポリエステル　28, 172, 181
占有断面積　176
相間移動触媒重縮合法　103
双極子　89
双極子間の相互作用　16
双極子分極　89
双極子モーメント　16, 89
相構造　19, 29
相互作用係数　45
層状構造　23
相対粘度　48
増幅自然放出光　191
相分離構造　29
相溶系　29
側鎖　11
束縛回転鎖　37
束縛電荷　88
塑性　58
塑性ひずみ　59
ソフトセグメント　148
ソルボリシス　156
損失正接　62, 63

た 行

対称性高分子　173
ダイスウェル　71
対数粘度数　48
体積比熱　71
第二ビリアル係数　46
耐熱性高分子材料　4
多結晶　26
多層カーボンナノチューブ　86
ダッシュポット　64
多糖類　2
多分散性　13, 105
単位格子　20–22
単一トラップ　81

単位胞　20
単結晶マット　27
短距離相互作用　15
単結合周りの回転　13
単結晶　24
単結晶ポリエチレン　4
単結晶ラメラ　24, 26
単斜晶系　20
弾性　58
弾性回復　59
弾性回復力　59
弾性限度　59
弾性ゴム　5
弾性体　142
弾性ひずみ　59
弾性率　64
単層カーボンナノチューブ　86
炭素繊維　2, 139, 185
タンパク質　1, 2
単量体　1, 11
チーグラー-ナッタ触媒　5, 123, 193
遅延時間　65
置換度　135
逐次重合　98
チャイルド則　81, 194
中間相　27
超遠心法　13, 52
長鎖分岐ポリマー　130
超分子構造　9
調和振動子モデル　92
直接重縮合法　101, 102
直方晶系　20
沈殿重合　116
対イオン　54
対イオン凝縮　54
低圧重合　4
低温溶液重縮合　101, 103
抵抗率　80
停止速度　113
停止反応　110, 111, 120–122
ディスコチック液晶　28
低熱伝導性　71
低分子イオン　54
低密度ポリエチレン　138

テフロン　5
テレケリックポリマー　130
テレフタル酸　5
電界重合　86, 131
電荷移動錯体　188
電界発光　189
電荷キャリヤーの移動度　80
電荷キャリヤー密度　80
電荷発生剤　189
電気光学効果　91
電気伝導度　80
電気変位　88
電極制限形　81
電子供与体　82
電子写真印刷　4
電子受容体　82
電子遷移励起　93
電子伝導　80
電子分極　88, 90
天井温度　150
電束密度　88
伝導帯　82, 84
伝導電流　80
デンドリマー　11, 12
天然高分子　2, 23
天然ゴム　3, 5, 143
天然繊維素材　1, 2
天然物系　157
ドゥーリトルの粘度式　69, 70
等温圧縮率　69, 94
等温結晶化　74
等軸晶系　20
動的損失コンプライアンス　63, 66
動的損失弾性率　62
動的貯蔵コンプライアンス　63, 66
動的貯蔵弾性率　62
動的粘弾性　62
導電性　80, 83
導電性ポリアセチレン　4
等モル性　104
動力学的連鎖長　113
ドーパント　85
ドーマント種　127

特殊エンジニアリングプラスチックス　171
特性比　38
独立回転鎖　37
トポケミカル重合　116, 130
ドメイン　183
トランス　14
トンネル注入伝導　81

な 行

内部回転　13
内部回転ポテンシャル　16
ナイロン　2, 5, 100
ナイロン 11　91
ナイロン 6　23–25, 125, 168
ナイロン 66　23, 100, 168
ナイロン 7　91
ナイロン 77　23
ナノマテリアル　2
ナフィオン　88
生ゴム　143

二価アルコール　4
二次構造　13
2 次の非線形光学効果　91
2 重らせん構造　19
二色性　96
二色比　96
2 置換ビニルポリマー　10
二電極法　131
ニトロセルロース　135
2,2-アゾビスイソブチロニトリル　110
乳化重合　116
乳濁液　116
ニュートン粘性　64
ニューマン投影　13, 14
尿素　109
尿素結合　108
尿素樹脂　109, 145

ネガ型　158
ねじれ型　14
熱拡散率　71
熱可塑性エラストマー　148
熱可塑性樹脂　142
熱硬化性樹脂　109, 143
熱伝導度　71
熱伝導率　71
ネットワーク　109
ネットワーク構造　11, 12
ネットワーク状高分子　86
ネットワークポリマー　11, 12, 142
熱分解　149
熱容量　72
熱力学的温度　195
粘り強さ　59
ネマチック相　27
粘性　58
粘性率　64, 68
粘性流動性　58
粘弾性　58
粘度数　48
粘度比　48
粘度平均分子量　13, 48
粘度法　13

濃厚溶液　41
伸びきり鎖　179
伸びきり鎖結晶　24, 25, 27, 76
ノボラック樹脂　144

は 行

ハードセグメント　148
配位アニオン重合　123
配位重合　123
配位数　43
バイオマス　134
倍音　93
配向関数　95
配向結晶化　76
配向分極　88, 90
排除体積効果　15, 34, 40
バイポーラロン　85
ハギンズ式　48
ハギンズ定数　48
橋かけ　12, 142
破断強度　59, 179
破断伸度　59
パッキンガムポテンシャル　16
バックバイティング　138
発色団　153

バラス効果　71
バリブルレンジホッピング伝導　85
バルク制限形　81
半屈曲性高分子　38
板状晶　26
半相溶系　29
半導体　80
半導体性　80
バンドギャップ　84
反応選択性　156
反応速度論　106
反応度　103
汎用エンジニアリングプラスチックス　166
汎用プラスチックス　6, 166

光酸化反応　155
光散乱　13
光造形　160
光伝送損失　94
光導電機構　4
光導電性　188
光導波路　190
光の振動電界　92
光励起状態　153
非局在化エネルギー　174
微結晶　26
菱面体晶　20
非晶構造　19, 24
ビスコースレーヨン　5
ヒステリシス　91
ひずみ　58
微生物系　157
微生物分解　156
非摂動鎖　41
非摂動状態　41
非摂動広がり　41
非線形光学分極　192
非線状高分子　11
非相溶系　29
非対称性高分子　173
非対称中心　91
非対称中心構造　194
引張り弾性率　58, 179
ヒドロキシプロピルセルロース　28

索　引

ビニロン繊維　4
比熱　71, 72
比熱容量　71
比粘度　48
表面核形成律速　76
ビリアル方程式　46
比例限度　59
ファン・デル・ワールス引力　16
ファン・デル・ワールス半径　21
ファン・デル・ワールス力　21
フィッシャー投影　11
フィブリル構造　193
プール-フレンケル効果　81, 82
フェノール　5
フェノール樹脂　109, 144
フェルミ準位　84
フォークトモデル　61, 64, 66
フォトリソグラフィー　158
フォトリフラクティブ材料　192
フォトレジスト樹脂　158
付加重合　4, 98
付加縮合　98, 109
不均一核生成　75
不均一重合法　116
不均化反応　111, 114, 120
複屈折　95
複素コンプライアンス　63, 66
複素弾性率　62, 65
房状ミセル構造　24, 26
不斉炭素　10
ブタン分子　14
フッ化ビニリデンとトリフルオロエチレン共重合体　4
フック弾性　64
物理エージング　73
フューエルリサイクル　162
フラーレン　2, 86
ブラッグ角　21
ブラッグの式　21
ブラベ格子　20
ブランチ　11
プレポリマー　109

フレミオン　88
フローリー-ハギンズの理論　43
ブロック共重合体　11, 29, 130, 139
ブロック鎖長　11
プロテアーゼ　156
プロトン　87
分解酵素　156
分岐　11
分岐構造　11
分岐ポリマー　11, 12
分極反転　194
分散重合　116
分散度　13
分子間凝集力　173
分子間相互作用　19
分子間力　173
分子鎖　11
分子サイズ　11
分子鎖断面積　176
分子鎖内水素結合　16, 19
分子鎖の構造　13
分子鎖の自由度　173
分子振動励起　93
分子内相互作用　19
分子の対称性　173
分子の秩序性　173
分子分極率　89
分子量　50, 126
分子量分布　13, 50, 104, 105, 126
分布帰還　190
分布ブラッグ反射　190
分別沈殿法　54
平均二乗回転半径　32
平均二乗末端間距離　32
平均分子量　13
平衡結合距離　176
平衡融点　78
並進運動　47
並進拡散係数　47
並進摩擦係数　47
平面ジグザグ構造　17, 21
ベークライト　5

ヘキサメチレンテトラミン　144
ヘテロリシス　149
ペプチド結合　100
ヘリックス　17
変位電流　80
偏光子　95
ペンタセン　86
ペンタン効果　15, 37
ポアソン比　59
ポアソン分布　127
崩壊型　147
棒極限　40
芳香族ポリアミド　5
膨張因子　41
ポーラロン　85
ポジ型　158
星型ポリマー　11, 130
補償板　95
ポッケルス効果　91, 192
ホッピングサイト　82
ホッピング伝導　81, 82
ポテンショスタット　131
ホモポリマー　11
ホモリシス　149
ポリアクリルニトリル　139
ポリアクリロニトリル　185
ポリアセタール　168
ポリアセチレン　193
ポリアミック酸　175
ポリアミド　4, 6, 23, 100, 168
ポリアミド酸　175
ポリアミノ酸　19, 23
ポリアリレート　28, 172, 181
ポリイミド　101, 139, 175
ポリウレア　145
ポリウレタン　108, 145
ポリエーテルエーテルケトン　172
ポリエーテルスルホン　172
ポリエステル　4, 5, 101, 170
ポリエステル極細繊維　4
ポリエチレン　4-6, 12, 17, 24
ポリエチレンオキシド　87, 124

索引

ポリエチレンテレフタレート 5, 6, 101
ポリエチレン誘導体 138
ポリ塩化ビニル 6
ポリオキシエチレン 24, 25
ポリオキシメチレン 6, 19, 24, 25, 168
ポリカーボネート 6, 169
ポリカプロラクトン 125
ポリ酢酸ビニル 137
ポリスチレン 6, 17, 18
ポリスチレン誘導体 136
ポリスルホン 171
ポリチオフェン 86, 194
ポリテトラフルオロエチレン 5, 174
ポリトリメチレンテレフタレート 102
ポリ乳酸 6
ポリ尿素 108
ポリノルボルネン 126
ポリパラヒドロキシベンゾエート 102
ポリパラフェニレン 194
ポリパラフェニレンテレフタルアミド 25, 28, 101
ポリヒドロキシベンゾエート 181
ポリビニルアルコール 4, 17, 23, 137
ポリビニルカルバゾール 4
ポリビニルホルマール 138
ポリビニルメチルエーテル 18
ポリピロール 86, 194
ポリフェニレンエーテル 170
ポリフェニレンオキシド 6, 170
ポリフェニレンスルフィド 171
ポリブチレンテレフタレート 6, 102
ポリフッ化ビニリデン 4, 22, 24, 25, 91
ポリブテン-1 18
ポリプロピレン 4, 6, 18, 24, 25
ポリヘキサメチレンアジパミド 100
ポリマー 2, 10
ポリマーアロイ 19, 170
ポリマーエレクトレット 91
ポリマーブラシ 12
ポリマーブレンド 19
ポリロタキサン 12
ポリ（チオフェンビニレン) 194
ポリ（α-アミノ酸) 19
ポリ（γ-ベンジル-L-グルタメート) 28
ポリ（L-乳酸) 125
ポリ（p-フェニレンビニレン) 194
ポリ-3-メチルブテン-1 18
ポリ-4-メチルヘキセン-1 18
ポリ-4-メチルペンテン-1 18, 25
ポリ-α-ビニルナフタレン 18
ポリ-o-メチルスチレン 18
ポリ-o-メチル-p-フルオロスチレン 18
ボルツマン因子 14
ホルムアルデヒド 5, 109
ホログラフィック干渉露光 191

ま 行

マーク-ホーウィンク-桜田の式 48
マイクロキャビティー 190
マイクロファイバー 4
マクスウェルモデル 61, 64
マクロモノマー 141
末端官能性ポリマー 130
末端基定量法 51
末端基濃度 13
マテリアルリサイクル 162
マトリックス支援レーザー脱離イオン化 54
繭 2
ミクロ相分離 29
ミクロブラウン運動 32, 73
密度のゆらぎ 94
みみず鎖 38

無煙火薬 5
無定形構造 72
無定形状態 19
無輻射失活 153, 188
メソゲン 28, 172
メチルセルロース 135
メラミン 109
メラミン樹脂 109, 145
メリフィールド法 141
メリントン効果 71
綿 1, 2
面間隔 21
モース関数 176
モノマー 1, 3, 11
モノマー反応性比 117

や 行

ヤング率 59
有機金属触媒 4, 5
有機色素固体レーザー 190
有効結合長 38
融点 72, 77, 173
誘電緩和 90
誘電緩和スペクトル 89
誘電性 80, 88
誘電正接 90
誘電体 91
ユリア樹脂 145
陽イオン交換樹脂 137
溶液重合 116
溶液重縮合法 103
溶融結晶化 75
溶出曲線 53
溶出体積 52
溶媒誘起結晶化 76
溶媒和 87
羊毛 1, 2
溶融重縮合 100
溶融重縮合法 102
抑制剤 112
4 ボンド相互作用 15

ら 行

ラクチド 150
ラジカル共重合 117

ラジカル重合　98, 110
ラジカル連鎖重合　10
らせん　17
らせん構造　17, 18, 20
らせんみみず鎖モデル　40
ラダー状高分子　86
ラダーポリマー　139
ラテックス　116
ラバーラテックス　3
ラメラ厚　78
ラメラ構造　27
ランダム共重合体　11, 139
ランダムコイル　27, 32
ランダムコイル極限　40
ランダムコイル鎖　35
ランダム切断　150
ランダムフライト鎖　35
ランベルト-ベールの法則　153
リオトロピック液晶　25, 28, 101, 180
理想鎖　35
立体規則性　10, 126
立体規則性重合　4
立体構造　10
立体配座　13
立体配置　11, 13
立方晶系　20
リパーゼ　156
リビングアニオン重合　127
リビング開環メタセシス重合　129
リビングカチオン重合　128
リビング重合　98, 127
リビングポリマー　4
リビングラジカル重合　128
流体力学的相互作用　49
流体力学的半径　47
臨界核　77
燐光　153
冷結晶化温度　72, 73
レーヨン　135

レオロジー　58
レゾール樹脂　144
レターデーション　95
劣化　148
劣化防止剤　155
レナード-ジョーンズポテンシャル　16
連鎖　3
連鎖移動反応　110, 112, 121
連鎖重合　98
連鎖縮合重合　130
連鎖様式　10
ロイドミラー　191
ローリッツェンとホフマンのモデル　76
ローレンツ局所電界　89
露光　158
六方晶系　20

わ 行

ワイゼンベルグ効果　71

欧　字

ABS 樹脂　140
α 型結晶　22
α 炭素　10
C_4 分岐　138
C_5 分岐　138
χ パラメータ　29, 45
DNA　19
DSC　72
EPDM　143
EUV　159
GPC　13, 52
GPC クロマトグラム　53
HO バンド　84
KP 鎖　38
LCST　29
LU バンド　84
MALDI-MS　54
Norrish I 型　154

Norrish II 型　154
p 型半導体　86
PA　6
PBT　6
PC　6
PE　6
PET　5, 6
π 共役高分子　84
POM　6
PP　6
PPO　6
PS　6
PTFE　5
PVC　6
PVDF　22
Q-e スキーム　119
RIS モデル　37
SB 樹脂　139
SBS 樹脂　139
SCLC　81
SEC　52
Θ 温度　35
Θ 溶媒　35
WLF 式　70
Z 平均分子量　13, 52

人　名

Boltzmann　14
Bukingham　16
Carothers　4
Fischer　11
Flory　4
Lennard-Jones　16
Mark　3
Meyer　3
Natta　4
Newman　13, 14
Staudinger　3
Szwarc　4
van der Waals　16, 21
Ziegler　4

著者略歴

堤　直人
つつみ　なおと

1982 年　京都大学大学院工学研究科博士課程研究指導認定退学
　　　　京都工芸繊維大学繊維学部を経て
現　在　京都工芸繊維大学材料化学系教授
　　　　工学博士 (京都大学)

主要著書
第 5 版 新実験化学講座 26 高分子化学 (共著，丸善出版，2004)
高分子と光が織りなす新機能・新物性 PartII 11 章
　　　　　　　　　　　　　(共著，化学同人，2011)
最新フォトニクスポリマー材料と応用技術 第 2 章
　　　　　　　　　　(共著，シーエムシー出版，2011)　他

坂井　亙
さかい　わたる

1994 年　京都大学大学院工学研究科博士後期課程研究指導認定退学
現　在　京都工芸繊維大学材料化学系准教授
　　　　工学博士 (京都大学)

主要著書
Poly (lactic acid) (共著，Wiley，2010)

新・物質科学ライブラリ＝9

基礎 高分子科学

2010 年 2 月 10 日 ©　　　　初 版 発 行
2019 年 9 月 25 日　　　　　初版第 4 刷発行

著　者　堤　　直　人　　発行者　森平敏孝
　　　　坂　井　　亙　　印刷者　杉井康之
　　　　　　　　　　　　製本者　米良孝司

発行所　株式会社　サイエンス社
〒 151–0051　東京都渋谷区千駄ヶ谷 1 丁目 3 番 25 号
営業　☎ (03) 5474–8500 (代)　振替 00170–7–2387
編集　☎ (03) 5474–8600 (代)　FAX (03) 5474–8900

印刷　　(株) ディグ　　　製本　ブックアート

《検印省略》

本書の内容を無断で複写複製することは，著作者および
出版者の権利を侵害することがありますので，その場合
にはあらかじめ小社あて許諾をお求め下さい．

ISBN978–4–7819–1244–8
PRINTED IN JAPAN

サイエンス社のホームページのご案内
http://www.saiensu.co.jp
ご意見・ご要望は
rikei@saiensu.co.jp　まで．

原 子 量 表 (2017)

原子番号	元素名	元素記号	原子量	原子番号	元素名	元素記号	原子量
1	水素	H	[1.00784, 1.00811]	60	ネオジム	Nd	144.242(3)
2	ヘリウム	He	4.002602(2)	61	プロメチウム*	Pm	
3	リチウム	Li	[6.938, 6.997]	62	サマリウム	Sm	150.36(2)
4	ベリリウム	Be	9.0121831(5)	63	ユウロピウム	Eu	151.964(1)
5	ホウ素	B	[10.806, 10.821]	64	ガドリニウム	Gd	157.25(3)
6	炭素	C	[12.0096, 12.0116]	65	テルビウム	Tb	158.92535(2)
7	窒素	N	[14.00643, 14.00728]	66	ジスプロシウム	Dy	162.500(1)
8	酸素	O	[15.99903, 15.99977]	67	ホルミウム	Ho	164.93033(2)
9	フッ素	F	18.998403163(6)	68	エルビウム	Er	167.259(3)
10	ネオン	Ne	20.1797(6)	69	ツリウム	Tm	168.93422(2)
11	ナトリウム	Na	22.98976928(2)	70	イッテルビウム	Yb	173.045(10)
12	マグネシウム	Mg	[24.304, 24.307]	71	ルテチウム	Lu	174.9668(1)
13	アルミニウム	Al	26.9815385(7)	72	ハフニウム	Hf	178.49(2)
14	ケイ素	Si	[28.084, 28.086]	73	タンタル	Ta	180.94788(2)
15	リン	P	30.973761998(5)	74	タングステン	W	183.84(1)
16	硫黄	S	[32.059, 32.076]	75	レニウム	Re	186.207(1)
17	塩素	Cl	[35.446, 35.457]	76	オスミウム	Os	190.23(3)
18	アルゴン	Ar	39.948(1)	77	イリジウム	Ir	192.217(3)
19	カリウム	K	39.0983(1)	78	白金	Pt	195.084(9)
20	カルシウム	Ca	40.078(4)	79	金	Au	196.966569(5)
21	スカンジウム	Sc	44.955908(5)	80	水銀	Hg	200.592(3)
22	チタン	Ti	47.867(1)	81	タリウム	Tl	[204.382, 204.385]
23	バナジウム	V	50.9415(1)	82	鉛	Pb	207.2(1)
24	クロム	Cr	51.9961(6)	83	ビスマス*	Bi	208.98040(1)
25	マンガン	Mn	54.938044(3)	84	ポロニウム*	Po	
26	鉄	Fe	55.845(2)	85	アスタチン*	At	
27	コバルト	Co	58.933194(4)	86	ラドン*	Rn	
28	ニッケル	Ni	58.6934(4)	87	フランシウム*	Fr	
29	銅	Cu	63.546(3)	88	ラジウム*	Ra	
30	亜鉛	Zn	65.38(2)	89	アクチニウム*	Ac	
31	ガリウム	Ga	69.723(1)	90	トリウム*	Th	232.0377(4)
32	ゲルマニウム	Ge	72.630(8)	91	プロトアクチニウム*	Pa	231.03588(2)
33	ヒ素	As	74.921595(6)	92	ウラン*	U	238.02891(3)
34	セレン	Se	78.971(8)	93	ネプツニウム*	Np	
35	臭素	Br	[79.901, 79.907]	94	プルトニウム*	Pu	
36	クリプトン	Kr	83.798(2)	95	アメリシウム*	Am	
37	ルビジウム	Rb	85.4678(3)	96	キュリウム*	Cm	
38	ストロンチウム	Sr	87.62(1)	97	バークリウム*	Bk	
39	イットリウム	Y	88.90584(2)	98	カリホルニウム*	Cf	
40	ジルコニウム	Zr	91.224(2)	99	アインスタイニウム*	Es	
41	ニオブ	Nb	92.90637(2)	100	フェルミウム*	Fm	
42	モリブデン	Mo	95.95(1)	101	メンデレビウム*	Md	
43	テクネチウム*	Tc		102	ノーベリウム*	No	
44	ルテニウム	Ru	101.07(2)	103	ローレンシウム*	Lr	
45	ロジウム	Rh	102.90550(2)	104	ラザホージウム*	Rf	
46	パラジウム	Pd	106.42(1)	105	ドブニウム*	Db	
47	銀	Ag	107.8682(2)	106	シーボーギウム*	Sg	
48	カドミウム	Cd	112.414(4)	107	ボーリウム*	Bh	
49	インジウム	In	114.818(1)	108	ハッシウム*	Hs	
50	スズ	Sn	118.710(7)	109	マイトネリウム*	Mt	
51	アンチモン	Sb	121.760(1)	110	ダームスタチウム*	Ds	
52	テルル	Te	127.60(3)	111	レントゲニウム*	Rg	
53	ヨウ素	I	126.90447(3)	112	コペルニシウム*	Cn	
54	キセノン	Xe	131.293(6)	113	ニホニウム*	Nh	
55	セシウム	Cs	132.90545196(6)	114	フレロビウム*	Fl	
56	バリウム	Ba	137.327(7)	115	モスコビウム*	Mc	
57	ランタン	La	138.90547(7)	116	リバモリウム*	Lv	
58	セリウム	Ce	140.116(1)	117	テネシン*	Ts	
59	プラセオジム	Pr	140.90766(2)	118	オガネソン*	Og	